"十四五"职业教育国家规划教材

浙江省普通高校"十三五"新形态教材

电机与电气控制

微课版

◎ 王民权　主　编
　王文卉　副主编

U0293309

清华大学出版社

北京

内 容 简 介

本书主要内容包括磁路与变压器、三相异步电动机、三相异步电动机的典型电气控制电路与装接、典型机床电气控制电路的分析与检修、单相异步电动机及应用、直流电动机及应用。

本书基本理论部分精选教学案例，通过对案例的详细分析，鼓励学生在模仿中掌握分析问题的方法与步骤；单项技能与综合应用部分以图形加表格的方式进行讲述，便于学生直观理解和对比学习；对于一些复杂的操作内容，则通过图示引导的方式分步实施，化繁为简。

本书适用于电类、自动化类和机电类专业高职高专、应用技能型大学的在校学生，也适用于成人教育及企业电气工作技术人员和机电设备维修人员。

本书配套资源包括知识点的微课教学视频、系统化设计的学习课件和在线开放的网上课堂。

图书在版编目(CIP)数据

电机与电气控制：微课版/王民权主编.—北京：清华大学出版社，2020.9(2024.8重印)
ISBN 978-7-302-55599-5

Ⅰ.①电… Ⅱ.①王… Ⅲ.①电机学－高等职业教育－教材 ②电气控制－高等职业教育－教材
Ⅳ.①TM3 ②TM921.5

中国版本图书馆 CIP 数据核字(2020)第 092127 号

责任编辑：王剑乔
封面设计：刘　键
责任校对：袁　芳
责任印制：宋　林

出版发行：清华大学出版社
　　　　网　　　址：https://www.tup.com.cn，https://www.wqxuetang.com
　　　　地　　　址：北京清华大学学研大厦 A 座　　　邮　　编：100084
　　　　社 总 机：010-83470000　　　　　　　　　　　邮　　购：010-62786544
　　　　投稿与读者服务：010-62776969，c-service@tup.tsinghua.edu.cn
　　　　质量反馈：010-62772015，zhiliang@tup.tsinghua.edu.cn
　　　　课件下载：https://www.tup.com.cn，010-83470410
印 装 者：北京鑫海金澳胶印有限公司
经　　销：全国新华书店
开　　本：203mm×260mm　　　印　张：16.5　　　字　　数：456 千字
版　　次：2020 年 10 月第 1 版　　　　　　　　印　　次：2024 年 8 月第 8 次印刷
定　　价：59.90 元

产品编号：085992-02

前言

FOREWORD

党的二十大报告指出："高质量发展是全面建设社会主义现代化国家的首要任务。""教育、科技、人才是全面建设社会主义现代化国家的基础性、战略性支撑。"职业教育是培养多样化人才、传承技术技能、促进就业创业的重要途径。

电机与电气控制简介

"电机与电气控制"是高端装备制造业中机电大类的一门专业核心课，同时又是电工四级证书的考证课，内容涵盖变压器、三相异步电动机、单相异步电动机与直流电动机的原理与应用，电动机典型电气控制电路，典型机床电气控制电路的分析与检修等。通过电机基本理论的学习、典型电气控制电路的装接与调试以及机电设备典型故障的判断与检修，为将来从事机电设备的电气维修奠定坚实的基础。

本书兼顾电机理论的系统性与技能训练的渐进性，按照"书证融通"的要求设置教材内容与证书对接的关键点和融合面，把电工四级证书的考核内容有机融入课程项目，将职业素养和工匠精神有机融入教材内容，实现了"教材、证书"的互融互通。

本书对标职业资格证书，实现知识技能互融互通。为满足高端装备制造业电气技术员的知识技能需求，在本书的总体规划和资料收集阶段，编者深入先进制造业、战略性新兴产业类制造企业调研电气技术人员的专业知识、岗位技能和职业素养。通过与行业专家的紧密合作，系统规划教材内容，把企业现场电机控制的典型工作任务序化为课程项目，在教材编写中增加了1个变压器选择与应用案例，2个机电设备配套三相电动机选择案例，7个典型电气控制电路装接与调试案例，6个典型的机床电气故障检修案例，3个直流电机故障检修案例。同时把电工四级证书的应知应会内容有机融入教材的基本理论与技能训练项目中，实现书证融通；进而把成熟的课程项目与基本理论有机结合，按知识点（技能点）建设学习课件与教学视频等数字化资源，形成理实一体的新形态教材，满足高技术技能人才的质量培养要求。

本书突出职业教育类型特征，编写风格适应学生认知习惯。全书章节整体构架为"学习目标→学习指导→学习内容→知识（技能）应用"，同时又根据具体内容调整编写风格。如针对基本理论为主的"电动机原理与应用"部分按"设备结构→工作原理→运行控制"组织知识体系；针对单项技能为主的"典型电气控制装接与调试"部分按"认识元件→电路组成→功能分析→电路装接→故障检查"衔接教材内容；针对综合应用为主的"机电设备功能与检修"部分则按"设备结构→加工功能→电气控制→设备检修"的形式安排学习进程。

本书大量使用表格图片,符合职业院校学生阅读习惯。为方便学生阅读,本人将多年积累的教学案例有机嵌入教材内容,把大量的叙述性内容尽量图示化和表格化。如:基本理论部分精选教学案例,给出案例目的,鼓励学生在模仿中掌握分析问题的方法与步骤;单项技能与综合应用部分以图形加表格的方式给出,便于直观理解和对比学习;对于一些复杂的操作类内容,则用图示引导,分步实施,化繁为简。

本书内容需要在理论与实践一体化教学环境中完成,建议安排 80～96 学时,理论教学占 1/3,实践操作占 2/3。教师可根据专业特点和实训设备情况适当调整。

本书由宁波职业技术学院王民权担任主编并负责统稿。第 1～5 章由王民权编写,第 6 章由王文卉编写,并负责全书插图的绘制与处理,浙江省劳动模范、浙江省特级技师夏天提供了变压器选择、三相电机选择和典型电气控制电路装接与调试的 10 个课程案例,浙江省技术能手、宁波市拔尖人才张晖提供了机床电气故障检修和直流电机检修的 9 个课程案例。

在编写本书的过程中,参考了徐锋的《电机与电器控制》、崔陵的《工厂电气控制设备》、冯泽虎的《电机与电气控制技术(第 2 版)》、李树元的《电机控制技术》等教材中的方法和思路,采纳了编辑许多重要的建议,另有部分图片来源于网络和其他已出版的图书,在此一并表达诚挚的谢意。

虽为呕心之作,但囿于编者水平,书中疏漏、不妥之处恐难避免,恳请使用者不吝赐教。有错必纠,有误必改;读者受益,善莫大焉。

积跬步,方可至千里;汇小流,才能成江海。让我们从这里起步,走进自动化的世界。

编　者

2023 年 3 月

目 录

CONTENTS

本书配套教学资源

浙江省精品在线开放课程"电机与电气控制"网址

第1章

磁路与变压器

磁性物质周围分布有磁场,电流的周围也会产生磁场。电磁铁的线圈外加电压后,在设备的铁心中会产生磁场,形成磁路。在一定条件下,电和磁可以转换,而电与磁的相互作用产生力或转矩,实现能量的传递和转化。在这类设备中,除了要分析电路问题,还要分析磁路问题。

1.1 磁场与磁路定律

- 了解磁场,熟悉磁场的基本物理量。
- 了解磁路,熟悉磁路的基本物理量。
- 掌握磁路的欧姆定律和全电流定律。

磁路中的磁场强度和磁感应强度都是非线性的物理量,二者的计算比较复杂,只需了解其计算方法与步骤即可。学习磁路最有效的方法是把磁路与电路进行对比。只有了解了磁路每个物理量的意义和适用场合,才能正确理解磁路的欧姆定律和全电流定律。

1.1.1 磁场

1. 磁性物质的磁场

在中学物理中,我们已经知道磁性物质周围存在磁场,磁场的方向可通过磁感线表示,如图 1-1-1 所示。在任一点,磁场的强度可通过磁感应强度来描述。磁感线具有以下特征。

(1)磁感线从不互相交叉。

(2)磁感线总是形成一个闭合的路径。

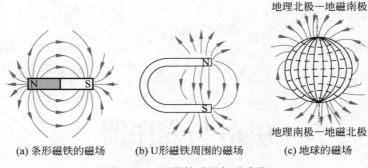

(a) 条形磁铁的磁场　　(b) U形磁铁周围的磁场　　(c) 地球的磁场

图 1-1-1　不同的磁场与磁感线

（3）磁感线在磁场外部由北极（N）指向南极（S），在内部由南极指向北极。

（4）磁感线总是按照最简单的路径分布，通过软铁时最容易。

（5）磁性越强，单位面积上的磁感线越多，磁通密度越大。

（6）磁力线之间没有绝缘体。

地球是一个巨大的磁场，我国古代的司南、指南车、指南鱼等都是利用磁感线测试地磁的例子。

2. 电磁场

电磁现象是由丹麦物理学家奥斯特在 1820 年首先发现的。通电导体的周围存在磁场，由电流产生的磁场称作电磁场，电磁场是电流磁效应的体现，如图 1-1-2 所示。电流产生的磁场方向与电流的方向相关，可用安培定则（右手螺旋定则）来判断。

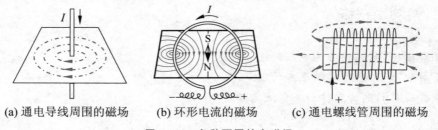

(a) 通电导线周围的磁场　　(b) 环形电流的磁场　　(c) 通电螺线管周围的磁场

图 1-1-2　各种不同的电磁场

1.1.2　磁场的基本物理量

1. 磁感应强度

磁感应强度是描述磁场内各点磁场强弱和方向的物理量，用 B 表示。磁场内某点的磁感应强度 B 的方向与该点磁感线切线的方向相同。实验中，可以使用一个相对较小的小磁针来判断该点的磁场方向。把小磁针放在磁场中，磁针静止时北极所指的方向就是该点磁场的方向，也就是磁感应强度的方向，如图 1-1-3 所示。

磁感应强度的大小可通过位于该点且与磁场方向垂直的直导体在单位电流和单位有效长度上所受到的电磁力来表示，即

$$B = \frac{F}{IL}$$

(1-1-1)

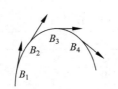 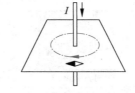

(a) 磁感应强度的方向　　　　(b) 磁感应强度方向的测量

图 1-1-3　磁感应强度的方向与测量

在国际单位制中,磁感应强度的单位是特斯拉(T),早期也用高斯(Gs)表示,$1\text{T}=10^4\text{Gs}$。

如果磁场中各点的磁感应强度大小相同,方向一致,则该磁场称为匀强磁场。匀强磁场的磁感线是方向相同、距离相等的平行线。

2. 磁通量

磁通量的物理意义是表示磁场内穿过某个面积 S 的磁感线的总量,用 Φ 表示。在一个匀强磁场中,与磁场方向垂直的面积为 S 的平面上的磁通量为

$$\Phi = BS \tag{1-1-2}$$

如果磁场方向与面积 S 有一定的夹角 θ,则计算公式修正为

$$\Phi = BS\cos\theta \tag{1-1-3}$$

如图 1-1-4 所示。

如果是非匀强磁场,需要通过积分的方法来计算。在国际单位制中,磁通量的单位是韦伯(Wb)。

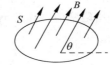

图 1-1-4　磁通量的计算

3. 磁导率

在一个磁场中,放入不同的物质后,磁场的强弱会发生变化。当铁磁性物质放入磁场时,能大大增加磁场的强度。这说明,不同的物质有不同的导磁性能。物理上用磁导率来表示物质的导磁性能。磁导率的单位为亨利/米,记作 H/m。真空中的磁导率为 $\mu_0 = 4\pi \times 10^{-7}\text{H/m}$,其他物质的磁导率与真空磁导率的比值称为该物质的相对磁导率,用 μ_r 表示,表达式为

$$\mu_r = \frac{\mu}{\mu_0} \tag{1-1-4}$$

相对磁导率表明了物质导磁性能的强弱。根据其大小,将自然界的物质分为以下两大类。

(1) 磁性物质:磁性物质又称为铁磁性物质,其磁导率远大于真空磁导率,如铁、钢、铸铁、钴、镍及其合金等。

(2) 非磁性物质:除了铁磁性物质外,其他物质的相对磁导率都近似为 1,差别极小,如空气、铝、铅、铜、汞、石墨等。

表 1-1-1 列出了一些非磁性材料和常用的铁磁性材料的相对磁导率。通常,把处于磁场中的物质或材料称为磁介质。使用铁磁性物质后,可有效增加磁场强度,所以在电工设备中常用铁磁性物质作为制作电磁铁心的磁介质。

表 1-1-1 一些非磁性材料和常用的铁磁性材料的相对磁导率

非磁性材料	相对磁导率	铁磁性材料	相对磁导率
空气	1.00000004	钴	174
铂	1.00026	未经退火的铸铁	240
铝	1.000022	已经退火的铸铁	620
钠	1.0000072	镍	1120
氧	1.0000019	软钢	2180
汞	0.999971	已经退火的铁	7000
银	0.999974	硅钢片	7500
铜	0.99990	真空中融化的电解铁	12950
碳（金刚石）	0.999979	镍铁合金	60000
铅	0.999982	C 形坡莫合金	115000

4. 磁场强度

在同一个磁场中,如果磁介质不同,则磁感应强度不同。换言之,磁感应强度是由磁场的产生源与磁场空间的介质共同决定的。为反映磁场源的基本属性,引入辅助变量磁场强度,用 H 表示。在国际单位制中,磁场强度的单位为安/米(A/m)。磁场中某点的磁场强度可用磁感应强度与磁场介质的磁导率的比值表示,即

$$H = \frac{B}{\mu} \tag{1-1-5}$$

磁场强度的方向和磁感应强度、磁场方向一致,其大小仅与产生磁场的电流和电流的分布有关,而与磁场介质无关。在电磁场和电磁铁的设计计算中,磁感应强度 B 和磁场强度 H 各有其方便之处。

1.1.3 磁路与磁路基本定律

1. 磁路

磁路与磁路
基本定律

磁通的闭合路径称为磁路。根据磁性材料和电磁铁的形状和结构的不同,磁通的闭合有不同的路径。为了使励磁电流产生尽可能大的磁通量,在电机、变压器及各种电工设备中,常用磁性材料做成一定形状的铁心,铁心的磁导率比周围空气或其他物质的磁导率高很多,磁通的绝大部分经过铁心形成闭合通路,如图 1-1-5 所示。常把经过铁心的磁通称为主磁通,用 Φ 表示;而把经过空气隙的磁通称为漏磁通,用 Φ_σ 表示。

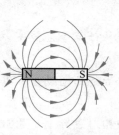
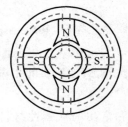
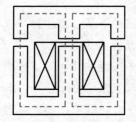

(a) 条形磁铁的磁路   (b) 直流电机铁心的磁路   (c) 交流电磁铁心的磁路

图 1-1-5 不同的磁路示例

2. 磁通势

电磁线圈中磁通量的多少与线圈中通过的电流 I 和线圈的匝数 N 有关,二者的乘积越大,磁通量越多。把线圈中的电流和线圈匝数的乘积定义为磁通势,用符号 F_m 表示,则

$$F_m = IN \tag{1-1-6}$$

式中:I 的单位为安(A);F_m 的单位为安匝(A)。电磁线圈中的磁通量由磁通势产生。

3. 磁阻

各种材料对磁通都有一定的阻碍作用。磁通通过磁路时所受到的阻碍作用称为磁阻,用符号 R_m 表示。磁阻的计算公式为

$$R_m = \frac{l}{\mu S} \tag{1-1-7}$$

式中:l 表示磁路长度;μ 表示材料磁导率;S 表示磁路截面积,磁阻的单位为 1/亨利 (1/H)。如果磁路由 n 段不同的材料组成(含空气隙),需要分别计算每一段的磁阻,即

$$\sum R_m = \frac{l_1}{\mu_1 S_1} + \frac{l_2}{\mu_2 S_2} + \cdots + \frac{l_n}{\mu_n S_n} \tag{1-1-8}$$

实际中,大多数有间隙的磁路主要由一种铁磁性物质和空气隙组成。从表 1-1-1 中可知,由于空气的磁导率远小于铁磁物质的磁导率,尽管空气隙很小,但是其磁阻非常大。

4. 磁路的欧姆定律

由于铁磁性物质的磁导率远大于非磁性材料的磁导率,故在电磁铁、电机、变压器等电工设备中常用铁磁性物质做成一定形状的铁心,保证电磁铁心线圈产生的磁通量绝大部分经过铁心而闭合,从而以较小的励磁电流产生足够强的磁场。

根据磁通势、磁阻及磁通量的定义,通过磁路的磁通量与磁通势成正比,与磁阻成反比。这一规律称为磁路的欧姆定律,表示为

$$\Phi = \frac{F_m}{R_m} \tag{1-1-9}$$

5. 磁路的全电流定律

由于磁路中的磁阻 R_m 是随磁导率变化的非线性变量,因此磁路的计算和分析相对电路而言复杂很多。前面关于磁场强度的定义中已说明,磁场强度 H 不随磁导率变化,只与磁场的激励源相关。对于一个电磁铁心的线圈而言,只要线圈的匝数和励磁电流恒定,磁场强度即为常数。为方便分析磁路,这里引入通过磁场强度来描述磁路的另一重要定律,即磁路的全电流定律。

因为

$$\Phi = \frac{F_m}{R_m}$$

而

$$F_m = IN, \quad R_m = \frac{l}{\mu S}, \quad \Phi = BS$$

所以

$$\Phi = BS = \frac{IN}{\dfrac{l}{\mu S}} = \frac{\mu IN}{l}S$$

即

$$B = \frac{\mu IN}{l}$$

比较式(1-1-5)中的 $B = \mu H$，有

$$H = \frac{IN}{l} \quad 或 \quad Hl = IN \tag{1-1-10}$$

上式中的 Hl 表示一段材料上的磁压降，用符号 H_m 表示，单位为安(A)。在一个由 n 段不同材料组成的磁路中，总磁通势是各段磁压降的代数和，即

$$F_m = IN = \sum_{i=1}^{n} H_i l_i = H_1 l_1 + H_2 l_2 + \cdots + H_n l_n \tag{1-1-11}$$

磁路和电路有很多相似之处，表 1-1-2 列出了二者之间的对应关系，方便读者对比和理解。

表 1-1-2　电路与磁路的对应关系

电　路	磁　路
电路图 	磁路图
电路：电流流经的路径	磁路：磁通经过的路径
电动势 E：电路中的激励源	磁通势 F_m：磁路中的激励源
电流 I：电路中流过某导线截面 S 的电子的总量	磁通量 Φ：磁路中穿过某面积 S 的磁感线的总量
电流密度 J：单位面积通过的电流	磁感应强度 B：单位面积上的磁通量
电阻 R：阻碍电流的流动	磁阻 R_m：阻碍磁通的通行
电压降 U：电流通过电阻元件时产生的电位差	磁压降 Hl：磁通量在磁阻上产生的磁位差
电路欧姆定律：通过电路的电流与电动势(电压)成正比，与电路的电阻成反比：$I = \dfrac{U}{R}$	磁路欧姆定律：通过磁路的磁通量与磁通势成正比，与磁路的磁阻成反比：$\Phi = \dfrac{F_m}{R_m}$

磁路计算经常用于磁路的设计中。磁路设计的主要任务是根据预先选定的磁性材料、磁路各段的尺寸、要达到的磁通量 Φ(或磁感应强度 B)，计算所需要的励磁电流和线圈匝数。在给定磁通量 Φ 的前提下，确定励磁电流 I 的计算过程如下：

(1) 根据磁通量的要求，确定磁路中各段的磁感应强度 B。由于各段磁路的截面积不同，在通过同一磁通 Φ 的情况下，各段磁路的磁感应强度 B 为

$$B_1 = \frac{\Phi}{S_1}, \quad B_2 = \frac{\Phi}{S_2}, \quad \cdots, \quad B_n = \frac{\Phi}{S_n}$$

(2) 确定各段磁路磁场强度 H。各段磁路磁场强度 H 需要根据各种材料的磁化曲线，从 B-H 曲线上对应查得 $H_1, H_2, \cdots, H_n$。

（3）根据各段磁路的长度计算各段磁路的磁压降 $H_i l_i$。

（4）根据磁路的全电流定律,计算磁路总的磁通势,即

$$F_m = IN = \sum_{i=1}^{n} H_i l_i = H_1 l_1 + H_2 l_2 + \cdots + H_n l_n$$

（5）根据磁路磁通势,确定励磁电流 I 和线圈匝数 N。

【例 1-1-1】 有一个方形闭合的均匀铁心线圈,磁路平均长度为 45cm,励磁线圈匝数为 300,要求铁心中的磁感应强度为 0.8T。试求：（1）铁心材料为铸铁时,线圈中的电流;（2）铁心材料为硅钢片时,线圈中的电流。

【解】 本题要求根据磁感应强度确定采用不同材料时的励磁电流,学会利用磁化曲线是解决这类问题的关键。图 1-1-6 为某型铸铁和硅钢片的磁化曲线。

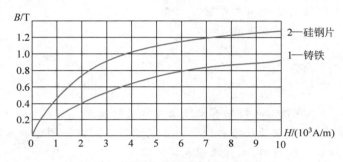

图 1-1-6 某型铸铁和硅钢片的磁化曲线

（1）对于铸铁材料,当 $B = 0.8T$ 时,通过磁化曲线查得铸铁对应的磁场强度为 $H = 6300A/m$,则

$$I = \frac{Hl}{N} = \frac{6300 \times 0.45}{300} = 9.45(A)$$

（2）对于硅钢片材料,当 $B = 0.8T$ 时,通过磁化曲线查得铸铁对应的磁场强度为 $H = 2300A/m$,则

$$I = \frac{Hl}{N} = \frac{2300 \times 0.45}{300} = 3.45(A)$$

结论：磁感应强度一定时,采用高磁导率材料可降低线圈的励磁电流,减少用铜量。

【例 1-1-2】 上例中,如果励磁线圈中通过同样的电流 3.45A,要得到相同的磁通量 Φ,使用铸铁材料和硅钢片材料,哪一个截面积/体积比较小？

【解】 本题要求根据磁通量和励磁电流确定铁磁性物质的体积大小。

如果励磁线圈中通有同样大小的电流 3.45A,则铁心中的磁场强度是相等的,都是 2300A/m。

查磁化曲线可得,$B_{铸铁} = 0.43T$,$B_{硅钢} = 0.8T$,即硅钢片的磁感应强度是铸铁的 1.86 倍。因 $\Phi = BS$,如要得到相同的磁通 Φ,则铸铁铁心的截面积是硅钢片的 1.86 倍。

结论：在励磁电流和磁通量相同时,采用高磁导率材料可使铁心截面积/体积有效降低。

📖 **思考与练习**

1-1-1 什么是磁感应强度？什么是磁场强度？

1-1-2 什么是绝对磁导率？什么是相对磁导率？

1-1-3 磁阻与何种因素相关？写出其数学表达式。

1-1-4　磁通势与何种因素相关？写出其数学表达式。

1-1-5　写出磁路的欧姆定律，并说明每个符号的物理含义。

1-1-6　比较电路和磁路的特点，对应说明不同符号的物理含义。

1-1-7　写出磁路的全电流定律，并说明每个符号的物理含义。

1.2　直流电磁铁及其应用

直流电磁铁及应用

- 了解直流电磁铁的结构和工作原理。
- 了解直流电磁铁的工业应用。

　　直流电磁铁是一个在铁心外绕制有直流励磁线圈的装置。它利用通电线圈产生的电磁吸力来操纵机械装置，将电能转换为机械能。直流电磁铁广泛应用于机械传动系统和自动控制系统中，它的结构比较简单，工作原理也比较容易理解。

　　直流电磁铁可以单独作为一类电器，如牵引电磁铁、制动电磁铁、起重电磁铁等，也可作为开关电器的一种部件，如接触器、电磁继电器等。由于电磁铁可通过调节励磁电流控制其磁场强度，进而控制吸力的大小，所以电磁铁比永久磁铁有更广泛的应用。下面通过一些典型的应用说明各种直流电磁铁的结构和工作原理。

1.2.1　起重电磁铁

　　起重电磁铁又称电磁吸盘或吸盘电磁铁，是利用电磁吸力抓取铁磁性物质的一种起重设备。在对物料起吊搬运时，不需要对零散的物料进行捆扎等其他处理，故又称为散料起重电磁铁。

　　起重电磁铁结构如图 1-2-1 所示，电磁铁的励磁线圈置于软磁材料做成的铁心和外壳之中，并以环氧树脂浇封。抓取铁磁性物质时，电磁铁在励磁电流的作用下产生强大的电磁吸力。由于铁心使用了软磁材料，只要断开电流，吸力即可消失。电磁吸盘通常挂在起重机的吊钩上，与电缆随吊钩一起升降。为防止断电时物料坠落，起重机需要有备用电源。

实物图　　　　　　　　　　原理图

图 1-2-1　起重电磁铁

起重电磁铁可用于吸吊铸铁锭、钢球、生铁块、机加工碎屑,以及铸造厂的各种杂铁、回炉料、切料头、打包废钢等;还可广泛应用在自动化作业线上作为材料或产品的输送控制件。另外,在机械手、食品机械、医疗机械、自动化控制系统中也有应用。

1.2.2 电机的磁极

直流电磁铁的重要应用是在电机领域。这里以直流电动机的主磁极为例来说明。

直流电动机的定子铁心上装有产生气隙磁场的主磁极,主磁极由主磁极铁心和励磁绕组两部分组成。铁心一般用 $0.5\sim1.5$mm 厚的硅钢板冲片叠压铆紧而成,分为极身和极靴两部分。上面套励磁绕组的部分称为极身,下面扩宽的部分称为极靴。极靴宽于极身,既可以调整气隙中磁场的分布,又便于固定励磁绕组。励磁绕组用绝缘铜线绕制而成,套在主磁极铁心上。整个主磁极用螺钉固定在机座上,如图 1-2-2 所示。

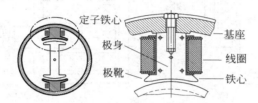

图 1-2-2 直流电动机的主磁极

此外,直流电机的电枢绕组、交流发电机的转子励磁系统以及交流同步发电机的转子励磁系统都是通过直流电磁铁实现的,有兴趣的同学可查阅电机类的参考书深入了解。

1.2.3 各类电磁继电器

直流电磁铁大量应用于各类电磁继电器。作为开关电器的部件,电磁继电器中的电磁铁一般由铁心、线圈、衔铁和返回弹簧四部分组成。铁心和衔铁用软磁材料制成。铁心一般是静止的,励磁线圈绕制在铁心上。

直流电磁铁的类型很多,下面结合一些常见电磁铁的应用,简要说明其结构和工作原理。

1. 拍合式电磁继电器

图 1-2-3 所示的拍合式电磁铁由铁心、励磁线圈、衔铁、返回弹簧四部分构成。其工作原理如下所述。

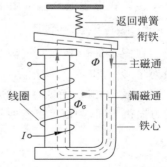

图 1-2-3 拍合式电磁继电器

(1)线圈通入励磁电流后,产生磁通。由于铁心的磁阻较小,磁通量绝大部分通过由铁心提供的磁路,称为主磁通,用 Φ 表示;另有极小一部分磁通通过空气形成闭合路径,称为漏磁通,用 Φ_σ 表示。

(2)在主磁通的作用下,铁心磁化,产生磁吸力。在直流电磁铁中,吸力的大小与空气隙的截面积 S_0 和空气隙中的磁感应强度 B_0 的平方成正比,即

$$F = \frac{10^7}{8\pi}B_0^2 S_0 \tag{1-2-1}$$

(3)衔铁克服弹簧的作用力被向下吸合。吸合后,由于减少了空气隙,在励磁电流不变

的情况下,空气隙中的 B_0 增强, S_0 减小,吸力更大。

(4) 励磁线圈断电后,由于铁心为软磁材料制成,铁心中仅有很小的剩磁,产生的吸力远小于弹簧的反作用力,衔铁被释放。

2. 吸入式电磁继电器

垂直安装的吸入式电磁继电器的电磁铁如图 1-2-4(a)所示,由三部分组成,即铁心、线圈和衔铁。励磁线圈通电后,衔铁被吸引到上方位置;断电后,衔铁靠自重下垂至脱开位置。水平安装的吸入式电磁继电器如图 1-2-4(b)所示,在结构上还需要返回弹簧,其作用是在励磁线圈失电后,把衔铁弹回自然状态。

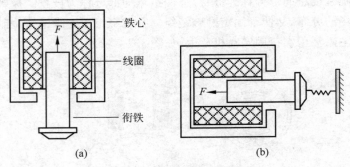

(a)   (b)

图 1-2-4 吸入式电磁继电器

3. 旋转式电磁继电器

旋转式电磁继电器的结构如图 1-2-5 所示,其铁心和线圈与其他继电器无异,特别之处是安装在中轴上、可旋转的活动衔铁。当励磁线圈通电后,铁心中产生主磁通,在活动衔铁被磁化的过程中,会自动旋转到垂直方向。当线圈失电后,活动衔铁根据自身的重心回到自然状态,活动衔铁带动开关断开需要控制的其他电路。旋转式电磁继电器可用于投币电话和投币游戏机中。

图 1-2-5 旋转式电磁继电器

4. 极化电磁继电器

在图 1-2-6 中,在空气隙中除有励磁线圈产生的磁通量 Φ_f 以外,还有永久磁铁产生的磁通量 Φ_{m1} 和 Φ_{m2}。这样,在一个空气隙中的 Φ_f 与 Φ_{m1} 同向相加,而另一个空气隙中的 Φ_f 与 Φ_{m2} 反向相减,衔铁将向合成磁通量大的一方偏转。励磁线圈的电流方向不同,衔铁的运动方向也不同,因而可以接通不同的电路。由于这类电磁铁是有极性的,称为极化电磁铁。

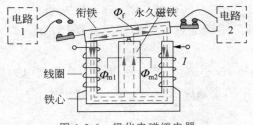

图 1-2-6 极化电磁继电器

极化电磁铁主要有以下特点。

（1）能反映线圈信号的极性。在有些变换器中，还能做到使衔铁的位移（或转角）与信号的大小成正比。

（2）灵敏度高。目前，一般高灵敏度的电磁式电磁铁的吸合磁通势为 2.5～3 安匝，吸合功率为 10mW。但是极化电磁铁的吸合磁通势只需 0.5～1 安匝，吸合功率只需 $(5～10)×10^{-6}$ W。

（3）动作速度快。由于极化电磁铁的线圈尺寸小，吸片可以做得很轻，行程小，因此线圈的机电时间常数很小，灵敏度很高。目前，电磁式电磁铁最快的吸合时间也要 5～10ms，而某些极化电磁铁的动作时间只有 1～2ms。

上面列举了一些直流电磁铁的典型应用案例，有兴趣的读者还可以参看其他电磁铁方面的参考书扩展知识。

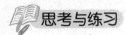 **思考与练习**

1-2-1　请列举 5 个直流电磁铁应用的例子。

1-2-2　说明图 1-2-6 中所示极化电磁继电器的工作原理。

*1.3　交流电磁铁

交流电磁铁及应用

- 了解交流电磁铁中电、磁、力之间的关系。
- 了解交流电磁铁中的线圈损耗（铜损）和铁心损耗（铁损）。

交流电磁铁的结构和工作原理都比直流电磁铁复杂，要理解交流电磁铁的工作原理，需要有较好的数学基础。

励磁电压与铁心磁通量的关系是学习交流电磁铁工作原理的基础，过程尽量能够理解，结论需要记忆。建议对铁心磁通量、空气隙磁感应强度、电磁力三者之间的关系做定性的了解。

交流电磁铁是一个在铁心外绕制有交流励磁线圈的装置，由于交流电成本低，使用方便，所以交流电磁铁比直流电磁铁有更加广泛的应用。交流电磁铁广泛应用于交流接触器、交流电磁继电器、变压器和交流电动机等设备中。

1.3.1　交流电磁铁的电磁关系

交流电磁铁是一个绕有励磁线圈的铁心，励磁线圈中通入交流电流，交流电磁铁的电磁关系是其应用的基础。下面用图 1-3-1 来说明交流电磁铁的电磁关系。

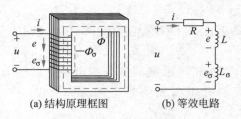

(a) 结构原理框图　　　　(b) 等效电路

图 1-3-1　交流电磁铁

1. 电压与电流的关系

在励磁线圈中加上交流电压 u 之后,产生励磁电流 i,此时铁心磁路中的磁通势为 $f_\Phi = iN$。交变的磁通势 f_Φ 在铁心中产生交变的主磁通 Φ 和漏磁通 Φ_σ,而交变的主磁通 Φ 和漏磁通 Φ_σ 在励磁绕组中分别产生感应电动势 e 和 e_σ,其电磁关系表达式为

$$u \to i(f_\Phi = iN) \begin{cases} \Phi \to e = -N\dfrac{\mathrm{d}\Phi}{\mathrm{d}t} \\[2mm] \Phi_\sigma \to e_\sigma = -N\dfrac{\mathrm{d}\Phi_\sigma}{\mathrm{d}t} = -L_\sigma\dfrac{\mathrm{d}i}{\mathrm{d}t} \end{cases}$$

式中: L_σ 为铁心线圈的漏磁电感,对于给定的铁心线圈, L_σ 为常数。根据基尔霍夫电压定律,励磁电流和线圈电压之间的关系为

$$u = iR + (-e - e_\sigma) = iR + (-e) + L_\sigma\frac{\mathrm{d}i}{\mathrm{d}t} \tag{1-3-1}$$

2. 电压与磁通的关系

由式(1-3-1)可见,电源电压由三部分组成, iR 是励磁线圈上的电压降, e 是主磁通在线圈中的感应电动势, e_σ 是漏磁通在励磁线圈中的漏感电动势。一般线圈的电阻 R 很小,漏磁通也很小,略去电阻上的压降 iR 和漏感电动势 e_σ,则有

$$u \approx -e = N\frac{\mathrm{d}\Phi}{\mathrm{d}t}$$

上式表明,如果励磁电压是正弦交流电时,线圈中的主磁电动势 e 和铁心中的主磁通 Φ 都按正弦规律变化。设主磁通为 $\Phi = \Phi_\mathrm{m}\sin\omega t$,则

$$\begin{aligned} u \approx -e &= N\frac{\mathrm{d}\Phi}{\mathrm{d}t} = N\frac{\mathrm{d}(\Phi_\mathrm{m}\sin\omega t)}{\mathrm{d}t} \\ &= \omega N\Phi_\mathrm{m}\sin(\omega t + 90°) \\ &= U_\mathrm{m}\sin(\omega t + 90°) \end{aligned}$$

上式中,电压和主磁电动势的幅值为 $U_\mathrm{m} \approx E_\mathrm{m} = \omega N\Phi_\mathrm{m}$,其有效值可表示为

$$U \approx E = \frac{\omega N\Phi_\mathrm{m}}{\sqrt{2}} = \frac{2\pi f N\Phi_\mathrm{m}}{\sqrt{2}} \approx 4.44 f N\Phi_\mathrm{m} \tag{1-3-2}$$

式(1-3-2)表明了交流铁心线圈中的电磁关系。

式(1-3-2)还可理解为,励磁线圈外加正弦电压一定时,磁路中的正弦磁通量也一定;如果磁路的磁阻发生变化,根据磁阻、磁通和磁动势的关系($\Phi = F_\mathrm{m}/R_\mathrm{m}$),则磁动势($F_\mathrm{m} = IN$)会相应变化,即磁路可反过来影响电路。

说明:当励磁电源的频率、线圈匝数一定时,忽略绕组的电阻和铁心漏磁通,铁心磁路中的磁通量幅值 Φ_m 和线圈外加电压 U 成正比,而与铁心的材料和尺寸无关。

1.3.2 交流电磁铁的磁力关系

交流电磁铁的磁力关系主要体现在一些交流电磁机构中,如交流接触器、磁力起动器、交流电磁式继电器等。下面以交流接触器的电磁机构为例做一说明。

1. 交流接触器的电磁机构

交流接触器是一种控制电器,主要用于各种控制电路和控制系统中。其结构主要由电磁机构和触点系统组成。电磁机构由铁心、励磁线圈和衔铁组成。电磁机构的主要作用是通过电磁感应原理将电能转换成机械能,带动触点动作,完成接通或分断电路的功能。图 1-3-2 是一些用在交流接触器中的直动式电磁机构。

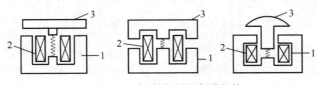

图 1-3-2　直动式交流电磁机构
1—铁心;2—励磁线圈;3—衔铁

2. 交流电磁铁的磁力关系

当外加电压 U、频率 f 和线圈匝数 N 为常数时,铁心和空气隙中的磁通量最大值也为常数。

$$\Phi_m = \frac{U}{4.44fN}$$

当空气隙的截面积为 S_0 时,空气隙中的磁感应强度为

$$B_m = \frac{\Phi_m}{S_0}$$

铁心吸力的最大值为

$$F_{max} = \frac{10^7}{8\pi} B_m^2 S_0 \qquad\qquad (1\text{-}3\text{-}3)$$

平均吸力为

$$F_{av} = \frac{10^7}{16\pi} B_m^2 S_0 \qquad\qquad (1\text{-}3\text{-}4)$$

图 1-3-3 是一个交流接触器的结构和原理示意图。当励磁线圈 5 得电后,铁心 6 中产生主磁通,活动衔铁 3 受到电磁吸力后克服弹簧 4 的反作用力被吸向铁心,同时带动触点 1 合向静触点 2,控制其他电路运行。当励磁线圈失电或线圈两端电压显著降低时,电磁吸力小于弹簧的反作用力,衔铁释放,触点机构复位,解除对其他电路的控制。

对于交流电磁机构而言,交变电流产生脉动的吸力。即当电流为 0 时,吸力也为 0。当 50Hz 的交流电源加在励磁线圈上时,产生吸力为 100Hz 的脉动吸力。如此周而复始,使衔铁产生振动,发出噪声,不能正常工作。

为解决此问题,在铁心端部开一个槽,槽内嵌入短路铜环(或称分磁环),如图 1-3-4 所示。当励磁线圈通入交流电后,在短路环中会产生感应电流,该感应电流又会产生一个磁

通。短路环把铁心中的磁通分为两部分,即穿过短路环的 Φ_1 和不穿过短路环的 Φ_2。由于短路的作用,使 Φ_1 与 Φ_2 产生相移。由于两个磁通量不同时为零,使合成磁通量始终不为零,产生的吸力始终大于反作用力,消除振动和噪声。

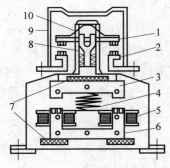

图 1-3-3　交流接触器结构

1—动触点;2—静触点;3—活动衔铁;4—弹簧;
5—励磁线圈;6—铁心;7—垫毡;8—触点弹簧;
9—灭弧罩;10—触点压力弹簧

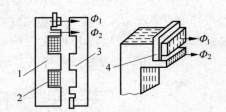

图 1-3-4　交流接触器(铁心端部开槽)

1—铁心;2—励磁线圈;3—活动衔铁;4—短路环

在直流电磁铁中,励磁电流仅与线圈电阻有关,不受空气隙的影响。但在交流电磁铁的吸合过程中,随着空隙器的变小,磁路的磁阻急剧下降,线圈的电感量变大。综合结果为励磁电流减小,磁通量增大。所以交流电磁铁在励磁线圈通电后,衔铁应瞬间吸合。如果因机械原因被卡住,或因工作场所电压较低不能产生足够的吸力,导致衔铁不能立即吸合,则线圈中会长时间流过较大电流,线圈将会因温升过高而烧毁。凡是利用交流电磁铁作为动力的电工设备都存在此类问题,使用时需要特别注意。

交流接触器线圈的工作电压应为其额定电压的 $85\%\sim105\%$,这样才能保证接触器可靠吸合。如电压过高,交流接触器磁路趋于饱和,线圈电流将显著增大,有烧毁线圈的危险。反之,电压过低,电磁吸力不足,动铁心吸合不上,线圈电流达到额定电流的十几倍,线圈也会过热烧毁。

*1.3.3　交流电磁铁的损耗

1. 线圈损耗:铜损

当励磁电流通过交流电磁铁的线圈时,会产生功率损耗。由于线圈导线多用铜线,故称铜损,记为 P_{Cu}。设线圈的电阻为 R,则铜损的计算公式为

$$P_{Cu} = I^2 R \tag{1-3-5}$$

2. 铁心损耗:铁损

交变磁通在铁心中会产生磁滞损耗和涡流损耗,二者统称铁损。

1) 磁滞损耗

磁滞损耗是由于铁磁性物质在交变磁化的过程中,其内部的磁畴在反复改变其排列方式时产生的能量损耗,记为 P_h。磁滞损耗与磁感应强度的最大值 B_m、电源频率 f、铁心体积 V 的乘积成正比,其表达式为

$$P_h = k_h f B_m^n V \qquad (1\text{-}3\text{-}6)$$

式中：k_h 为与铁磁材料有关的系数，由实验确定；n 为与 B_m 有关的指数，当 $0.1T < B_m < 1T$ 时，n 约为 1.6，当 $B_m \geqslant 1T$ 时，n 约为 2.0。

2）涡流损耗

交流电磁铁的铁心可以等效成一圈圈的闭合导线，如图 1-3-5 所示。穿过闭合导线的磁通量按正弦规律交替变化，这样就在闭合导线上产生感应电动势和感应电流。电流沿导体的圆周方向流动，就像一圈圈的旋涡，这种在导体内部由于电磁感应而产生的电流称为涡流。涡流在铁心中环流的过程中，会促使铁心中的电阻发热，引起能量损耗，降低效率。

涡流损耗的表达式为

$$P_e = k_e f B_m^n V \qquad (1\text{-}3\text{-}7)$$

式中：k_e 为与铁磁材料的电阻率及几何尺寸有关的系数，需由实验确定，其他变量含义与式（1-3-6）相同。

为减少涡流损耗，交流电磁铁广泛采用表面涂有薄层绝缘漆或绝缘氧化物的薄硅钢片（0.35~0.5mm）叠压制成的铁心，这样涡流被限制在狭窄的薄片之内，磁通穿过薄片的狭窄截面时，回路中的感应电动势较小，回路的长度较大，回路的电阻很大，涡流大为减弱。图 1-3-6 是硅钢片叠成的电磁铁，其涡流损耗仅为普通钢涡流损耗的 20%~25%。

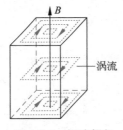
图 1-3-5　涡流损耗

图 1-3-6　硅钢片叠成的电磁铁

　思考与练习

1-3-1　比较交流电磁铁与直流电磁铁的异同。

1-3-2　解释励磁电压与铁心磁通量表达式 $U = 4.44 f N \Phi_m$ 的物理含义。

1-3-3　在交流接触器的铁心中，短路环起何作用？

1-3-4　说明交流电磁铁中铜损和铁损产生的原因。

1.4　变压器及应用

学习目标

- 熟悉变压器的结构。
- 掌握变压器变电压、变电流、变阻抗的工作原理。
- 能进行变压器基本参数（电压、电流、功率）的计算。

- 能根据负载的性质和大小选择变压器的容量,能根据阻抗匹配要求选择变压器的变比。

学 习 指 导

变压器的三个主要功能是:变电压、变电流、变阻抗,记住这个结论非常重要,如果能进一步掌握一、二次侧电压关系和电流关系产生的内在机理,就能更好地理解变压器的工作原理。

变压器与其他电磁铁的最大区别在于它不是用于产生电磁力,而是利用交变的电磁场把供电电压变为用户所需要的同频率的交流电压。变压器的种类很多,结构和功能也不尽相同,但无论何种类型的变压器,都是利用交流电磁铁中的电磁关系,在变压器的二次侧获得所需要的电压或电流信号。

此处以结构简单的控制变压器为例,说明变压器的结构、工作原理和选择方法,并简要介绍其他变压器的用途。

1.4.1 控制变压器

1. 变压器的结构

控制变压器的典型实物如图 1-4-1(a)所示;主要结构如图 1-4-1(b)所示,由铁心和绕组两部分组成,绕组套在铁心上;典型符号如图 1-4-1(c)所示。

变压器的工作原理

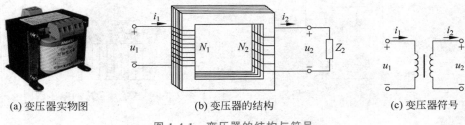

| (a) 变压器实物图 | (b) 变压器的结构 | (c) 变压器符号 |

图 1-4-1　变压器的结构与符号

变压器的铁心是一个闭合的整体,为主磁通提供路径。为减小涡流损耗,一般由厚度为 $0.35\sim0.5\text{mm}$ 的矽钢片叠合而成。

变压器的绕组由两部分组成,分别为一次绕组(原边绕组)和二次绕组(副边绕组)。一次绕组匝数为 N_1,用于产生主磁通;二次绕组匝数为 N_2,通过电磁感应产生同频率的正弦交流电压。

2. 变压器的工作原理

下面通过对变压器空载状态和负载状态的分析,学习变压器的工作原理。

1) 变压器的空载状态:电压变换作用

变压器空载状态如图 1-4-2 所示,在变压器的一次绕组中加上交流电压 u_1 之后,在一次绕组中产生电流 i_1。由于二次绕组开路,二次侧电流 i_2 为零。此时的一次电流称为空载电流或励磁电流,用 i_0 表示,而铁心磁路中的磁通势为

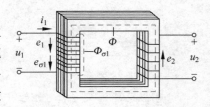

图 1-4-2　变压器的空载状态

$$f_m = i_0 N_1$$

在空载电流的作用下,变压器铁心中产生主磁通 Φ 和漏磁通 $\Phi_{\sigma1}$。主磁通同时穿过一、二次绕组,在两个绕组中分别产生感应电动势 e_1 和 e_2;漏磁通仅在一次绕组中穿过,产生漏感电动势 $e_{\sigma1}$,表达式为

$$e_1 = -N_1 \frac{d\Phi}{dt}$$

$$e_{\sigma1} = -N_1 \frac{d\Phi_{\sigma1}}{dt}$$

$$e_2 = -N_2 \frac{d\Phi}{dt}$$

以一次绕组的电流 i_1 作为参考方向,设一次绕组的电阻为 R_1,感抗为 X_1,则用相量法表示的一次绕组电压方程为

$$\dot{U}_1 = -\dot{E}_1 - \dot{E}_{\sigma1} + \dot{I}_1(R_1 + jX_1) \qquad (1\text{-}4\text{-}1)$$

由于一次绕组中的漏感电动势、空载电流、绕组阻抗都很小,忽略这些因素,则有

$$\dot{U}_1 \approx -\dot{E}_1 \qquad (1\text{-}4\text{-}2)$$

设二次绕组的电阻为 R_2,感抗为 X_2,此时 $\dot{I}_2$ 为 0,用相量法表示的二次绕组电压方程为

$$\dot{U}_2 = \dot{E}_2 + \dot{I}_2(R_2 + jX_2) = \dot{E}_2 \qquad (1\text{-}4\text{-}3)$$

一、二次绕组的电压有效值之比为

$$\frac{U_1}{U_2} \approx \frac{E_1}{E_2} = \frac{N_1}{N_2} = k \qquad (1\text{-}4\text{-}4)$$

2)变压器的负载状态:电流变换作用

变压器的负载状态如图 1-4-3 所示。设变压器二次侧的负载阻抗为 Z_2,二次侧的负载电流为 i_2。由于负载电流 i_2 的作用,在铁心中会产生一个附加的磁动势 $i_2 N_2$。附加的 $i_2 N_2$ 在铁心中可产生附加的主磁通和漏磁通 $\Phi_{\sigma2}$(漏磁通 $\Phi_{\sigma2}$ 通常比较小,在分析变压器原理时可以忽略)。

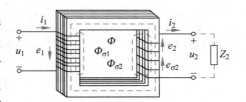

图 1-4-3 变压器的负载状态

根据楞次定律,此时一次侧绕组中电流 i_1 产生的磁势 $i_1 N_1$ 会阻碍铁心中磁势的变化,并达到最初的磁势平衡状态。磁势平衡方程的瞬时值和相量形式分别为

$$f_m = i_0 N_1 = i_1 N_1 + i_2 N_2$$

$$\dot{F}_m = \dot{I}_0 N_1 = \dot{I}_1 N_1 + \dot{I}_2 N_2 \qquad (1\text{-}4\text{-}5)$$

由于空载电流仅占到变压器额定电流的 $1\% \sim 5\%$,所以有

$$\dot{I}_1 N_1 + \dot{I}_2 N_2 \approx 0$$

由此可得,变压器一、二次侧的电流有效值之比为

$$\frac{I_1}{I_2} \approx \frac{N_2}{N_1} = \frac{1}{k} \qquad (1\text{-}4\text{-}6)$$

说明:在忽略漏磁通和绕组阻抗的情况下,一、二次绕组的电压比近似等于一、二次绕组的匝数比,这个匝数比称为变压器的变比,记为 k。式(1-4-4)也表明,变压器的一次侧电压决定二次侧电压。

说明:变压器一、二次侧的电流之比为一、二次侧匝数比的倒数,同时也说明,变压器的一次侧电流是由二次侧电流决定的。

变压器的特殊之处还在于,对于一次侧的电源来说,它是一个负载;而对于二次侧的负载来说,它又起到了电源的作用。实际上变压器在变电压、变电流的同时,起到了能量传输的作用。

【例 1-4-1】　某变压器 $U_1 = 380\text{V}$,$U_2 = 48\text{V}$,$N_1 = 1520$ 匝,求变压器的变比 k、二次绕组的匝数 N_2。若二次侧负载电阻为 10Ω,试求一、二次侧的工作电流。

【解】　通过本例学习变压器参数的基本计算。

依据题意,应用式(1-4-4)和式(1-4-6)可得

(1) 变压器变比：
$$k \approx \frac{U_1}{U_2} = \frac{380}{48} \approx 7.91$$

(2) 二次侧绕组匝数：
$$N_2 = \frac{N_1}{k} = \frac{1520}{7.91} \approx 192$$

(3) 二次侧电流：
$$I_2 = \frac{U_2}{R} = \frac{48}{10} = 4.8(\text{A})$$

(4) 一次侧电流：
$$I_1 = \frac{I_2}{k} = \frac{4.8}{7.91} \approx 0.6(\text{A})$$

3) 阻抗变换作用

除了变电压和变电流外,变压器在电子电路中经常起阻抗匹配的作用。一个负载在二次侧的实际大小为 Z_2,变压器在中间起能量传输的作用,从能量等效的观点看,这个负载也可看作是由电源直接供电的。而对于一次侧的电源来说,这个负载又是多少呢? 下面根据电压与电流的变换作用推导阻抗的变换作用。

说明：一个负载经过变压器后其阻抗值发生了变化。在电子线路中,常根据需要,通过选择变比把阻抗变为所需要的值,实现阻抗匹配。

设负载 Z_2 变换到一次侧为 Z_1,则有

$$|Z_1| = \frac{U_1}{I_1}, \quad |Z_2| = \frac{U_2}{I_2}$$

把式(1-4-4)和式(1-4-6)分别代入上式可得

$$|Z_1| = \frac{U_1}{I_1} = \frac{kU_2}{\dfrac{I_2}{k}} = k^2|Z_2| \tag{1-4-7}$$

【例 1-4-2】　一交流信号源的电动势 $e = 20\sqrt{2}\sin\omega t$ (V),内阻 $R_0 = 400\Omega$,现有一个 $R_L = 4\Omega$ 的负载,试做如下计算：(1)如果将 R_L 直接与信号源连接,试求负载获得的功率;(2)如果通过变压器实现阻抗匹配,试求负载获得的功率及变压器的变比。

【解】　通过本例学习如何使用变压器进行阻抗匹配,实现功率传输最大化。

依据题意可画出电路连接如图 1-4-4 所示。

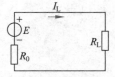 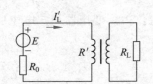

(a) 负载与信号源直接相连　　　　(b) 负载经变压器与信号源相连

图 1-4-4　负载与电源的连接

(1) 如果把负载直接接在信号源上,如图 1-4-4(a)所示,负载电流为

$$I_L = \frac{E}{R_0 + R_L} = \frac{20}{400 + 4} \approx 0.0495(A)$$

负载获得的功率为

$$P_L = I_L^2 R_L = 0.0495^2 \times 4 = 9.8(mW)$$

(2) 如果通过变压器实现负载的阻抗匹配,则需在负载和电源之间接入一个变压器,电路如图 1-4-4(b)所示,此时的匹配阻抗为

$$R'_L = R_0 = 400\Omega$$

此时电路的电流为

$$I'_L = \frac{E}{R_0 + R'_L} = \frac{20}{400 + 400} = 0.025(A)$$

负载所获得的功率为

$$P'_L = I'^2_L R'_L = 0.025^2 \times 400 = 250(mW)$$

根据式(1-4-7)可知,变压器的变比为

$$k = \sqrt{\frac{R'_L}{R_L}} = \sqrt{\frac{400}{4}} = 10$$

4) 变压器的功率

变压器能够改变电压、电流和阻抗的大小,但是不能实现功率大小的变换,只能进行功率的传递。忽略变压器的自身损耗,根据式(1-4-4)和式(1-4-6),变压器一、二次侧的功率相等,即

$$U_1 I_1 = U_2 I_2 \tag{1-4-8}$$

3. 变压器的选择条件

由于变压器有一次绕组和二次绕组,变压器的额定参数有额定一次电压 U_{1N}、额定一次电流 I_{1N},额定二次电压 U_{2N}、额定二次电流 I_{2N},以及额定视在功率 S_N。以上各量之间的关系如下:

$$S_N = U_{1N} I_{1N} = U_{2N} I_{2N} \tag{1-4-9}$$

选择变压器时需要满足以下三个条件。

(1) 额定一次电压 U_{1N} 等于电源的供电电压(允许有 $\pm 10\%$ 的误差)。

(2) 额定二次电压 U_{2N} 等于负载的工作电压(允许有 $\pm 10\%$ 的误差)。

(3) 额定视在功率大于或等于负载的视在功率。

【例 1-4-3】 某机床控制电路负载如下:一个照明灯参数为 36V、30W;3 个交流继电器参数均为 36V、18W、功率因数 0.6;2 个中间继电器参数均为 36V、20W、功率因数 0.5。可接电源为线电压 380V 的三相四线制供电线路,4 台备选变压器参数如表 1-4-1 所示。

结论: 通过阻抗匹配,可极大地提高负载获取的功率,实现功率传输最大化。这种技术主要应用于电子线路中,如收音机、电视机和音响设备的功率放大电路中。

变压器的选择

表 1-4-1 变压器参数

变压器型号	额定一次电压 U_{1N}/V	额定二次电压 U_{2N}/V	容量 S_N(视在功率)/(V·A)
BK-200/380	380	36	200
BK-150/380	380	36	150
BK-200/220	220	36	200
BK-200/220	220	48	200

为满足控制电路需要,试选择可供使用的单相变压器的电压和功率,计算其一、二次侧的电流,并说明接入电路的方式。

【解】 通过本例,学习根据负载要求选择供电变压器,并能进行正确的接线。

按照前述变压器的选择要求,变压器要满足电源供电电压、负载工作电压和负载功率三个条件。

(1)电源电压:4 个备用变压器的一次额定电压 U_{1N} 分别是 380V 和 220V,而供电电源为 380V 三相四线制系统,其线电压为 380V、相电压为 220V,可见只要接法正确,两种电压都可满足要求。

(2)负载工作电压:3 组负载的工作电压为 36V,1~3 号备用变压器的二次额定电压 U_{2N} 为 36V,满足负载要求;4 号备用变压器的二次额定电压 U_{2N} 为 48V,高于负载电压,不满足负载要求。

(3)负载统计:负载数量多,列表统计如表 1-4-2 所示。

表 1-4-2 负载统计

组 别	数量	功率因数 $\cos\varphi$	有功功率 P/W	无功功率 Q/var
照明灯	1	1.0	$1\times30=30$	0
交流继电器	3	0.6	$3\times18=54$	72
中间继电器	2	0.5	$2\times20=40$	69
功率汇总			124	141
视在功率/(V·A)			188	

供电变压器的视在功率应大于负载的计算功率,根据表 1-4-2 计算结果,1 号、3 号备用变压器的额定容量为 200V·A,满足负载要求,2 号备用变压器的容量为 150V·A,不满足要求。

(4)计算负载电流:负载电流需要根据实际的负载大小进行计算。

1 号备用变压器的一、二次负载电流分别为

$$I_1=\frac{S}{U_{1N}}=\frac{188}{380}\approx0.495(A)$$

$$I_2=\frac{S}{U_{2N}}=\frac{188}{36}\approx5.222(A)$$

2 号备用变压器的一、二次负载电流分别为

$$I_1=\frac{S}{U_{1N}}=\frac{188}{220}\approx0.855(A)$$

$$I_2=\frac{S}{U_{2N}}=\frac{188}{36}\approx5.222(A)$$

提示:变压器的选择不仅要考虑电压和功率的要求,还需要考虑接入电路的方式。

(5)接入电源:1 号备用变压器的额定电压 U_{1N} 为 380V,应该接在供电线路的线电压上;3 号备用变压器的额定电压 U_{1N} 为 220V,应该接在供电线路的相电压上。

1.4.2 三相电力变压器

三相电力变压器用途最为广泛。从发电厂、变电站、工厂车间到居民小区,凡是用电的地方,都离不开三相电力变压器。

三相电力变压器由三对绕组组成。三个一次绕组、三个二次绕组分别接成星形（Y）或三角形（△）。图1-4-5给出了一种三相电力变压器的实物图，并简要画出了运行中的四种接线方式。

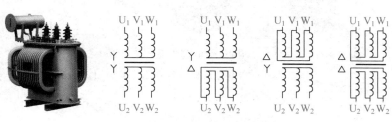

三相电力变压器

图 1-4-5　三相变压器的接线方式

三相电力变压器的工作原理与上述单相控制变压器相同，区别在于二者的功率表达式不同。若以 U_{1N}、I_{1N} 分别表示三相变压器一次侧的线电压、线电流，以 U_{2N}、I_{2N} 分别表示二次侧的线电压、线电流，则三相变压器的视在功率表达式为

$$S_N = \sqrt{3}U_{1N}I_{1N} = \sqrt{3}U_{2N}I_{2N} \tag{1-4-10}$$

【例 1-4-4】　一台三相变压器额定容量 $S_N = 180\text{kV}\cdot\text{A}$，一、二次绕组的额定电压 $U_{1N}/U_{2N} = 10000\text{V}/380\text{V}$。试求：（1）一、二次绕组的额定电流 I_{1N}、I_{2N} 各为多大？（2）现有两组负载：一组负载为 380V、100kW，功率因数 0.75，另一组负载为 380V、100kW、功率因数 0.5，问哪一组负载可以正常接入电路，并说明原因。

【解】　通过本例，学习三相电力变压器的基本参数计算和容量选择方法。

（1）根据式（1-4-10），可计算出一、二次侧的额定电流分别为

$$I_{1N} = \frac{180 \times 1000}{\sqrt{3} \times 10000} \approx 10.39(\text{A})$$

$$I_{2N} = \frac{180 \times 1000}{\sqrt{3} \times 380} \approx 273.5(\text{A})$$

（2）负载接入电路判断

第一组负载：$S_1 = \dfrac{P_1}{\cos\varphi_1} = \dfrac{100}{0.75} \approx 133\text{kV}\cdot\text{A} < S_N$，可以正常接入电路。

第二组负载：$S_2 = \dfrac{P_2}{\cos\varphi_2} = \dfrac{100}{0.5} = 200\text{kV}\cdot\text{A} > S_N$，不能正常接入电路；如果强行接入，长时间运行后会造成变压器过热损坏。

1.4.3　自耦调压器

自耦调压器也叫自耦变压器。普通变压器是通过一、二次侧的绕组电磁耦合来传递能量，一、二次侧没有直接电的联系。自耦变压器的二次侧绕组就是一次侧绕组的一部分，一、二次侧直接有电的联系。由于二次侧电压可调，在设备维修和试验中，常用自耦调压器来获得任意大小的二次电压。

实际应用中有三相自耦调压器，也有单相自耦调压器，如图1-4-6（a）、（b）所示，自耦调压器的原理说明如图1-4-6（c）所示。自耦调压器的基本参数计算与普通变压器相同。

自耦变压器

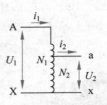

(a) 三相自耦调压器   (b) 单相自耦调压器   (c) 工作原理图

图 1-4-6   自耦调压器的实物图与原理图

电压比：
$$\frac{U_1}{U_2} \approx \frac{N_1}{N_2} = k$$

电流比：
$$\frac{I_1}{I_2} \approx \frac{N_2}{N_1} = \frac{1}{k}$$

由于自耦调压器一、二次绕组之间有电的联系,使用中需要注意表 1-4-3 所列内容。

表 1-4-3   自耦调压器使用注意事项

注意事项	说 明	图 示
使用前必须将滑动触点旋至零位	接通电源前,应先将滑动触点旋至零位。接通电源后转动手柄,将电压调至所需数值,使用完毕后,滑动触点应再一次调节到零位	
不可将一、二次侧接反	使用时如将一、二次侧接错,会造成电源短路	
不可将一次侧接地端接反	如果一次侧相线端与接地端接反,即使滑动触点在 0 位(输出端电压为 0V),此时在输出端也会带有危险的相电压,造成人身事故	
多输入接头的自耦调压器,不可接错电压输入端	如果电源输入有 220V 和 110V 两个选择端钮,接线前需要看清对应的电压端钮。如果错把 220V 电压接到 110V 端钮上,会烧毁自耦调压器;如果错把 110V 电压接到 220V 端钮上,不能输出正常电压	

1.4.4 仪用互感器

仪用互感器是一种特殊用途的变压器,是测量用电压互感器和电流互感器的统称。仪用互感器的作用如下。

（1）扩大仪表量程。仪用互感器能将一次回路的高电压、大电流信号转变为标准的低电压、小电流信号，供给二次回路的测量仪器、仪表和保护、控制装置使用，相当于扩大了仪表的量程。

（2）保障设备人身安全。一次回路与二次回路之间通过电磁感应传递信号，实现高、低压设备的电气隔离。这既可避免主电路的高电压直接引入仪表、继电器等二次设备，又可防止继电器、仪表等二次仪用互感器设备的故障影响主电路，提高一、二次设备的安全性和可靠性，并有利于操作人员的人身安全。

1. 电压互感器

1）电压互感器结构与原理

图 1-4-7 是一些常见的电压互感器，图 1-4-7(a)～(d)是单相电压互感器，图 1-4-7(e)是三相电压互感器。

(a)　　　(b)　　　(c)　　　(d)　　　(e)

图 1-4-7　常见的电压互感器

电压互感器（Potential Transformer，PT）是一种把高电压（≥1000V）变为标准低电压（100V）的特殊变压器。这样，就可以在其二次侧使用小量程的电压表对高电压进行测量。

电压互感器的一次侧绕组匝数很多，二次侧绕组匝数很少，根据变压器的变比公式 $k_u = U_1/U_2 = N_1/N_2$ 可知，电压互感器二次侧的电压较低（100V）。

电压互感器在使用时的接线如图 1-4-8 所示。电压互感器的一次侧并联接在高压侧，二次侧并联接入各种测量仪表和保护仪表。

2）电压互感器使用注意事项

电压互感器的铁心和二次绕组的一端必须可靠接地。这样，可以有效防止一、二次侧之间绝缘损坏后，高压会窜入低压侧，影响人身和设备的安全。

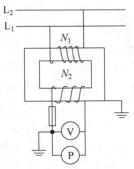

图 1-4-8　电压互感器的接线

另外，电压互感器正常情况下，接入的负载是电压表、功率表、电能表的电压线圈，几乎工作在空载状态，因此，电压互感器的二次侧不允许短路，需加熔断器进行保护。

2. 电流互感器

图 1-4-9 是一些常见的电流互感器。电流互感器用在需要测量大电流的高、低压用电场合。

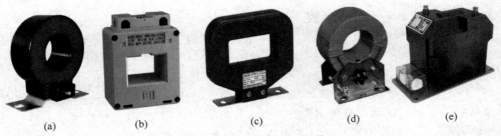

图 1-4-9　常见的电流互感器

电流互感器(Current Transformer,CT)是一种把大电流(>5A)变为标准小电压(5A或 1A)的特殊变压器。这样,就可以在其二次侧使用小量程的电流表对大电流进行测量。

1) 电流互感器结构与原理

电流互感器的结构特点与电压互感器正好相反,其一次侧绕组匝数很少,多数情况下仅有 1 匝,二次绕组匝数很多,根据变压器的变比公式 $k_i = I_1/I_2 = N_2/N_1$ 可知,电流互感器二次侧的电流较低(5A 或 1A)。

电流互感器在使用时的接线如图 1-4-10 所示。电流互感器的一次侧与用电设备串联,二次侧串联接入各种测量仪表和保护仪表。

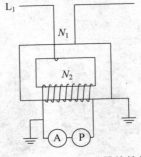

图 1-4-10　电流互感器的接线

2) 电流互感器使用注意事项

电流互感器的铁心和二次绕组的一端必须可靠接地,否则一、二次侧的绝缘损坏后,高压会窜入低压侧,影响人身和设备的安全。

电流互感器在使用中,在一次侧有设备在工作时,二次侧不允许开路。因为二次绕组开路后,电流互感器处于空载运行状态。此时一次绕组中的电流全部成为励磁电流,使铁心中的磁通急剧增大,造成铁心过热,烧坏绕组。

另外,电流互感器二次绕组匝数多,开路瞬间,会在二次绕组的两端感应出很高的电压,危及设备和测量人员的安全。

在实际工作中,当电流互感器在运行时,如果需要检修或拆装电流表或功率表的电流线圈时,应先将二次绕组短路,进行各种检修或更换仪表,待工作完成后再将短路线断开。

【例 1-4-5】　用变压比 $k_u = 10000V/100V$ 的电压互感器、变流比 $k_i = 100/5$ 的电流互感器扩大测量仪表的量程。当电流表读数为 2.5A、电压表读数为 90V 时,试求被测电路的电流、电压各为多少?接在互感器二次侧功率表的量程扩大了多少倍?

【解】　通过本例学习互感器的使用和计算。

(1) 实际电压、电流的计算。

实际被测电压为

$$U_1 = k_u \cdot U_2 = \frac{10000}{100} \times 90 = 9000(\text{V})$$

实际被测电流为

$$I_1 = k_i \cdot I_2 = \frac{100}{5} \times 2.5 = 50(\text{A})$$

（2）功率表量程的扩大倍数：

$$k_w = k_u \cdot k_i = 100 \times 20 = 2000$$

1.4.5 电焊变压器

1. 电焊变压器的结构与工作特点

电焊机实际上是一种是作电焊用的专用降压变压器。电焊设备包括电焊变压器、电焊枪（焊柄）和电焊条，如图 1-4-11 所示。

图 1-4-11　常见的电焊设备

电焊变压器的一次侧接电源，二次侧接金属工件和焊条。电焊时，通过电弧放电的热量熔化金属，实现金属部件的连接。

电焊条是特殊材料制作的金属导体。它一方面能传导电流，使电焊条与工件之间产生持续稳定的电弧，提供熔化焊条所必需的热量；另一方面熔化的焊条又填充到焊缝中，成为焊缝金属的主要成分。

图 1-4-12 是电焊机的电压电流变化特性曲线。图中，U_0 为空载电压；I_{SC} 为短路电流；I_N 为额定电流；U_N 为额定电压。

从电焊机特性曲线能够看出，电焊变压器在空载时，其输出电压 U_0 通常为 60～80V，焊接时，焊条与工件接触，电流很大，电压降至约 30V。电焊机的工作电压随工作电流的增大急剧下降，具有陡降的外特性（负载特性）。

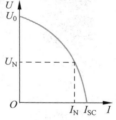

图 1-4-12　电焊机（变压器）
特性曲线

2. 焊接电流的调节

为满足不同焊接要求，焊接电流需在较大范围内调节。电焊变压器类型很多，调节方式多样。下面是两种调节焊接电流的方案。

1）可变电抗式

图 1-4-13 是一种通过可变电抗器调节焊接电流的方案。图 1-4-13 中的可变电抗器是通过调节可变电抗器空气隙的长度改变接在二次侧的电路阻抗，实现焊接电流的调节。

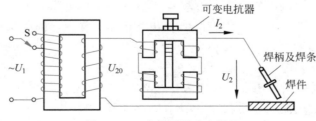

图 1-4-13　电抗可调式电焊机

2) 磁分路动铁心式

图 1-4-14 是一种磁分路动铁心式电焊变压器。这种电焊变压器的二次绕组由两部分构成,一部分(U_{21})与一次绕组(U_1)套在同样一个铁心柱上,另一部分有中间抽头的绕组(U_{22})套在另一个铁心柱上。

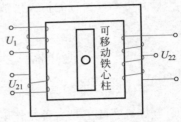

图 1-4-14 磁分路动铁心式电焊机

改变这两部分二次绕组之间的连接方式,既可以调节二次绕组的空载起弧电压,还可以调节二次侧的电抗值,实现焊接电流的调节。

这种电焊变压器还有一个可移动的铁心柱,它可以使铁心中的磁通路径分岔,即所谓的磁分路。通过平滑地移动铁心柱,就可以连续改变磁分路中气隙的大小,从而平滑改变电焊变压器的电抗值,实现焊接电流的细微调节。

1.4.6 其他变压器

除了以上介绍的变压器之外,还有移相变压器、电炉变压器、隔离变压器、脉冲变压器、音频变压器、冲击变压器等其他功能的变压器,这些变压器在整流、调压、电工测量和电子技术领域有广泛的应用。图 1-4-15 列出了部分变压器的实物图。

(a) 移相变压器　　(b) 电炉变压器　　(c) 隔离变压器　　(d) 脉冲变压器　　(e) 音频变压器

图 1-4-15 一些其他功能的变压器

本章仅介绍了一些变压器的入门知识,有兴趣的读者可参看有关变压器方面的专业书籍。

思考与练习

1-4-1 变压器的电压比 $U_1 \approx kU_2$ 是如何推导得出的?

1-4-2 变压器的电流比 $I_1 \approx \frac{1}{k}I_2$ 是如何推导得出的?

1-4-3 变压器的阻抗比 $|Z_1| = k^2 |Z_2|$ 又是如何得出的?

1-4-4 变压器能够变电压、变电流,为什么不能变功率?

1-4-5 变压器一次电压能决定二次电压,为什么一次电流不能决定二次电流?

1-4-6 三相变压器有丫和△两种接法,三相变压器的变比会随着接法的不同而发生变化吗?

1-4-7 自耦调压器输出端电压为 0V 就一定安全吗?

1-4-8 电压互感器的互感器二次侧为什么必须可靠接地?

1-4-9 运行中的电流互感器,二次侧为什么不能开路?

1-4-10 电焊变压器为什么有一条陡降的外特性?

细语润心田：变压变流，一专多能

变压器(Transformer)是利用电磁感应原理实现改变交流电压等级的装置，是输配电的专用基础设备，广泛应用于工业、农业、交通、城市社区等领域。

变压器的主要构件是一次侧线圈、二次侧线圈和铁心。实现的功能有电压变换、电流变换、阻抗变换、隔离、稳压(磁饱和变压器)等。

变压器基于电磁感应原理实现交流电压的等级变换。在此基础上，衍生出一些结构不同、形式各异、功能各有侧重、用途不同的变压器(设备)。

单相控制变压器：二次侧可获得固定电压，用于小容量控制或照明设备中。

三相电力变压器：二次侧可获得固定电压，用于大容量电力系统中。

自耦调压器：二次侧可获得任意大小的工作电压，用于设备维修和试验中。

电压互感器：二次侧可获得100V以下的电压，用于高电压测量设备中。

电流互感器：二次侧可获得5A以下的电流，用于大电流测量设备中。

电焊变压器：二次侧通过电弧放电的热量熔化焊条，实现金属部件的焊接。

作为一名自动化类专业的学生，需要在掌握变压器基本原理的基础上，通过对比学习，熟知各种类型变压器的异同和特点；作为一名未来的电气技术工作者，需要在掌握本专业核心技能的前提下，培养自己的职业素养，拓展自己的专业技能，做到一专多能，适应未来的工作岗位迁移和个人的可持续发展。

本 章 小 结

1. 磁场的基本物理量

物 理 量	物 理 含 义	表达式
磁感应强度 B	磁感应强度 B 是描述磁场内各点磁场强弱和方向的物理量，磁感应强度的方向与该点磁感线切线的方向相同	$B = F/IL$
磁通量 Φ	磁通量 Φ 表示磁场内穿过某个面积 S 磁感线的总量，θ 为磁场方向与面积 S 之间的夹角	$\Phi = BS\cos\theta$
磁导率 μ_r	磁导率 μ_r 表示物质的导磁性能，其他物质的磁导率 μ 与真空磁导率 μ_0 的比值称为该物质的相对磁导率	$\mu_r = \mu/\mu_0$
磁场强度 H	磁场中某点的磁场强度 H，用磁感应强度 B 与磁场介质的磁导率 μ 的比值表示	$H = B/\mu$

2. 磁路基本定律

基本概念		物理含义	表达式
磁路参数	磁通势 F_m	线圈电流 I 和线圈匝数 N 的乘积	$F_m = IN$
	磁阻 R_m	磁通通过磁路时所受到的阻碍作用	$R_m = l/\mu S$
磁路欧姆定律		通过磁路的磁通量与磁通势成正比,与磁阻成反比	$\Phi = F_m/R_m$
磁路全电流定律		由 n 段不同材料组成的磁路中,总磁通势 F_m 是各段磁压降的代数和	$F_m = IN = \sum_{i=1}^{n} H_i l_i$

3. 电磁铁的相关知识

类型	作用/关系	表达式
直流电磁铁	直流电磁铁通过电磁转换,能够把电功率转换为力或转矩,实现能量的传递和转化。 直流电磁铁中的平均吸力与空气隙的截面积 S_0 和空气隙中的磁感应强度 B_0 的平方成正比	$F_{av} = \dfrac{10^7}{8\pi} B_0^2 S_0$
交流电磁铁	交流电磁铁线圈加电压 U 后,会在铁心中产生主磁通 Φ_m,电压和铁心主磁通成正比	$U = 4.44 f N \Phi_m$
	在主磁通 Φ_m 的作用下,磁力机构的空气隙中会产生磁感应强度 B_m	$B_m = \Phi_m/S_0$
	在磁感应强度 B_m 的作用下,磁力机构能产生电磁吸力 F_{av}	$F_{av} = \dfrac{10^7}{16\pi} B_m^2 S_0$
	交流电磁铁线圈中会产生功率损耗 P_{Cu}(铜损)	$P_{Cu} = I^2 R$
	交流电磁铁心中会产生磁滞损耗 P_h	$P_h = k_h f B_m^n V$
	交流电磁铁心中会产生涡流损耗 P_e	$P_e = k_e f B_m^n V$

4. 变压器的相关知识

作用	关系	表达式
电压变换	(1) 一、二次绕组的电压之比近似等于其匝数比; (2) 变压器的一次侧电压决定二次侧电压	$\dfrac{U_1}{U_2} \approx \dfrac{N_1}{N_2} = k$
电流变换	(1) 一、二次侧电流之比约为其匝数比的倒数; (2) 一次侧电流决定于二次侧电流	$\dfrac{I_1}{I_2} \approx \dfrac{N_2}{N_1} = \dfrac{1}{k}$
阻抗变换	一个负载经过变压器后其阻抗值发生了变化,在电子线路中,常通过变压器实现阻抗匹配	$\mid Z_1 \mid = k^2 \mid Z_2 \mid$
功率传输	变压器可实现功率传输,但不能改变功率的大小	$S_N = U_{1N} I_{1N} = U_{2N} I_{2N}$
		$S_N = \sqrt{3} U_{1N} I_{1N} = \sqrt{3} U_{2N} I_{2N}$

5. 变压器主要技术参数的选择

变压器类型	选 择 方 法
单相变压器	额定一次电压 U_{1N} 等于电源的供电电压 U_S。 额定二次电压 U_{2N} 等于负载的工作电压 U_L。 额定容量(视在功率)S_N 大于或等于负载的视在功率 S_L
三相变压器	额定一次线电压 U_{1N} 等于电源的供电线电压 U_S。 额定二次线电压 U_{2N} 等于负载的工作线电压 U_L。 额定容量(视在功率)S_N 大于或等于负载的视在功率 S_L

6. 变压器的应用

变压器类型	结构特点与应用场合
控制变压器	一般为小型单相变压器,主要用于对机电设备的辅助和控制回路供电
电力变压器	容量较大的三相变压器,主要用于对工厂、农村和城市居民的生活区供电
自耦变压器	小型单相或三相变压器,主要用于对工厂车间的电气维修和设备实验供电
仪用互感器	小型特殊用途的变压器,主要用于高电压、大电流的测量
电焊变压器	小型特殊用途的变压器,主要用于对电焊设备供电

习 题 1

1-1　一个圆形闭合的均匀铁心线圈,励磁线圈 200 匝,磁路平均长度为 30cm,要求铁心中的磁感应强度为 0.7T。试求:(1)铁心材料分别为铸铁、铸钢、硅钢片时线圈中的电流;(2)根据计算结果可得出什么结论?(磁化曲线见题 1-1 图)

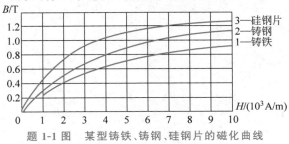

题 1-1 图　某型铸铁、铸钢、硅钢片的磁化曲线

1-2　一台单相变压器额定容量 $S_N = 10\text{kV·A}$,一、二次绕组的额定电压 $U_{1N}/U_{2N} = 1000\text{V}/220\text{V}$,求一、二次绕组的额定电流 I_{1N}、I_{2N} 各为多大?现有两组负载,第一组为 220V、6kW、$\cos\varphi = 0.75$ 的感性负载,第二组为 220V、6kW、$\cos\varphi = 0.5$ 的感性负载,问哪一组负载接入电路可正常工作?

1-3　把电阻 $R = 8\Omega$ 的扬声器接到变比 $k = 500/100$ 的变压器二次侧,试进行以下计算:

(1)扬声器折合到一次侧的等效电阻。

(2)若把扬声器直接接到 $E = 10\text{V}$、内阻 $R_0 = 200\Omega$ 的交流信号源上,求输出到扬声器上的功率。

(3) 把扬声器经变压器后再接到信号源上,此时输出到扬声器上的功率又是多少?

(4) 比较(2)、(3)的计算结果,能得出什么结论?

1-4 已知某电子电路电源的等效内阻为 100Ω,负载电阻为 4Ω 的扬声器,为实现输出功率最大,使用变压器进行阻抗匹配。试求以下问题:

(1) 变压器的变比是多少?如果一次绕组匝数为 625 匝,则二次侧的匝数是多少?

(2) 如电源电压为交流 12V,则经过阻抗匹配后扬声器的最大输出功率是多少?

1-5 某作业平台供电电源为三相四线制,线电压为 660V,负载如题 1-5 表所示。现有两台自制的备用变压器,试选择一台容量合适的变压器,并正确接入电路。

题 1-5 表 资料表

	组 别	电压/V	功率/W	功率因数	数量
负载资料	荧光灯	220	40	0.5	8
	空调	220	2250	0.84	2
	通风装置	220	200	0.8	4
	电加热装置	220	1000	1.0	1
	型 号	一次电压/V	二次电压/V		容量/(V·A)
变压器资料	ZBK-7500/660	660	220		7500
	ZBK-8000/660	660	220		8000

1-6 一台三相变压器,额定容量 $S_N = 630\text{kV}\cdot\text{A}$,额定电压为 35kV/0.4kV。试求以下问题:

(1) 变压器为Y/Y联结时,一、二次侧的额定相电流。

(2) 变压器为Y/△联结时,一、二次侧的额定相电流。

1-7 自耦变压器和普通控制变压器在结构上有何不同?使用中应注意哪些问题?

1-8 电焊变压器和普通控制变压器在结构上有何不同?

第2章

三相异步电动机

电动机是把电能转换为机械能的装置。到处都能看到电动机在工作,如电动剃须刀、电风扇、水泵、车床、动车等。正是有了不同类型的电动机,才使得现代人的生活变得简单、方便又舒适。

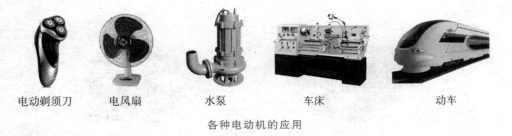

| 电动剃须刀 | 电风扇 | 水泵 | 车床 | 动车 |

各种电动机的应用

电动机种类繁多,下面仅对常见的直流电动机和交流电动机进行简单的分类。

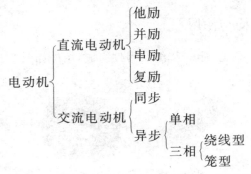

三相异步电动机以结构简单、维护方便而广泛应用于各种场合。本章以三相异步电动机为例,介绍其结构、工作原理、机械特性和运行特点。

三相异步电动机
的结构与作用

2.1　电动机的结构与铭牌

- 了解三相异步电动机定子的结构与作用。
- 了解三相异步电动机转子的结构与作用。
- 熟悉三相异步电动机的铭牌数据和接线方式。

电动机的材料和结构决定了其工作原理、功能与运行方式。能够定性了解三相异步电动机定子、转子的结构和功能,对后续的原理学习大有帮助。

三相异步电动机用途广泛,由三相异步电动机转换的电能占所有电动机转换电能的70%以上。图 2-1-1 是一个典型的笼型三相异步电动机,其结构主要由定子、转子两大部分部分组成。

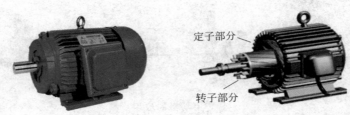

定子部分

转子部分

图 2-1-1　笼型三相异步电动机

2.1.1　定子的结构与作用

定子部分主要由定子铁心、定子绕组及附件组成,结构如图 2-1-2 所示。

(a)定子铁心　　(b)定子绕组　　(c)绕组嵌入铁心　　(d)定子整体

图 2-1-2　定子结构示意图

定子其他附件如图 2-1-3 所示。

定子各部件的作用如表 2-1-1 所示。

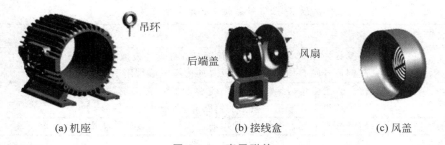

吊环

后端盖　风扇

(a) 机座　　　　　　(b) 接线盒　　　　　(c) 风盖

图 2-1-3　定子附件

表 2-1-1　定子各部件的作用

部 件 名 称	作　　　用
定子铁心	由厚度为 0.35～0.5mm、相互绝缘的硅钢片叠成。 硅钢片内圆有均匀分布的槽,用于嵌放三相定子绕组。 绕组通电后产生磁场,铁心为磁通提供路径
定子绕组	由三组铜漆包线绕制而成,按一定规律对称嵌入定子铁心槽内。 绕组通入对称三相交流电后,可产生旋转磁场
其他附件	机座:用于固定定子铁心及端盖,小型电动机用铸铁或铸铝浇注,大型电动机采用钢板焊接。 吊环:用于电动机的运输或装配。 后端盖:用于支撑电动机的轴。 接线盒:用于电动机外接电源或改变接线方式。 风扇:用于电动机散热。 风盖:用于保护电动机风扇

2.1.2　转子的结构与作用

三相交流异步电动机的转子分为笼型和绕线型,二者的结构不同,使用场合也不同。

1. 笼型转子

笼型转子部分主要由转子铁心、转子绕组及轴承组成,结构如图 2-1-4 所示。

(a) 转子铁心　　　　(b) 转子绕组　　　　　(c) 轴承

图 2-1-4　笼型转子结构示意图

笼型转子各部件的作用如表 2-1-2 所示。

2. 绕线型转子

绕线型异步电动机的转子绕组与定子绕组相似,如图 2-1-5 所示。在转子铁心槽内嵌有对称的三个绕组,做星形连接。三个绕组的尾端连在一起,首端分别接到转轴上三个铜制的集电环上,通过电刷与外接的可调电阻器相连,用于改善电动机的起动或调速性能。

表 2-1-2 笼型转子各部件的作用

部件名称	作　用
转子铁心	由厚度为 0.35~0.5mm,相互绝缘的硅钢片叠成,铁心为磁通提供路径。 硅钢片外圆有均匀分布的槽(有的槽不开口),用于浇注转子绕组
转子绕组	转子绕组由铜或铝浇筑而成,两端用短路环连接。 转子绕组实际上是一条条的短路导线,形状像个鼠笼
转子轴承	转子铁心装配在轴承上,轴承通过前后端盖装配在机座上

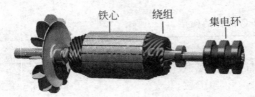
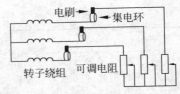

(a) 绕线型转子　　　　　　　　　　(b) 转子绕组与外接电阻

图 2-1-5 绕线型转子结构示意图

绕线型转子铁心和其他附件与笼型转子相同。

2.1.3　铭牌与接线

在电动机的外壳上,装配有铭牌与接线盒,接线盒内有电源接线方式,如图 2-1-6 所示。

三相异步电动机
的铭牌与接线

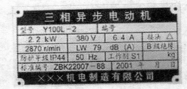

(a) 电动机　　　　　　(b) 铭牌　　　　　　(c) 接线方式

图 2-1-6 电动机的铭牌与接线

电动机铭牌包含的主要信息如表 2-1-3 所示。

表 2-1-3 电动机铭牌信息

名　称	作　用
电动机型号	电动机型号按 GB 4831—2016 规定,由产品代号、规格代号两部分依次排列组成,主要有 Y、YR、YKS 系列等。 以型号 Y100L-2 为例说明,Y:笼型异步电动机;100:机座中心高度,单位:mm;L:机座长度(L—长机座,M—中机座,S—短机座);2:磁极数
额定功率 P_N	电动机在额定电压下运行、带额定负载时,电动机轴上的输出功率,单位:kW
额定电压 U_N	电动机长期运行时所适用的最佳线电压,与接线方式有关。 电动机运行期间,允许电源电压在 $(1\pm5\%)U_N$ 之间波动,单位:V
额定电流 I_N	电动机在额定电压下运行、带额定负载时的输入线电流,与接线方式有关,单位:A
$\cos\varphi_N$	电动机运行时的额定功率因数
额定效率 η_N	电动机在额定状态运行时,电动机的输出机械功率与输入电功率之比

续表

名 称	作 用
额定频率 f_N	施加在定子绕组上的电源频率,我国电器设备的通用频率为50Hz。 电源频率允许有±0.5Hz的波动;有些国家电器设备的频率为60Hz。单位:Hz
额定转速 n_N	在额定电压、额定频率、额定输出功率下,电动机轴的旋转速度,单位:转/分(r/min)
噪声量	电动机运行时带来的噪声量和振动情况,单位:分贝(dB)

绝缘等级栏:电动机内部绝缘材料的耐热等级,绕组温升限值是指电动机温度与环境温度差的最大值

绝缘等级	绝缘的温度等级	A级	E级	B级	F级	H级
	最高允许温度/℃	105	120	130	155	180
	绕组温升限值/K	60	75	80	100	125

工作制	连续工作制(S1):长期连续运行。 短时工作制(S2):按铭牌要求的时间短时运行。 断续工作制(S3):周期性断续运行
防护等级	电动机外壳防止粉尘进入及水浸的能力。 IP(Ingress Protection)防护等级由IEC(International Electro Technical Commission)起草。 IP防护等级两位数字含义:第1位表示防止粉尘、外物侵入的等级;第2位表示防止湿气、水浸的密闭程度;数字越大防护等级越高

三相异步电动机各主要技术参数之间关系如下:

$$P_N = \sqrt{3}U_N I_N \cos\varphi_N \eta_N \tag{2-1-1}$$

三相异步电动机本质上是一个三相负载,它的接线方式有星形(Y)和三角形(△)两种。电动机接线盒中标出的接线方式如表2-1-4所示。

表2-1-4 三相异步电动机的接线

接 线 方 式	星形(Y)	三角形(△)
接线图		
电源接线端钮	$U_1 - V_1 - W_1$	$U_1 - V_1 - W_1$

【例2-1-1】 某车间的电源线电压为380V,现有两台三相异步电动机,其铭牌主要数据如表2-1-5所示。试确定两台电动机定子绕组的连接方式,并给出电动机的额定电流值。

表2-1-5 铭牌数据

序 号	P_N/kW	f/Hz	U_N/V	接法	I_N/A	n_N/(r/min)	$\cos\varphi_N$
电动机1	5.5	50	220/380	△/Y	20.1/11.5	1420	0.79
电动机2	4.0	50	380/660	△/Y	8.81/5.01	1455	0.81

【解】　通过本例了解三相异步电动机与供电电源的正确连接方式。

（1）电动机 1 的每相工作电压是 220V；电源线电压为 380V,只有把电动机 1 的绕组接为星形(Y),才能保证电动机的工作线电压为 380V(相电压为 220V),正常运行。

此时电动机的额定电流为 11.5A。

（2）电动机 2 的每相工作电压是 380V；电源线电压为 380V,只要把电动机 2 的绕组接为三角形(△),就能保证电动机的工作线电压为 380V(相电压也为 380V),正常运行。

此时电动机的额定电流为 8.81A。

两台电动机与电源的正确接线如图 2-1-7 所示。

结论：三相异步电动机正常工作的条件：电源线电压与电动机线电压相匹配(相等)。

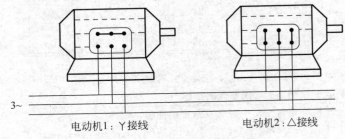

图 2-1-7　电动机的正确接线

了解三相异步电动机的结构与铭牌是学习三相异步电动机工作原理的基础。有关电动机的型号、类型、绝缘等级、防护等级等,都有专门的资料介绍,有兴趣的读者可参阅相关书籍阅读提高。

思考与练习

2-1-1　电动机的作用是什么? 请列举一些生活中使用电动机的例子。

2-1-2　家用电器中的电动机是三相异步电动机吗? 为什么?

2-1-3　三相笼型异步电动机主要由哪几部分组成? 各有什么作用?

2-1-4　三相异步电动机常有两种接线方式,正常运行的条件是什么?

2-1-5　为什么有的三相异步电动机有两个额定电压,却只有一个额定功率?

2-1-6　有人说,只要电动机带额定负载运行,就是额定工作状态。这种说法准确吗?

2-1-7　简要说明笼型转子与绕线型转子的区别。

2-1-8　查阅电动机资料,说明型号 Y112M-4 中各符号的含义。

2-1-9　电动机的绝缘等级是按什么要求分的? 哪一个绝缘等级的耐受温度最高?

2.2　电动机的工作原理

 学 习 目 标

- 了解定子旋转磁场的产生条件与形成过程。
- 了解转子绕组中电磁力的产生过程。
- 掌握转子转速与转差率的关系。

　学习指导

　　三相异步电动机通入三相交流电后,就能依靠轴旋转输出机械功率。能够定性了解电动机的旋转条件和旋转原理,就容易理解后续的机械特性分析和关键参数的计算了。

　　三相异步电动机通入三相交流电后,转子就会转动,并能带动其他机械装置旋转。在这个过程中,定子、转子各负其责:定子部分产生旋转磁场,转子部分形成电磁力矩。这种特性使得三相异步电动机能够把电能转换为机械能,进而通过轴输出功率,带动其他机械装置工作。

2.2.1　定子旋转磁场的产生

　　三相异步电动机的定子绕组按一定规律(空间对称)嵌入定子铁心,其作用是绕组通电后产生旋转磁场。图 2-2-1 是一个简化的定子绕组模型,图中仅用三根导线代替电动机定子中的三相绕组。

定子的结构与作用

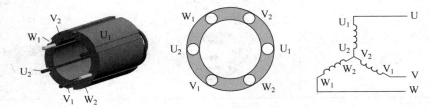

图 2-2-1　定子绕组简易模型

　　图 2-2-1 中,定子铁心中有 6 个槽,三个绕组按空间对称的方式依次嵌入,三个绕组的 6 个引线端在空间按照相差 60°布置,3 个首端(或末端)依次相差 120°。

　　为帮助理解定子旋转磁场的产生过程,对图和表格中的绕组、电流作如下规定:

(1) 绕组的首端记为"1",末端记为"2"。

(2) 绕组通入电流时,电流为"+"表示流入,电流为"-"表示流出。

(3) 绕组中,电流流出标为"•",电流流入标为"×"。

(4) 三相绕组中通入的三相交流电流为

$$i_U = I_m \sin\omega t, \quad i_V = I_m \sin(\omega t - 120°), \quad i_W = I_m \sin(\omega t + 120°)$$

在表 2-2-1 中,详细给出了电动机定子旋转磁场的产生过程。

表 2-2-1　定子旋转磁场的产生过程

时间节点	输入电流/A	旋转磁场产生过程	合成磁场方向
$\omega t = 0°$	$i_U = 0$ $i_V = -0.866 I_m$ $i_W = 0.866 I_m$		磁极 S 在 0°方向

续表

时间节点	输入电流/A	旋转磁场产生过程	合成磁场方向
$\omega t = 120°$	$i_U = 0.866 I_m$ $i_V = 0$ $i_W = -0.866 I_m$		磁极 S 顺时针旋转 120°
$\omega t = 240°$	$i_U = -0.866 I_m$ $i_V = 0.866 I_m$ $i_W = 0$		磁极 S 顺时针旋转 240°
$\omega t = 360°$	$i_U = 0$ $i_V = -0.866 I_m$ $i_W = 0.866 I_m$		磁极 S 在 0°方向

结论: 在定子的三相绕组中,通入三相交流电流,就在定子中产生一个旋转磁场;该旋转磁场的方向与三相电流的相序一致;可通过调整电源相序的方式调整磁场的旋转方向。

2.2.2　定子旋转磁场的速度

以图 2-2-1 方式连接的定子绕组,形成一对磁极(2 极)。从表 2-2-1 中可以看出,在只有一对磁极的定子绕组中,交流电流变化一周,合成磁极(N-S)也随着旋转一周(360°)。由此可见,旋转磁场的速度与交流电的频率相关。

定子合成磁场的旋转速度以 n_0 表示,则一分钟内的速度可表示为

$$n_0 = 60f = 3000 (\text{r/min})$$

下面探讨有两对磁极(4 极)的三相异步电动机定子绕组旋转磁场的速度。

图 2-2-2 中,定子铁心中的槽数增加到 12 个。每相两个绕组,三相共有 6 个绕组。这 6 个绕组的 12 个引线端在空间成 30°夹角布置。

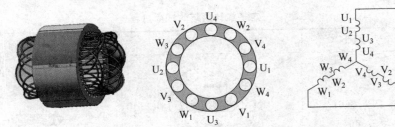

图 2-2-2　定子绕组简易模型

在表 2-2-2 中给出了两对磁极(4 极)定子旋转磁场的形成过程。

表 2-2-2 两对磁极定子旋转磁场的转速

时间节点	输入电流/A	旋转磁场产生过程	合成磁场方向
$\omega t = 0°$	$i_U = 0$ $i_V = -0.866 I_m$ $i_W = 0.866 I_m$	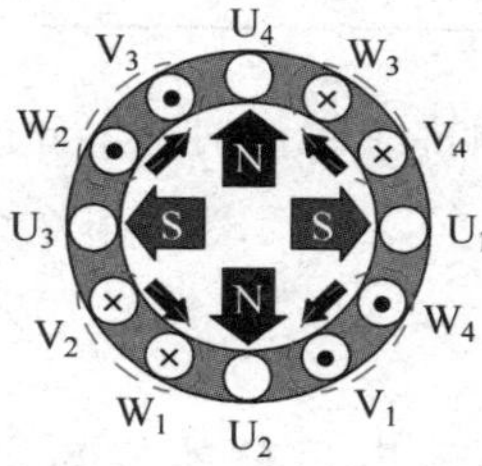	磁极 SS 在 0°方向 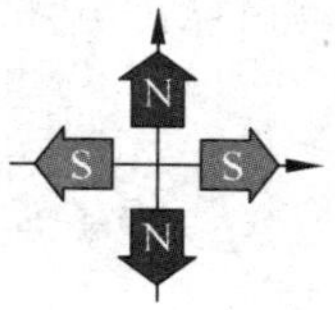
$\omega t = 120°$	$i_U = 0.866 I_m$ $i_V = 0$ $i_W = -0.866 I_m$	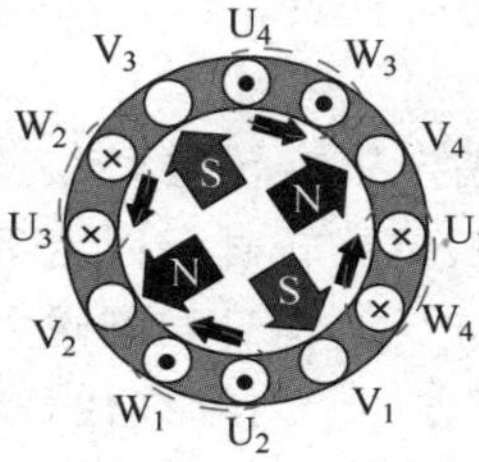	磁极 SS 顺时针旋转至 60° 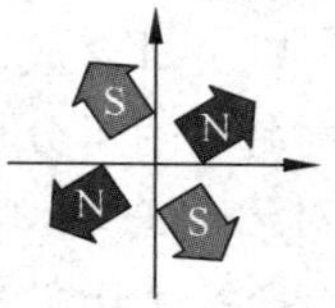
$\omega t = 240°$	$i_U = -0.866 I_m$ $i_V = 0.866 I_m$ $i_W = 0$	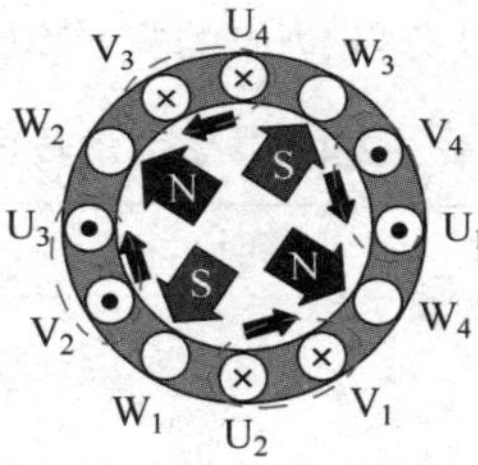	磁极 SS 顺时针旋转至 120° 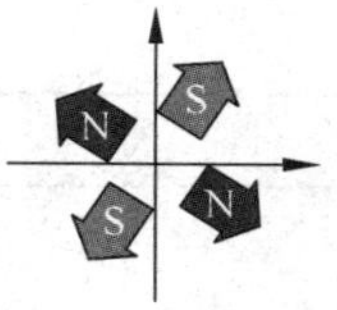
$\omega t = 360°$	$i_U = 0$ $i_V = -0.866 I_m$ $i_W = 0.866 I_m$	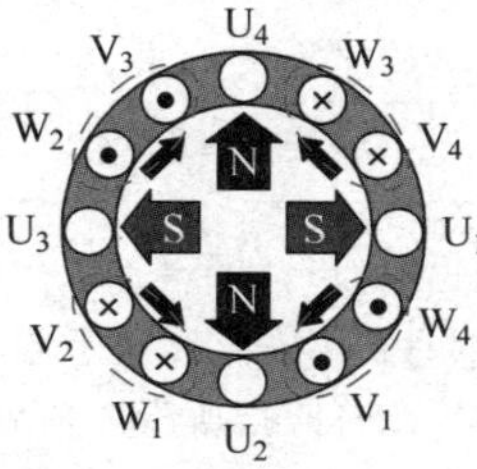	磁极 SS 顺时针旋转至 180° 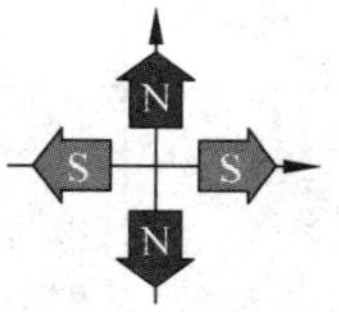

以图 2-2-2 方式连接的定子绕组,形成两对磁极(4 极)。从表 2-2-2 中可以看出,在有两对磁极的定子绕组中,交流电流变化一周,合成磁极仅旋转了 0.5 周(180°)。

两对磁极电动机定子合成磁场的旋转速度 n_0 为

$$n_0 = \frac{60f}{2} = 1500 \, (\text{r/min})$$

当有多对磁极时,设定子绕组的磁极对数为 p,其合成磁场的旋转速度为

$$n_0 = \frac{60f}{p} \tag{2-2-1}$$

定子旋转磁场的转速也叫同步转速,表2-2-3给出了同步转速与极对数的对应关系。

表 2-2-3　同步转速与极对数的关系

p	1	2	3	4	…
$n_0/(\mathrm{r/min})$	3000	1500	1000	750	…

当三相异步电动机每相绕组由多个组成时,运行中可通过改变连接方式实现电动机的调速。

2.2.3　转子旋转原理

三相异步电动机通入三相交流电后就能旋转,从通电到旋转是在一瞬间完成的。
图 2-2-3 是一个简易的三相异步电动机模型,为分析转子的旋转过程,做如下设定:

(1)以一对合成磁极 N-S 代表定子旋转磁场,旋转方向为顺时针;为了分析问题方便,假定旋转磁场固定不动,根据相对运动关系,则转子绕组设定为逆时针切割磁力线。

(2)取转子中处于合成磁极下方的一对导线代替转子绕组进行受力分析。

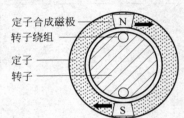

图 2-2-3　电动机旋转模型

做如上设定后,通过表 2-2-4 以分解动作的方式说明转子的旋转过程。

表 2-2-4　转子的旋转过程

项　目	说　明	转子的旋转过程
分析模型	假定定子旋转磁场固定不动,则转子绕组逆时针旋转,切割定子磁场	
感应电流判断	使用右手定则判断感应电流的方向:伸开右手,使拇指与其余四个手指垂直;让磁感线从手心进入,并使拇指指向导线运动方向,此时四指所指方向就是感应电流的方向。 右图可以看出,绕组上端电流流出,下端电流流入	
电磁力判断	使用左手定则判断电磁力的方向:伸开左手,使拇指与其余四个手指垂直;让磁感线从掌心进入,并使四指指向电流的方向,此时拇指所指方向就是通电导线在磁场中所受电磁力的方向。 右图显示,一对绕组形成了一对方向相反的电磁力。 这对电磁力形成的力矩促使转子旋转,称为电磁转矩	
转子旋转方向	转子绕组所受电磁力矩,与合成磁极旋转方向一致,带动转子顺时针旋转	—

左侧栏:

转子的结构与作用

结论:在定子旋转磁场的作用下,转子绕组中会产生感应电流→感应电流在定子旋转磁场中形成电磁转矩→电磁转矩带动转子旋转,方向与定子旋转磁场方向相同。

2.2.4 转子的转速与转差率

三相异步电动机是一种感应电动机,电磁转矩来自定子绕组的旋转磁场与转子绕组中感应电流的相互作用。

仔细分析会发现,转子旋转是因为受到电磁力矩的作用;电磁力矩的产生源于转子中的感应电流;感应电流的产生是由于转子绕组与旋转磁场的相对运动(切割磁力线),一旦转子转速与旋转磁场转速同步,二者之间就没有了相对运动,电磁转矩随之消失。因此,异步电动机的转子转速永远低于定子旋转磁场的转速,这正是三相"异步"电动机的由来。

以 n_0 表示旋转磁场的转速(同步转速)、n 表示转子转速、s 表示转差率,三者之间的关系如下:

$$s = \frac{n_0 - n}{n_0} \quad \text{或} \quad n = (1-s)n_0 \qquad (2\text{-}2\text{-}2)$$

一般异步电动机的满载转差率在 $0.015 \sim 0.06$。

【例 2-2-1】 某车间有 2 台三相异步电动机,电动机 1 的额定转速为 1455r/min,电动机 2 的额定转速为 2940r/min。试计算两台异步电动机的转差率。

【解】 通过本例熟悉三相异步电动机的磁极对数、转差率等基本常识。

电动机 1 的转速为 1455r/min,可判断其磁极对数为 2,同步转速为 1500r/min,转差率为

$$s_1 = \frac{n_0 - n}{n_0} \times 100\% = \frac{1500 - 1455}{1500} \times 100\% = 3\%$$

电动机 2 的转速为 2940r/min,可判断其磁极对数为 1,同步转速为 3000r/min,转差率为

$$s_2 = \frac{n_0 - n}{n_0} \times 100\% = \frac{3000 - 2940}{3000} \times 100\% = 2\%$$

正确理解三相异步电动机的工作原理,对后续机械特性与负载特性的分析尤为重要。

思考与练习

2-2-1 异步电动机为什么叫作感应电动机?

2-2-2 某异步电动机的转速为 730r/min,试判断该电机的极对数和同步转速。

2-2-3 三相异步电动机如何调整转动方向?

2-2-4 三相异步电动机定子旋转磁场形成的条件是什么?

2-2-5 异步电动机是否可以达到同步速度运行?

2-2-6 影响三相异步电动机定子旋转磁场转速的主要因素有哪些?

2.3 电动机的运行特性和功率关系

学习目标

- 了解影响电动机电磁转矩的相关因素。
- 掌握电动机机械特性曲线的内涵与关键参数。

- 熟悉负载的机械特性与电动机的运行特性。
- 了解电动机运行时的功率关系。

机械特性是分析三相异步电动机运行的理论基础,是本章的难点。准确理解电磁转矩与机械特性需要有较好的数学基础。读者不妨试着从影响电磁转矩的相关因素出发,定性了解机械特性曲线的内涵,尝试掌握机械特性曲线的关键参数:起动转矩、临界转矩、最大转矩等。

三相异步电动机通电后就能带动其他机械装置运转。电动机的机械特性与负载特性相互作用,形成了电动机的运行特性。

2.3.1　电动机的机械特性

电动机的机械特性

*1. 电磁转矩表达式

电动机要带动负载运行,需要有足够的电磁转矩。三相异步电动机电磁转矩 T 的表达式为

$$T = C_T \Phi_m I_2 \cos\varphi_2 \tag{2-3-1}$$

表 2-3-1 定性给出了电磁转矩表达式中各个物理量及其含义。

表 2-3-1　影响电磁转矩的各个物理量

物理量及表达式	说　明
C_T	与三相异步电动机的结构、材料有关的转矩常数
$\Phi_m = \dfrac{U}{4.44 f_1 N_1 k_{w1}}$	定子旋转磁场的每极磁通量,与以下参数相关。 U:电源相电压; f_1:定子引入交流电源的频率; N_1:定子每相绕组的串联匝数; k_{w1}:定子每相绕组与结构有关的系数
$I_2 = \dfrac{sE_2}{\sqrt{R_2^2 + (sX_{20})^2}}$ $= \dfrac{4.44 s f_1 N_2 k_{w2} \Phi_m}{\sqrt{R_2^2 + (sX_{20})^2}}$	转子绕组电流的有效值,与以下参数相关。 sE_2:转子每相绕组的感应电动势; R_2:转子每相绕组的电阻; X_{20}:转子静止时每相绕组的电抗; N_2:转子每相绕组的串联匝数; k_{w2}:转子的绕组系数; s:转差率
$\cos\varphi_2 = \dfrac{R_2}{\sqrt{R_2^2 + (sX_{20})^2}}$	转子电路的功率因数

把表 2-3-1 中的 C_T、Φ_m、I_2、$\cos\varphi_2$ 代入式(2-3-1)后,整理可得

$$T = C_T \frac{N_2 k_{w2}}{4.44 f_1 N_1^2 k_{w1}^2} U^2 \frac{sR_2}{R_2^2 + (sX_2)^2}$$

$C_T \dfrac{N_2 k_{w2}}{4.44 f_1 N_1^2 k_{w1}^2}$ 是一个与电动机结构、电源频率有关的常数，用 C 表示后，电磁转矩可表示为

$$T = CU^2 \frac{sR_2}{R_2^2 + (sX_{20})^2} \qquad (2\text{-}3\text{-}2)$$

*2. 转矩特性曲线

把 T 与 s 之间的关系绘制成图 2-3-1 所示的曲线，称为三相异步电动机的转矩特性曲线。下面对转矩特性曲线进行定性分析。

图 2-3-1 中，当 $s=0$ 时 $n=n_0$、$T=0$，说明此时定子磁场和转子之间没有相对运动，因而也不能产生电磁转矩，此状态是电动机的理想空载运行状态。

随着 s 的增大，转速降低，定子磁场和转子之间有了相对运动，产生的电磁转矩在增大，并带动负载运行。

当 T 到达 T_m，即达到转矩的最大值后，随着 s 的增大，转矩开始变小。最大转矩称为临界转矩，根据式(2-3-2)，通过转矩对转差率的求导($dT/ds=0$)，可得 $s_m = R_2/X_{20}$。此转差率称为临界转差率 s_m。

当 $s=1$ 时，$n=0$，此处是电动机的起动状态，此时的转矩是起动转矩 T_{st}。

3. 机械特性曲线

实际应用中，使用者更关心转速 n 与电磁转矩 T 之间的关系。把 $s=(n_0-n)/n_0$ 代入式(2-3-2)，经过坐标转换后得到如图 2-3-2 所示的曲线，称为三相异步电动机的机械特性曲线，用它分析电动机的运行状态更为方便和常用。

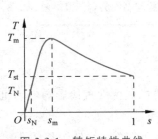

图 2-3-1 转矩特性曲线

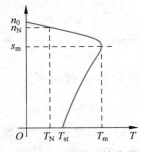

图 2-3-2 机械特性曲线

机械特性曲线上需要关注的是"两区三点"。

两区：在纵坐标(转速轴)上，对应于最大转矩的转差率是临界转差率 s_m，其上部为稳定工作区，下部为不稳定工作区。

三点：在横坐标(转矩轴)上的额定转矩 T_N、起动转矩 T_{st}、最大转矩 T_m。

表 2-3-2 简要说明了"两区三点"的含义和作用。

表 2-3-2　机械特性上的"两区三点"

两区三点	机械特性曲线分析
稳定工作区	在稳定工作区,随着负载转矩的小幅增加,速度略有下降,电磁转矩通过自适应调整随之增加,达到新的平衡状态后继续稳定运行;反之,随着负载转矩的小幅减小,也能达到新的平衡状态,继续稳定运行
不稳定工作区（起动区）	在不稳定工作区,随着负载转矩的增加,速度加快,电磁转矩随之增加,电动机的工作点会越过不稳定区到达稳定工作区;反之,随着负载转矩的减小,速度降低,电磁转矩随之减小,不能通过自适应调整达到新的平衡状态
额定转矩 T_N	电动机在额定电压下驱动额定负载、以额定转速运行、输出额定功率时的电磁转矩 $$T_N = 9550 \frac{P_N}{n_N} \qquad (2\text{-}3\text{-}3)$$ P_N:额定功率(kW); n_N:额定转速(r/min); T_N:额定转矩(牛顿·米),即(N·m)
最大转矩 T_m	转差率为 $s_m = R_2/X_{20}$ 时,对应的电磁转矩为 $$T_m = C \frac{U^2}{2X_{20}} \propto U^2 \qquad (2\text{-}3\text{-}4)$$ 最大转矩与转子电抗及电源电压的平方成正比。 通常用 $\lambda_m = T_m/T_N$ 表示电动机的过载能力,λ_m 值一般为 1.8~2.2
起动转矩 T_{st}	电动机在接通电源后,起动瞬间的电磁转矩,此时 $n=0$,$s=1$。 $$T_{st} = CU^2 \frac{R_2}{R_2^2 + X_{20}^2} \propto U^2 \qquad (2\text{-}3\text{-}5)$$ 起动转矩与转子的结构材料及电源电压的平方成正比。 通常用 $\lambda_{st} = T_{st}/T_N$ 表示电动机的起动能力,λ_{st} 值一般为 1.3~2

提示:三相异步电动机的电磁转矩、最大转矩、起动转矩均与电源电压的平方成正比,这个结论在电动机的计算中十分重要,请务必记牢。

电动机负载的运行特性

2.3.2　负载的机械特性

电动机带着负载运行才能发挥它的作用,负载的机械特性直接影响电动机的运行状态。正确分析负载的机械特性有助于理解电动机的运行特性。

生产机械种类繁多,按负载转矩的性质可分为以下三类:恒转矩负载、恒功率负载和泵与风机类负载。表 2-3-3 简要介绍了各类负载的特性。

表 2-3-3 中的负载类型是从大量生产机械的负载机械特性中概括出来的,实际的生产机械中,往往是以某种典型负载类型为主,兼有其他类型特性。例如在泵类负载中,除了叶轮产生的负载转矩外,其传动机构还将产生一定的摩擦力矩。但是在分析电动机的运行特性时,以主要负载类型进行分析。

在上述机械特性与负载特性分析之后,理解三相异步电动机的运行特性就比较容易了。

表 2-3-3 各类负载的机械特性

负载类型		负 载 特 点	机械特性曲线
恒转矩负载	反抗性恒转矩负载	负载转矩(T_L)大小恒定不变,负载转矩的方向始终与转速相反,总是对电动机的运行起阻碍作用。 案例:皮带运输机、轧钢机等。 特点:$n > 0$ 时,$T_L > 0$;$n < 0$ 时,$T_L < 0$。 负载特性曲线位于一、三象限	
	位能性恒转矩负载	负载转矩(T_L)的大小和方向都恒定不变,与电动机的旋转速度和方向无关,负载转矩主要由负载的重量产生。 案例:起重机、垂直电梯、矿山提升机。 特点:T_L 恒定不变。 负载特性曲线位于一、四象限	
恒功率负载		负载功率(P_L)不变,负载转矩(T_L)与转速的乘积为常数 $$P_L = T_L \cdot n/9550$$ 案例:车床类。 特点:切削加工时,进刀量大速度慢,进刀量小速度快。 负载特性曲线为双曲线,位于一、三象限	
泵与风机类负载		泵与风机类负载的转矩近似与转速的平方成正比: $$T_L = \begin{cases} kn^2 & (n > 0, k > 0) \\ -kn^2 & (n < 0, k > 0) \end{cases}$$ 案例:水泵、油泵、螺旋桨、通风机等。 特点:速度越快,转矩越大。 负载特性曲线是一个抛物线,位于一、三象限	

2.3.3 电动机的运行特性

电动机的运行过程,就是电磁转矩 T 和负载转矩 T_L 相互作用的过程;电动机的运行特性是电动机的机械特性与负载的机械特性相互作用的结果。电动机要稳定运行,需要满足以下两个条件。

(1) 必要条件:机械特性与负载特性有相交点(工作点),在工作点处须满足 $T = T_L$。

(2) 充分条件:在机械特性曲线上,工作点以上需满足 $T < T_L$;工作点以下需满足 $T > T_L$。

运行中,可根据以上两个条件判断三相异步电动机的运行状态。

【例 2-3-1】 一台三相笼型异步电动机,驱动皮带运输机(反抗性恒转矩负载)时的机械特性曲线和负载特性曲线如图 2-3-3 所示。试定性分析电动机的稳定运行点。

【解】 通过本例熟悉三相异步电动机的机械特性与稳定运行

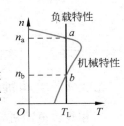

图 2-3-3 运行状态图

条件。

图 2-3-3 中,负载特性曲线与电动机的机械特性曲线有 a、b 两个交点,根据电动机稳定运行条件逐一进行判断。

a 点:在 a 点以上有 $T<T_L$,在 a 点以下有 $T>T_L$,电动机通过自行调整后能达到新的平衡点,可稳定运行,具体分析过程如下。

过程分析:运行中电动机受到扰动后转速稍有上升超过 a 点→电磁转矩随之减小→电动机通过自行调整后速度随之降低→达到新的平衡点;反之,电动机受到扰动后转速稍有下降低于 a 点→电磁转矩随之增大→电动机通过自行调整后速度随之上升→达到新的平衡点。

b 点:在 b 点以上有 $T>T_L$,在 b 点以下有 $T<T_L$,电动机无法通过自行调整达到新的平衡点,不可稳定运行,具体分析过程如下。

过程分析:运行中电动机受到扰动后转速稍有上升超过 b 点→电磁转矩随之增大→电动机通过调整后速度继续上升→电动机可能越过最大转矩达到新的平衡点;反之,电动机受到扰动后转速稍有下降低于 b 点→电磁转矩随之减小→电动机通过自行调整后速度继续下降→无法达到新的平衡点。

表 2-3-4 针对不同类型的负载,定性给出了电动机运行稳定的条件。

表 2-3-4　三相异步电动机的运行特性

负 载 类 型	稳定运行条件	机械特性曲线/负载特性曲线
恒转矩负载	以正向运行为例说明。 a:稳定运行点; b:不稳定运行点	
恒功率负载	以正向运行为例说明。 a:稳定运行点; b:不稳定运行点	
泵与风机类负载	以正向运行为例说明。 a:稳定运行点; b:不稳定运行点	

*2.3.4　电动机的功率关系

三相异步电动机输入电功率,输出机械功率,二者之间通过电磁耦合联系起来。在电动机运行过程中,除了输入电功率和输出机械功率之外,定子、转子中还有各种损耗产生。

图 2-3-4 简要标出了三相异步电动机运行时的功率流向图。

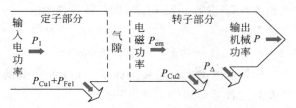

图 2-3-4 三相异步电动机运行时的功率流向图

表 2-3-5 对图 2-3-4 中三相异步电动机运行中的功率流向和各种损耗做了简要说明。

表 2-3-5 三相异步电动机运行时的功率传递

各 种 功 率		物 理 表 达 式	物 理 含 义
定子部分	输入功率	$P_1 = 3U_P I_P \cos\varphi$	电动机运行时，通过定子向电网获取的电功率。 P_1：输入电功率； U_P：定子相电压； I_P：定子相电流； $\cos\varphi$：电动机的功率因数
	定子铜损	$P_{Cu1} = 3I_P^2 R_P$	电动机运行时，定子绕组（铜导线）产生的损耗。 P_{Cu1}：定子铜损； I_P：定子每相电流； R_P：定子每相电阻
	定子铁损	$P_{Fe1} = 3I_{em}^2 R_{em}$	电动机运行时，定子铁心产生的损耗。 P_{Fe1}：定子铁损； I_{em}：定子铁心的每相等效涡流电流； R_{em}：定子铁心的每相等效磁阻
转子部分	电磁功率	$P_{em} = P_1 - P_{Cu1} - P_{Fe1}$	电动机输入功率除去定子铜损、定子铁损后，通过电磁耦合传递给转子的机械功率
	转子铜损	$P_{Cu2} = 3I_2^2 R_2$	电动机运行时，转子绕组产生的损耗。 P_{Cu2}：转子铜损； I_2：转子每相电流； R_2：转子每相电阻
	转子铁损		电动机运行时，转子电流的频率仅为 1～3Hz，产生的转子铁损可忽略不计
	附加损耗	$P_\Delta = P_N(0.5\% \sim 3\%)$	电动机运行时，通风和摩擦等产生的附加损耗，占额定功率的 0.5%～3%
	输出功率	$P = P_{em} - P_{Cu2} - P_\Delta$	电磁功率除去各种损耗后，电动机轴上输出的机械功率

三相异步电动机的效率是转子的输出机械功率与定子的输入电功率之比，可表示为

$$\eta = \frac{P}{P_1} = \frac{P}{\sqrt{3}U_L I_L \cos\varphi} = \frac{P}{3U_P I_P \cos\varphi} \qquad (2\text{-}3\text{-}6)$$

式中：U_L、U_P 分别表示电源的线电压、相电压；I_L、I_P 分别表示电源的线电流、相电流。此

处的 U_L、I_L 与式(2-1-1)中的 U_N、I_N 含义相同。

与三相异步电动机相关的理论知识还很多,如:转速特性 $n=f(P)$、定子电流特性 $I_1=f(P)$、定子功率因数特性 $\cos\varphi_1=f(P)$、电磁转矩特性 $T=f(P)$、效率特性 $\eta=f(P)$;转子电流特性 $I_2=f(s)$、转子功率因数特性 $\cos\varphi_2=f(s)$ 等。

本节仅简要介绍了三相异步电动机的机械特性 $T=f(n)$、负载的机械特性 $T_L=f(n)$ 与基本运行特性。有兴趣的读者可参阅相关资料补充学习。

 思考与练习

2-3-1 最大转矩与电源电压是什么关系?

2-3-2 起动转矩与电源电压是什么关系?

2-3-3 写出三相异步电动机的功率、转矩、转速之间的关系表达式。

2-3-4 恒转矩负载有什么特点?

2-3-5 恒功率负载有什么特点?

2-3-6 风机类负载有什么特点?

2-3-7 如何判断三相异步电动机的稳定运行点?

2-3-8 三相异步电动机的输入功率与输出功率性质有何不同?

2.4 电动机的起动、调速、反转和制动

 学 习 目 标

- 了解三相异步电动机的起动特性,熟悉各种起动方法。
- 掌握三相异步电动机的反转原理与接线方法。
- 掌握三相异步电动机的调速原理,了解常用的调速方法。
- 了解三相异步电动机的常用制动方法。

学 习 指 导

三相异步电动机的运行包括起动、调速、反转、制动,这些内容是本章的重点,也是三相异步电动机原理和机械特性的具体应用。只有了解电动机的起动特性,才能正确选择合适的起动方法;只有掌握电动机的调速原理,才能正确选择合理的调速方案。

2.4.1 电动机的起动

三相异步电动机转子绕组电阻很小,起动时,转差率 $s=1$,起动转矩的表达式为

$$T_{st}=CU^2\frac{sR_2}{R_2^2+(sX_{20})^2}\approx CU^2\frac{R_2}{X_{20}^2}\approx(1.3\sim2)T_N \tag{2-4-1}$$

此时转子电流的表达式(参阅表2-3-1)为

电动机的起动-1

电动机的起动-2

$$I_{2\text{st}} = \frac{sE_2}{\sqrt{R_2^2 + (sX_{20})^2}} = \frac{E_2}{\sqrt{R_2^2 + X_{20}^2}} \qquad (2\text{-}4\text{-}2)$$

由于运行时 s 是一个远小于 1 的数,所以起动时转子电流远大于额定运行时的值。反映到定子端,定子的起动电流与额定电流的关系为

$$I_{\text{st}} = (4 \sim 7)I_N \qquad (2\text{-}4\text{-}3)$$

起动转矩较大,可以满载甚至重载起动,是电动机的优点;而起动电流很大,导致电动机本身发热量大,对供电电网的冲击大,是它的缺点。

我们可从日常生活中直观感受到电动机起动时对周围设备的影响。很多人都有这样的经历,灯泡在工作时会短时变暗,稍后又恢复正常亮度。

图 2-4-1 中,把一个灯泡与大型电动机接在同一个电网(电源)上。当电动机起动时,由于起动电流很大,引起电网电压下降,致使灯泡亮度短时变暗,待起动完成后,灯泡的亮度又恢复到正常亮度。

电动机起动方案的设计与选择,应该结合三相异步电动机的特点,扬长避短,此外,还需要考虑电源容量的限制。三相异步电动机常见的起动方式主要有全压直接起动、降压起动、转子串电阻起动、软起动等。

结论:三相异步电动机的起动电流很大、起动转矩较大。

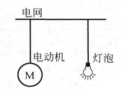

图 2-4-1 电动机起动的影响

1. 全压直接起动

全压直接起动方法简单,使用设备少。小容量电动机一般允许直接起动。对于较大容量的电动机,直接起动受供电电源总容量的限制。工程实践中,常按以下经验公式核定直接起动的可行性。

$$\frac{I_{\text{st}}}{I_N} \leqslant \frac{3}{4} + \frac{S_\Sigma}{4P_N} \qquad (2\text{-}4\text{-}4)$$

式中:I_{st} 为电动机的起动电流;I_N 为额定电流;P_N 为电动机额定功率;S_Σ 为电源容量。

【例 2-4-1】 一台额定功率为 10kW 的三相笼型异步电动机,$I_{\text{st}}/I_N = 7$,接在容量为 400kV·A 的电力变压器二次侧。试分析这台电动机能否直接起动?另一台额定功率为 20kW 的三相笼型异步电动机,$I_{\text{st}}/I_N = 6$,可否直接起动?

【解】 通过本例了解三相异步电动机的直接起动与电源容量的约束关系。

(1) 10kW 电动机:根据式(2-4-4)可得

$$\frac{I_{\text{st}}}{I_N} = 7$$

而

$$\frac{3}{4} + \frac{S_\Sigma}{4P_N} = \frac{3}{4} + \frac{400}{4 \times 10} = 10.75$$

允许直接起动。

(2) 20kW 电动机:根据式(2-4-4)可得

$$\frac{I_{\text{st}}}{I_N} = 6$$

而

$$\frac{3}{4} + \frac{S_\Sigma}{4P_N} = \frac{3}{4} + \frac{400}{4 \times 20} = 5.75$$

不允许直接起动。

如果三相异步电动机的起动电流大,起动时影响到其他设备的正常运行,就要考虑另外三种起动方案了。

注:本书的3.2节会详细介绍三相异步电动机直接起动的电气控制电路。

2. 笼型异步电动机的降压起动

笼型三相异步电动机全压起动电流过大,适当降低起动电压,能够有效遏制起动电流,随之也降低了电动机的起动转矩。降压起动一般适合笼型三相异步电动机,起动方法主要有三种:定子串电抗器(电阻)起动、电动机丫-△降压起动、自耦变压器降压起动。

为便于比较,通过表2-4-1对笼型三相异步电动机各种降压起动方法做一简要说明。

表2-4-1　笼型三相异步电动机的降压起动

降压起动方法	电 路 图	说　明
定子串电抗器	U V W　　U V W 电抗器 起动状态　　运行状态	原理说明:串联电抗器起降压(限流)作用。起动时电抗器与电动机定子绕组串联,起动完成后电抗器被自动切除。 适用场合:对起动转矩要求不高的中小容量电动机。 应用案例:风机类负载。 注:定子串电阻起动原理与串电抗相同,但由于在起动过程中有较大的功率消耗,较少使用
丫-△降压	U V W　　U V W I_{stY}　　$I_{st\triangle}$ 丫起动　　△运行	原理说明:起动时定子绕组丫联结,运行时△联结。 起动电压: $U_{stY} = \frac{1}{\sqrt{3}} U_{st\triangle}$。 起动电流: $I_{stY} = \frac{1}{3} I_{st\triangle}$。 起动转矩: $T_{stY} = \frac{1}{3} T_{st\triangle}$。 优点:设备简单,控制方便。 适用场合:正常运行为△联结、允许轻载起动的笼型三相异步电动机。 注:本书的3.4节会详细介绍丫-△起动运行电气控制电路
自耦变压器降压	U V W　　U V W I'_{st}　　I_{st} M　　M 降压起动　　全压运行	原理说明:起动时接在变压器二次侧,运行时自耦变压器被自动切除,全压运行。 降压起动电压/正常电压: $U_2/U_1 = k$。 降压起动电流/全压起动电流: $I'_{st}/I_{st} = k^2$。 降压起动转矩/全压起动转矩: $T'_{st}/T_{st} = k^2$。 优点:起动电压可调,适合丫联结和△联结的电动机。 缺点:需要配备专用的起动变压器。 适用范围:容量大、正常运行不宜重载起动的电动机。 注:自耦变压器通常有3个电压抽头:40%、60%、80%

注:表中各种参数关系仅给出了结果,如需知悉详细推导过程,请参阅三相电路和变压器相关知识。

下面的两个例题是三相异步电动机的基本理论、基本计算、基本分析的具体应用。

【例 2-4-2】 一台笼型三相异步电动机的铭牌数据如表 2-4-2 所示。

表 2-4-2 铭牌数据

P_N	工作电压	接法	n_N	η_N	$\cos\varphi_N$	I_{st}/I_N	T_{st}/T_N
20kW	220/380V	△/Y	735r/min	91%	0.85	7.0	2.0

试根据电源线电压 U 的不同,进行以下分析计算。

(1) $U=380$V,电动机运行应采取何种接线? 此时 I_{st}、T_{st} 各为多少?

(2) $U=380$V,电动机运行如采用△形接线,电动机输出功率是多少? 能否正常运行?

(3) $U=220$V,电动机运行应采取何种接线? 此时 I_{st}、T_{st} 各为多少?

(4) $U=220$V,电动机如采用Y形接线,电动机输出功率是多少? 能否正常运行?

(5) $U=220$V,采用Y-△降压起动模式,此时的 I_{st}、T_{st} 各为多少?

(6) $U=220$V,负载转矩为额定转矩的 80%,可否带此负载采用Y-△方式起动?

【解】 通过本例学习,掌握笼型三相异步电动机的基本分析和计算方法。

(1) 电源电压为 380V,电动机应采取Y形接线,电源线电压=电动机线电压。

额定电流：
$$I_N = \frac{P_N}{\sqrt{3}U_N\cos\varphi_N\eta_N} = \frac{20\times10^3}{\sqrt{3}\times380\times0.85\times0.91} \approx 39.3(A)$$

起动电流：
$$I_{stY} = 7I_N = 7\times39.3 \approx 275(A)$$

额定转矩：
$$T_N = 9550\frac{P_N}{n_N} = 9550\times\frac{20}{735} = 259.9(N\cdot m)$$

起动转矩：
$$T_{stY} = 2T_N = 2\times259.9 = 519.8(N\cdot m)$$

(2) 电源线电压为 380V,电动机如采取△联结,电源线电压是电动机线电压的 $\sqrt{3}$ 倍。

根据三相电路知识可知,此时电动机的输出功率是额定功率的 3 倍,短时运行会导致电动机急剧发热,若电路中没有保护措施,长时间运行会导致电动机绕组过热烧毁。

(3) 电源线电压为 220V,电动机应采用△形接线,电源线电压=电动机线电压。

额定电流：
$$I_N = \frac{P_N}{\sqrt{3}U_N\cos\varphi_N\eta_N} = \frac{20\times10^3}{\sqrt{3}\times220\times0.85\times0.91} \approx 67.9(A)$$

起动电流：
$$I_{st\triangle} = 7I_N = 7\times67.9 \approx 475(A)$$

电动机接线方式随电源电压进行调整,电动机仍处于额定状态下运行,电动机的转矩不变。

额定转矩：
$$T_N = 9550\frac{P_N}{n_N} = 9550\times\frac{20}{735} = 259.9(N\cdot m)$$

起动转矩：
$$T_{st\triangle} = 2T_N = 2\times259.9 = 519.8(N\cdot m)$$

(4) 电源线电压为 220V,电动机如采取Y形接线,电源线电压是电动机线电压的 $1/\sqrt{3}$ 倍。

根据三相电路知识可知,此时电动机的输出功率是额定功率的 1/3 倍,电动机的转矩为额定转矩的 1/3 倍,运行无力,只能带轻载运行,不能正常发挥作用。

(5) 电源线电压为 220V,为降低起动电流,采用Y-△降压起动运行模式。即起动Y形接线,运行转入△形接线。此时的起动电流和起动转矩都发生变化。

起动电流:
$$I_{stY} = \frac{1}{3} I_{st\triangle} = \frac{1}{3} \times 475 \approx 158 (A)$$

起动转矩:
$$T_{stY} = \frac{1}{3} T_{st\triangle} = \frac{1}{3} \times 519.8 = 173.3 (N \cdot m)$$

说明:三相异步电动机采用丫-△起动运行时,在降低起动电流的同时,也减小了起动转矩。

(6) 电源线电压 220V,负载转矩为额定转矩的 80%,如采用丫-△降压起动,其起动转矩:

$$T_{stY} = \frac{1}{3} T_{st\triangle} = \frac{1}{3} \times 2T_N = 0.67T_N < 0.8T_N$$

不能带此负载直接起动。

【例 2-4-3】 一台三相异步电动机的参数为:额定功率 15kW,$U_N = 380V$,$T_{st}/T_N = 2$,$I_{st}/T_N = 6.5$,$n_N = 1470r/min$,$\cos\varphi_N = 0.88$,$\eta_N = 0.9$,丫形接线。为减小起动电流,该电动机接在自耦变压器的二次侧,起动时采用 60% 的电压抽头。试求以下参数:

(1) 当负载转矩分别为额定转矩的 80% 和 60% 时,该电动机能否起动?

(2) 此时电动机的起动转矩、起动电流分别为多少?

【解】 通过本例学习三相异步电动机自耦降压起动的分析计算方法。

(1) 起动时采用 60% 的电压抽头,即 $k = 0.6$,此时电动机的起动转矩为

$$T'_{st} = k^2 T_{st} = 0.6^2 \times 2T_N = 0.72T_N$$

由此判断,负载转矩为额定转矩的 60% 的设备可以起动,80% 的设备不可以起动。

(2) 负载转矩为 60% T_N 时,各参数计算如下:

$$T_N = 9550 \frac{P_N}{n_N} = 9550 \times \frac{15}{1470} = 97.45 (N \cdot m)$$

$$I_N = \frac{P_N}{\sqrt{3} U_N \cos\varphi_N \eta_N} = \frac{15 \times 10^3}{\sqrt{3} \times 380 \times 0.88 \times 0.9} \approx 29.1 (A)$$

说明:三相异步电动机采用自耦变压器起动后,起动转矩、起动电流都有较大幅度的下降。

$k = 0.6$ 时,电动机的起动转矩、起动电流分别为

$$T'_{st} = k^2 T_{st} = 0.6^2 \times 2T_N \approx 70.2 (N \cdot m)$$

$$I'_{st} = k^2 I_{st} = 0.6^2 \times 6.5 I_N \approx 68.1 (A)$$

3. 绕线型异步电动机的转子串电阻起动

绕线型电动机的最大特点,就是转子绕组与外接的可调电阻 R' 相连后(图 2-4-2),改善了电动机的起动性能。

起动瞬间,转子绕组附加 R' 之后,式(2-4-1)中转矩表达式修正为

$$T_{st} = CU^2 \frac{R_2 + R'}{(R_2 + R')^2 + X_{20}^2}$$

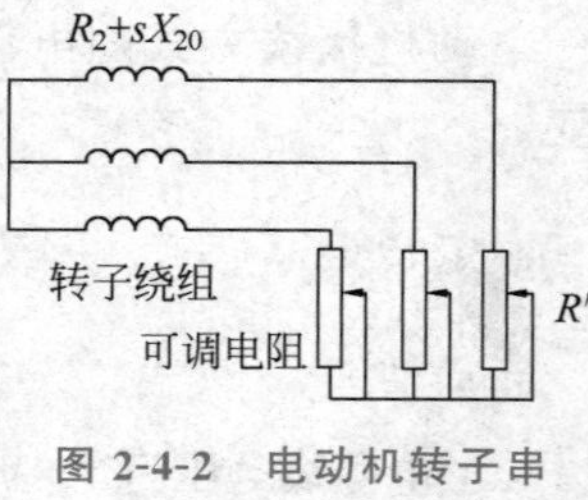

说明:三相绕线型异步电动机的起动转矩较大,起动电流较小,适合重载起动的场合。

式(2-4-2)中转子电流的表达式为

$$I_{2st} = \frac{E_2}{\sqrt{(R_2 + R')^2 + X_{20}^2}}$$

图 2-4-2　电动机转子串电阻起动

从上两式可以看出,由于 R_2 与 X_2 相比很小,附加可调电阻 R' 之后,绕线型异步电动

机的 T_{st} 增大、I_{st} 减小了。这是一种比较理想的起动方式,既能增加起动转矩,又能减小起动电流。

尽管有以上优点,但是绕线型异步电动机结构较为复杂,起动设备笨重,起动过程能量浪费较多。如果附加电阻由多段组成,起动过程转矩波动大、控制线路复杂,增加了设备成本。由于绕线型异步电动机有以上不足,由此衍生出转子串电抗器、串频敏电阻变阻器的起动方式。有兴趣的读者可参考相关资料学习提高。

注:本书的 3.6 节会详细介绍绕线型异步电动机转子串电阻起动的电气控制电路。

*4. 其他起动方式

除了以上常用的传统起动方式外,在对起动性能要求较高的场合,可以采用软起动方式,还可以选用深槽式或双笼型异步电动机。表 2-4-3 对这几种起动方式做一简单介绍。

表 2-4-3　其他起动方式简介

启 动 方 法	图　　示	说　　明
软起动		软起动是一种降压起动方式。 利用晶闸管技术,把电源电压变为从 0 到 U_N 连续可调的电压,施加在电动机绕组上,获得对电源和负载无冲击的电磁转矩,带动负载柔性起动。 目前市场上的软起动器(Soft Starter)是一种集电机软起动、软停车、轻载节能和多种保护功能于一体的新颖电动机控制装置,用户只需按照起动需求设置起动参数即可
深槽式电动机		交流电通过导体时,会产生趋肤效应。 靠近导线表面的电流密度大,靠近中心的电流密度小,使得导体的等效电阻增大。 采用深槽式转子,起动时转子绕组电流频率高,转子的等效阻抗增大;起动完成后,转子绕组电流频率仅为 $1\sim3\mathrm{Hz}$,趋肤效应几乎消失,转子的等效阻抗减小。 利用这个特点可有效改善电动机的起动性能
双笼型电动机		双笼型转子也是利用交流电的趋肤效应改善电动机的起动性能。 转子有两个鼠笼,上笼靠近转子顶部,下笼靠近转子中心。 起动时转子电流频率高,电流主要集中在上笼,由于上笼电阻大,可有效限制起动电流,增大起动转矩;运行时转子电流频率很低,上笼电流减小,下笼电流增大,转子绕组等效电阻变小,减少损耗

注:如需深入了解上表所列内容,请查阅相关专业资料。

电动机的调速

2.4.2　电动机的调速

　　为满足机械负载对速度的不同需求,需要根据负载特性和运行要求进行实时调速。下面从电动机的速度公式出发寻找调速的方法。三相异步电动机的转速公式为

$$n = n_0(1-s) = \frac{60f_1}{p}(1-s)$$

　　从上式可以看出,调速方案有三种,分别为调频率、调极对数、调转差率,表 2-4-4 分别予以说明。

表 2-4-4　三相异步电动机的调速方案

调速方案	方案说明	电路原理示意图
调频率 f_1	调速原理:调频率调速又叫变频调速,要用专门的变频器;变频器能够把固定频率的三相电源电压变为频率、电压可调的三相电压输出。 优点:平滑性好、效率高、机械特性硬、调速范围广。 缺点:需要专用设备,成本较高。 适用场合:所有的笼型三相异步电动机。 **注**:随着电力电子技术的飞速发展,变频调速已逐渐成为调速的主流方案	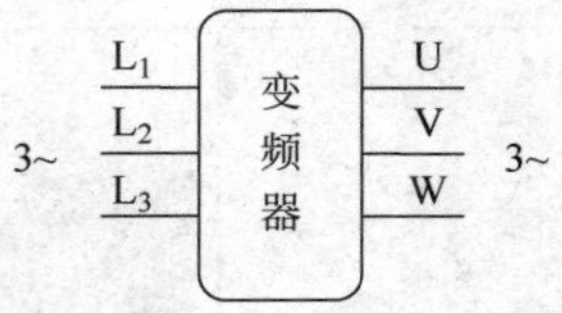 变频器
调极对数 p	案例1:Y/YY 接线方式:低速时定子绕组Y形接法,高速时双Y并联。 优点:结构简单,控制方便。 缺点:磁极对数成倍变化,不能实现平滑调速。 适用场合:仅适用定子绕组可改接线的笼型电动机。 **注**:由于低速时磁极对数增加了一倍,三相定子绕组在空间的电角度增加了一倍;同样的空间位置高速时为0°～120°～240°,在低速时就变为0°～240°～480°(120°),为维持变速前后转向相同,必须在变极对数的同时,将V和W相互换	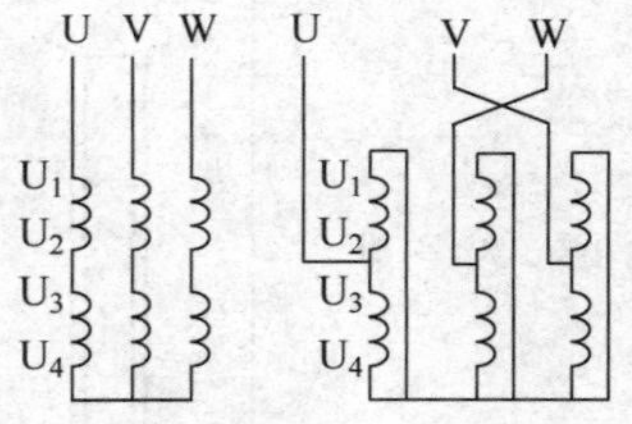 Y接线　　YY接线
	案例2:△/YY 接线方式:低速时定子绕组△形接法,高速时双Y接法。 其他说明:同Y/YY。 **注**:本书3.5节会详细介绍双速起动运行电气控制电路。另有三速、四速电机,此处不作介绍	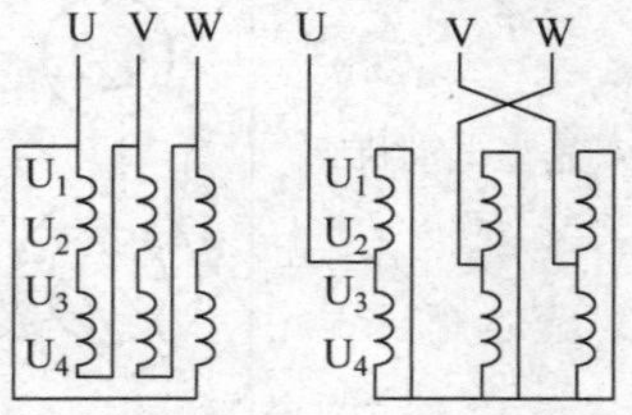 △接线　　Y接线

续表

调速方案	方案说明	电路原理示意图
调转差率 s	**案例1：降压调速** 调速前提：不改变旋转磁场的转速。 调速原理：异步电动机的机械特性曲线与定子绕组电压相关；电磁转矩与电源电压的平方成正比，随着电源电压的降低，人为地改变了机械特性曲线。同一负载转矩 T_L 下，随着电压的降低，转速在下调。 优点：调节方便，对于泵类负载调速范围广。 缺点：对其他类型负载调速范围小。 适用场合：泵类、通风机类负载	
	案例2：改变转子绕组电阻值 调速前提：不改变旋转磁场的转速。 调速原理：异步电动机的机械特性曲线与转子电阻相关。随着转子电阻的增大，机械特性曲线的临界转差率 s_m 位置下移；同一负载转矩 T_L 下，s 上升，速度 n 下降。 优点：可实现平滑调速，设备简单、成本较低。 缺点：轻载效果差，低速机械特性变软，电能浪费多。 适用场合：绕线型异步电动机驱动的恒转矩负载	

注：另有滑差调速、串级调速（转子绕组串电动势），此处不作介绍。

2.4.3 电动机的反转

前面在定子旋转磁场的形成中已经介绍过，定子旋转磁场的方向与三相电流的相序一致；转子旋转方向与定子旋转磁场方向相同。

运行中，如果需要调整三相异步电动机的转向，就需要调整定子旋转磁场的转向，具体做法是，把三相电源线的任意两相位置对调即可。

注：本书3.3节会详细介绍三相异步电动机正反转运行的电气控制电路。

2.4.4 电动机的制动

电动机断电后由于惯性的作用，要过一段时间才能停下来。为了安全和提高生产效率，需要通过制动让电动机迅速停转。常用的制动方法有能耗制动、反接制动和回馈制动，表2-4-5对各种制动方案进行了简要说明。

电动机的制动

表 2-4-5   各种制动方案

制 动 方 案	电路原理示意图	说　　　明
能耗制动	U V W + − （M）（M） 运行　制动	原理说明：电动机切除电源时，把直流电通入定子绕组（丫联结时，接入二相定子绕组；△联结时，接入一相定子绕组），产生恒定不变的磁场，这个磁场对任意转向的电动机转子均有制动作用。 优点：电动机快速停止。 缺点：需要专用直流设备，定子线圈消耗能量
反接制动	U V W　U V W （M）（M） 运行　制动	原理说明：电动机切除电源时，通入反向交流电，在定子绕组中产生反向旋转磁场，可使电动机迅速停转。 优点：电动机迅速停止，不需专用设备，造价低。 缺点：旋转磁场与电动机转速相反，定子电流大，对电机绕组和传动部件危害大。 措施：为限制制动电流，制动时一般要在主回路中串入电阻，防止电机绕组过热；同时需要加装速度继电器，当速度接近于 0 时，通过速度继电器的触点把控制电路电源断开。 **注**：本书 3.7 节会详细介绍电动机反接制动的电气控制电路
＊回馈制动	略	原理说明：对于位能性负载，当重物下降时，在重力力矩作用下，转子转速大于同步转速，电磁转矩的方向与转子转向相反，异步电动机既回馈电能又在电动机轴上产生机械制动转矩，运行于制动状态。 优点：电能消耗较低，经济性好。 缺点：系统控制复杂。 适用场合：三相异步电动机驱动的起重设备

　　本节仅从应用的角度简要介绍了三相异步电动机的常用起动方法、调速方案与制动方式。有兴趣的读者可参阅相关资料补充学习。

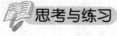 思考与练习

2-4-1　三相异步电动机的起动电流有何特点？对电动机和电网设备有何影响？

2-4-2　中小型三相异步电动机的全压直接起动对电源容量有何要求？

2-4-3　定子串电抗器（串电阻）起动为什么能减小起动电流？

2-4-4　定子串电抗器（串电阻）起动可否重载起动？为什么？

2-4-5　三相异步电动机丫-△起动运行要求电动机正常运行为何种接线？

2-4-6　三相异步电动机丫-△起动在降低起动电流的同时，起动转矩如何变化？

2-4-7　三相异步电动机丫-△起动适合重载起动吗？为什么？

2-4-8　自耦变压器降压起动的三相异步电动机在降低起动电流的同时，起动转矩如何

变化？

2-4-9 一个接在自耦变压器二次侧的三相异步电动机，与全压起动相比，选用80％电压抽头时的起动电流，起动转矩如何变化？

2-4-10 绕线型异步电动机的起动转矩和起动电流有何特点？

2-4-11 绕线型异步电动机转子串电阻起动有何缺点？

2-4-12 调试时发现电动机反转，如何调整转向？

2-4-13 变频调速有什么优缺点？

2-4-14 调整极对数调速能否实现平滑调速？为什么？

2-4-15 降压调速的调速范围如何？适合什么类型的机械负载？

2-4-16 改变转子绕组电阻值调速可否用于笼型三相异步电动机？为什么？

2-4-17 改变转子绕组电阻值调速有什么缺点？

2-4-18 采用能耗制动，为什么在电动机切除电源时，要把直流电通入定子绕组？

2-4-19 采用反接制动，当速度接近0时，应采取何种措施防止电动机反转？

2-4-20 与能耗制动相比，反接制动有什么优缺点？

*2.5 机电设备配套电动机的选择

- 了解机电设备机械负载的使用要求。
- 熟悉三相异步电动机的技术参数。
- 尝试进行三相异步电动机的选型。

工作中经常需要根据机电设备进行电动机的选型。只有了解机械负载的使用要求，熟悉电动机的各项技术参数，才能选择出与机电设备相匹配的电动机。

三相异步电动机用途最为广泛，涉及工农商业生产的各个方面。典型应用如水泵、风机、电梯、车床、搅拌机、皮带运输机、大型龙门吊等。

本节在介绍电动机一般选择原则的基础上，通过两个案例，简要介绍如何根据机电设备的负载选择相应的三相异步电动机。

2.5.1 电动机选择的一般原则

三相异步电动机的选用，要从电动机功率、类型、工作电压（接线方式）、同步转速、防护形式、安装类型等方面综合考虑。

表2-5-1列出了三相异步电动机选择应考虑的主要因素。

表 2-5-1 三相异步电动机选择应考虑的主要因素

选择内容	说明
1. 电动机容量	(1) 选择原则 ① 电动机的输出功率应满足负载运行所需的最大机械功率。 ② 直接轴连接电动机的转速应满足机械负载的最高转速要求。 ③ 电动机的起动转矩应大于负载转矩。 ④ 电动机运行时的温升,应不超过其定子绕组最高允许温升。 ⑤ 电动机应具有一定的过载能力。 注:尽量避免大容量电动机的轻载运行,电动机的 P-$\cos\varphi$ 曲线如下图所示,从中可以看出,电动机轻载时功率因数显著下降,如果车间的电动机容量选择都偏大,不仅造成电动机本身容量的浪费,还会导致整个工厂功率因数过低,增加供电线路的损耗。 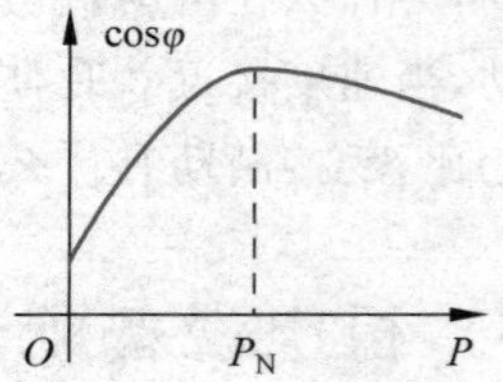 (2) 选择方法 ① 分析计算法:工程上常根据经验数据选择。 ② 调查统计类比法:工程上常根据同类同型机械负载的功率需求选择
2. 电动机类型	(1) 笼型 结构特点:结构简单,坚固耐用,工作可靠,维护方便,价格低廉;调速困难,功率因数较低,起动性能较差。 适用场所:要求机械特性较硬而无特殊要求的一般生产机械的拖动,如风机、水泵、机床、运输机、传送带等。 (2) 绕线型 结构特点:结构复杂,控制烦琐,维护不便,价格稍贵;起动性能好,可在不大的范围内平滑调速。 适用场所:需重载起动的大容量电动机,如起重机、锻压机、大型皮带运输机等
3. 结构形式	开启式:电动机机壳未全封闭,机身、前后端盖都留有散热孔,适用于干燥、室内外部环境无尘的场所。 封闭式:电动机的定子、转子全封闭,可防止潮气、灰尘侵入电机内部,适用于有尘土飞扬的场所。 防护式:电动机外壳有通气孔,旋转部分与带电部分具有一般保护,能防止铁屑、沙石、水滴等杂物从上面或 45° 以内侵入,但不能防尘、防潮;由于通风良好,又具有一定的防护能力,多用于环境干燥、灰尘不多的场所。 防爆式:外壳和接线端子全部封闭,能防止外部易燃气体侵入机内或机内火花引起机外易燃气体起火爆炸,适用于石油、化工、煤矿等易燃或有爆炸性气体的场所

续表

选择内容	说　　明
4. 额定电压/接线	(1) 4kW以下,一般选择380V,Y联结。 (2) 4～100kW,一般选择380V,△联结。 (3) 100kW以上,3000～6000V的高压电机,接线要结合电动机技术要求
5. 额定转速	一般情况下,选择同步转速为1500r/min的4极电机。 **注**:同功率下,电动机转速越低,体积越大,$\cos\varphi$越低,效率越低,价格越高
6. 安装形式	卧式:轴安装需要水平放置。 立式:轴安装需要竖直放置

上表所列仅为原则方法,实际工程项目中,针对不同的行业与应用场合,需要利用专门的经验公式进行计算与选型。下面通过两个案例简要介绍配套电动机的选择思路与选择过程。

2.5.2　水泵配套电动机的选择

水泵的选择主要考虑满足扬程和流量的要求,配套电动机要满足轴功率要求。在选择电动机时适当考虑过载,要求电动机额定输出功率大于轴功率一个等级。与水泵配套电动机的功率可套用下面的公式进行计算:

$$P_N = \frac{Q \cdot H \cdot \rho \cdot g}{1000 \times 3600 \times \eta} \tag{2-5-1}$$

式中:P_N为电动机的额定输出功率(kW);Q为水泵流量(m^3/s);H为水泵扬程(m);ρ为水密度($1000kg/m^3$);g为重力加速度($9.8m/s^2$);η为水泵效率。

三相交流异步电动机的极数要根据实际工况要求确定。扬程微高、流量不大的场合一般选用2极电动机;流量大、扬程小的场合可选择4极电动机;超大流量、较低扬程可选择4极或6极电动机。

【例2-5-1】　某泵房需要添加一台水泵(图2-5-1)。要求流量$Q=240m^3/h$,扬程$H=30m$,水泵的效率$\eta=0.85$,水泵与电动机采用直接轴联结。试选择配套的电动机。

图2-5-1　泵体与电动机

【解】　通过本例,了解与泵配套的三相异步电动机功率的确定方法。

把要求的流量和扬程代入式(2-5-1),可得到配套电动机的功率为

$$P = \frac{Q \cdot H \cdot \rho \cdot g}{1000 \times 3600 \times \eta} = \frac{240 \times 30 \times 1000 \times 9.8}{1000 \times 3600 \times 0.85} \approx 23.06(kW)$$

在选择配套的电动机时,适当考虑过载情况,电动机的功率应大于轴功率一个等级。

查附录,可选择配套的三相异步电动机型号为Y200L-4,其额定功率为30kW,4极电动机,额定转速为1470r/min。

2.5.3 带式运输机配套电动机的选择

带式运输机常用于生产车间、矿山码头的物料运输,如图 2-5-2 所示。带式运输机的主要技术数据为有效拉力 F、运输速度 v 和卷筒直径 D。

实际中,可根据以上三个参数确定配套电动机的功率、转速,进而确定电动机的型号。

对于连续运行的带式运输机,与之配套的电动机功率可采用下面的计算公式。

图 2-5-2 带式运输机

$$P_N = \frac{P_w}{\eta} = \frac{F \cdot v}{1000 \times \eta} \qquad (2\text{-}5\text{-}2)$$

式中: P_N 为电动机的额定输出功率(kW); P_w 为工作机(卷筒)的输入功率(kW); F 为有效拉力(N); v 为带运输速度(m/s); η 为电动机至工作机之间传动机构的综合效率。

电动机转速与卷筒转速、带运输速度之间的关系为

$$n = k_i n_w = k_i \frac{60 \times 1000 v}{\pi D} \qquad (2\text{-}5\text{-}3)$$

式中: n 为三相异步电动机转速(r/min); k_i 为电动机转速与卷筒转速的传动比; n_w 为卷筒转速(r/min); D 为卷筒直径(mm)。

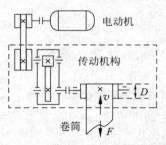

图 2-5-3 带式运输机的传动方案

【例 2-5-2】 图 2-5-3 所示为一带式运输机的传动方案。已知卷筒直径 $D = 500\text{mm}$,运输带的有效拉力 $F = 1500\text{N}$,运输带速度 $v = 2\text{m/s}$(允许偏差±5%),电动机至工作机之间的综合效率为 $\eta = 0.85$,电动机与卷筒转速的传动比设计为 $k_i = 13$,设备长时连续运行。试选择配套电动机的功率、转速与型号。

【解】 通过本例,了解带式运输机配套三相异步电动机的选择方法。

(1) 选择电动机类型。

按已知工作要求和条件,选用Y形全封闭笼型三相异步电动机。

(2) 选择电动机功率。

按式(2-5-2),计算电动机的输出功率为

$$P_N = \frac{F \cdot v}{1000 \times \eta} = \frac{1500 \times 2}{1000 \times 0.85} \approx 3.53(\text{kW})$$

(3) 确定电动机转速。

按式(2-5-3)计算电动机的转速,电动机的计算转速为

$$n = k_i n_w = k_i \frac{60 \times 1000 v}{\pi D} = 13 \times \frac{60 \times 1000 \times 2}{3.14 \times 500} \approx 993.6(\text{r/min})$$

查附录,可选择配套的三相异步电动机型号为 Y132M1-6,其额定功率为 4kW,额定转速为 960r/min。

配套该型号电动机后,运输带的实际速度为

$$v = \frac{\pi D n / k_i}{60 \times 1000} = \frac{3.14 \times 500 \times 960/13}{60 \times 1000} \approx 1.93 (\text{m/s})$$

速度偏差为$\frac{2-1.93}{2} \times 100\% = 3.5\%$,能满足设备使用要求。

在实际的机电设备配套计算和选择中,不同的设备有各自适用的经验公式和计算方法,请参考相关专业资料进行。

 思考与练习

2-5-1 机械装置配套电动机时,电动机选择容量过大、过小有什么不妥?

2-5-2 防爆电机用于什么场合?

2-5-3 笼型三相异步电动机适用于什么场合?

2-5-4 绕线型三相异步电动机适用于什么场合?

细语润心田:电机运转,经济发展

课程思政2

风扇为什么能旋转?

电梯为什么会上下运行?

机床为什么能加工产品?

机器人如何搬运货物?

动车高铁如何在原野上奔驰?

宇宙飞船又如何在太空遨游?

正是有了电机,这一切才成为可能。

全世界依靠电力驱动实现电能转换最多的设备是电动机,电动机实现的电能转换占到电能消耗的90%以上。

工农业生产和家庭生活中,到处都能看到电动机驱动的设备在工作。举目四望,小到电剃刀、电风扇、油烟机、洗衣机、冰箱、空调,大到车床、化学反应釜、纺织机械、自动生产线、动车、高铁等,无不是电动机在驱动运行。

正是有了各种类型的电动机,才使得生产效率大幅提高,也使得现代人的生活变得简单、方便又舒适。可以说,是电动机的运转带动了全世界经济的发展和人们生活水平的提高。

作为一名自动化类专业的学生,需要了解各类电动机的结构和工作原理,在此基础上,熟知电动机的"启动、调速、反转和制动"方法,进而掌握各种电动机的运行控制方案,为将来从事机电设备的运行、维护、维修工作奠定良好的基础。

本 章 小 结

1. 结构与铭牌

结构	定子铁心	由厚度为 0.35~0.5mm、相互绝缘的硅钢片叠成。 绕组通电后产生磁场,铁心为磁通提供路径
	定子绕组	由三组铜漆包线绕制而成,按一定规律对称嵌入定子铁心槽内。 绕组通入对称三相交流电后,可产生旋转磁场
	转子铁心	由厚度为 0.35~0.5mm、相互绝缘的硅钢片叠成,铁心为磁通提供路径。 硅钢片外圆有均匀分布的槽(有的槽不开口),用于浇注转子绕组
	转子绕组	转子绕组由铜或铝浇筑而成,两端用短路环连接。 在旋转磁场的作用下产生感应电流,进而产生电磁转矩,带动转子旋转
铭牌		电动机型号、额定功率 P_N、额定电压 U_N、额定电流 I_N、额定功率因数 $\cos\varphi_N$、额定效率 η_N、额定频率 f_N、额定转速 n_N、噪声量、绝缘等级、工作制、防护等级
接线		Y形、△形

2. 工作原理

定子旋转磁场	产生:在空间对称的三相绕组中,通入时间对称的三相交流电,在定子绕组中会产生一个旋转磁场。 方向:旋转磁场的方向与三相电流的相序一致。 速度:$n_0 = 60f/p$
转子转动原理	电磁力矩:在定子旋转磁场的作用下,转子绕组中会产生感应电流→感应电流在定子旋转磁场中形成电磁转矩→电磁转矩带动转子旋转。 方向:转子转动方向与定子旋转磁场方向相同
转速与转差率	$n = (1-s)n_0$

3. 机械特性曲线

机械特性曲线	两区三点
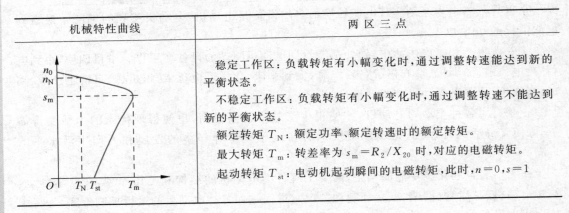	稳定工作区:负载转矩有小幅变化时,通过调整转速能达到新的平衡状态。 不稳定工作区:负载转矩有小幅变化时,通过调整转速不能达到新的平衡状态。 额定转矩 T_N:额定功率、额定转速时的额定转矩。 最大转矩 T_m:转差率为 $s_m = R_2/X_{20}$ 时,对应的电磁转矩。 起动转矩 T_{st}:电动机起动瞬间的电磁转矩,此时,$n=0,s=1$

4．关键公式

物 理 意 义	表 达 式
额定转矩：额定功率、额定转速与额定转矩的关系	$T_N = 9550 \dfrac{P_N}{n_N}$
额定功率、电压、电流、功率因数、效率之间的关系	$P_N = \sqrt{3}\, U_N I_N \cos\varphi_N \eta_N$
电磁转矩：转矩与转差率的关系	$T = CU^2 \dfrac{sR_2}{R_2^2 + (sX_{20})^2}$
最大转矩：转差率为 $s_m = R_2/X_{20}$ 时，对应的电磁转矩。最大转矩与电源电压的平方成正比	$T_m = C \dfrac{U^2}{2X_{20}} \propto U^2$
起动转矩：电动机接通电源后起动瞬间的电磁转矩。起动转矩与电源电压的平方成正比	$T_{st} = CU^2 \dfrac{R_2}{R_2^2 + X_{20}^2} \propto U^2$

5．电动机的起动

起动存在的问题：$T_{st} \approx (1.3 \sim 2) T_N$；$I_{st} = (4 \sim 7) I_N$。

启 动 方 案		说 明
1．全压直接起动		小容量电动机一般允许直接起动。 较大容量电动机，直接起动受供电电源总容量的限制。 电源容量计算公式：$\dfrac{I_{st}}{I_N} \leqslant \dfrac{3}{4} + \dfrac{S_\Sigma}{4P_N}$
2．笼型异步电动机的降压起动	定子串电抗器	原理说明：串联电抗器起降压（限流）作用，起动时电抗器与电动机定子绕组串联，起动完成后电抗器被自动切除。 适用场合：中小容量、对起动转矩要求不高的电动机
	Y-△降压	原理说明：起动时定子绕组Y形联结，运行时△形联结。 适用场合：正常运行为△形联结、允许轻载起动的电动机
	自耦降压起动	原理说明：起动时接在自耦变压器二次侧，运行时变压器被自动切除，全压运行。 适用范围：容量大、正常运行不宜重载起动的电动机
3．绕线型异步电动机的转子串电阻起动		原理说明：绕线型异步电动机转子绕组附加可调电阻 R' 之后，电动机的 T_{st} 增大、I_{st} 减小。 适用范围：容量大、正常运行需要重载起动的电动机

6. 电动机的调速

调速方案	说　　明
调频调速	调速原理：频率调速又叫变频调速,要用专门的变频器把固定频率的三相电源电压变为频率、电压可调的三相电压输出。 适用场合：所有的笼型三相异步电动机
调级调速	常用方案：Y/YY、△/YY。 接线方式：低速时定子绕组Y接法或△接法,高速时双Y并联。 适用场合：仅适用于定子绕组可改接线的笼型电动机
调转差率调速	方案1：降压调速 调速原理：异步电动机的机械特性曲线与定子绕组电压相关；电磁转矩与电源电压的平方成正比,随着电源电压的降低,人为地改变了机械特性曲线；同一负载转矩 T_L 下,随着电压的降低,转速在下调。 适用场合：泵类、通风机类负载
	方案2：改变转子绕组电阻值 调速原理：异步电动机的机械特性曲线与转子电阻相关；随着转子电阻($R_2 + R'$)的增大,曲线的临界转差率 s_m 位置下移；同一负载转矩 T_L 下,s 上升,速度 n 下降。 适用场合：绕线型异步电动机驱动的恒转矩负载

7. 电动机的制动

制动方案	说　　明
能耗制动	原理说明：电动机切除电源时,把直流电通入定子绕组(Y联结时,接入二相定子绕组；△联结时,接入一相定子绕组),产生恒定不变的磁场,这个磁场对任意转向的电动机转子均有制动作用
反接制动	原理说明：电动机切除电源时,通入反向交流电,在定子绕组中产生反向旋转磁场,可使电动机迅速停转
回馈制动	原理说明：对于位能性负载,当重物下降时,在重力力矩作用下,转子转速大于同步转速,电磁转矩的方向与转子转向相反,异步电动机既回馈电能又能在电动机轴上产生机械制动转矩,运行于制动状态

习　题　2

2-1　简述三相异步电动机定子旋转磁场的产生过程。

2-2　简述三相异步电动机转子的旋转过程。

2-3　当一台三相异步电动机有两种接线方式时,举例说明如何选择合适的接线方式。

2-4　简述机械特性曲线"两区三点"的物理意义。

2-5　画图说明,恒转矩负载、恒功率负载、风机类负载的稳定运行点和不稳定运行点。

2-6　三相异步电动机直接起动对电源容量有何要求？

2-7　一台三相笼型异步电动机,其铭牌数据如题 2-7 表所示。

题 2-7 表　铭牌数据一

f/Hz	P_N/kW	U_N/V	接法	$n_N/(\text{r/min})$	η_N	$\cos\varphi_N$	I_{st}/I_N	T_{st}/T_N
50	15	380	Y	1470	88%	0.84	6.0	2.0

试求：

(1) 电动机额定运行时的转差率 s_N。

(2) 电动机额定运行时的输入电流。

(3) 电动机带额定负载时的起动转矩。

2-8　一台三相笼型异步电动机，其铭牌数据如题 2-8 表所示。

题 2-8 表　铭牌数据二

f/Hz	P_N/kW	U_N/V	接法	$n_N/(\text{r/min})$	η_N	$\cos\varphi_N$	I_{st}/I_N	T_{st}/T_N
50	20	220/380	△/Y	970	91.5%	0.84	7.0	2.0

试求：

(1) 电动机不同运行方式下的额定电流。

(2) 该电机在什么条件下可以采取Y-△方式起动运行？

(3) 采取Y-△方式起动运行时的起动电流、起动转矩各为多少？

2-9　一台三相笼型异步电动机，其铭牌数据如题 2-9 表所示。

题 2-9 表　铭牌数据三

f/Hz	P_N/kW	U_N/V	接法	$n_N/(\text{r/min})$	η_N	$\cos\varphi_N$	I_{st}/I_N	T_{st}/T_N
50	20	220/380	△/Y	970	91.5%	0.84	7.0	2.0

试求：

(1) 若电源电压为 380V，电机正常运行应采取何种方式接线？

(2) 若电源电压为 220V，电机△联结接在自耦降压器二次侧进行降压起动，二次侧有 80%、70%、60% 三个电压抽头。此时若负载转矩为额定转矩的 80%，选择哪个电压抽头进行起动最合适？此时的起动转矩为多少？

2-10　电源线电压为 380V，现有两台三相交流异步电动机，其铭牌主要数据如题 2-10 表所示。

题 2-10 表　铭牌数据四

电机序号	P_N/kW	f/Hz	U_N/V	接法	I_N/A	$n_N/(\text{r/min})$	$\cos\varphi_N$	I_{st}/I_N
M_1	1.1	50	220/380	△/Y	4.67/2.7	1420	0.79	6.5
M_2	4.0	50	380/660	△/Y	8.8/5.1	1455	0.82	6

试求：

(1) 分别选择定子绕组的连接方式。

(2) 分别计算两台电动机的起动电流 I_{st}。

（3）分别计算两台电动机的额定转差率 s_N。

2-11　有一台三相交流异步电动机，额定功率 30kW，$T_{st}/T_N=1.7$，$n_N=1470$r/min，$U_N=380$V，△联结。为减小起动电流，该电机接在自耦降压器的二次侧。起动时自耦变压器二次侧电压为额定电压的 65%。试作以下分析计算：

（1）当负载转矩 T_L 分别为额定转矩的 80% 和 50% 时，该电动机能否起动？

（2）此时电动机的起动转矩为多大？

2-12　一台三相笼型异步电动机，其铭牌数据如题 2-12 表所示。

题 2-12 表　铭牌数据五

P_N/kW	U_N/V	接法	n_N/(r/min)	η_N	$\cos\varphi_N$	I_{st}/I_N	T_{st}/T_N
20	220/380	△/丫	720	91%	0.85	7.0	2.0

试求：

（1）若电源电压为 380V，电动机正常运行应采取何种方式接线？

（2）此时电动机的额定起动电流 I_{st}、起动转矩 T_{st} 是多少？

（3）若电源电压为 220V，电动机采取丫联结，电动机的输出功率是多少？

（4）若电源电压为 380V，电动机采取△联结，长时间运行会发生什么情况？

第3章

三相异步电动机的典型电气控制电路与装接

工农业生产中使用了大量的三相异步电动机(见下图)。我们看到的风机鼓风、水泵抽水、机床加工产品、起重机搬运重物、皮带运输机运送煤炭等,都应用了三相异步电动机。

风机　　　　水泵　　　　机床　　　　起重机　　　皮带运输机

三相异步电动机的各种应用

下图是一个简单的风机电气控制图,图中包含了电气控制所需的元器件和线路连接方式。

比较发现,实物接线图(a)烦琐且不易绘制,原理接线图(b)清晰且较易画出。电路图是工程师的语言,不但要自己能看懂,还要方便别人使用。在绘制电路图时,使用电气元器件的标准图形符号和文字符号代替实物,使绘制过程大为简化,清晰易懂。

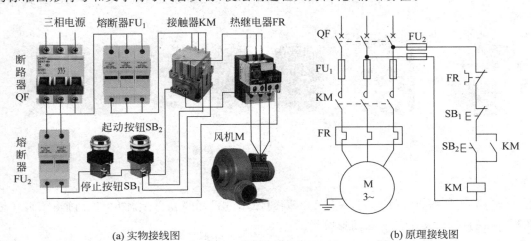

(a) 实物接线图　　　　　　　　　　(b) 原理接线图

风机运行的电气控制图

本章精选了 7 个典型的电气控制电路,供读者从基本电气元器件开始,学习元器件的结构与功能、电气控制原理、装接方案与检查调试方法。这些典型的电气控制电路既可以单独使用,又可以像搭积木一样,构成更复杂的电气控制系统。

3.1　常用低压电器

- 了解常用低压电器的结构和功能。
- 熟悉常用低压电器的测量和判断方法。
- 掌握常用低压电器的正确使用方法。

常用低压电器是实现电气控制所需的基本电气元器件。掌握每一个电气元器件的结构与功能,是学习电气控制电路的基础。请带着万用表和螺丝刀,通过测量判断,了解电气元器件的结构和功能,并尝试进行正确使用。

与电气控制电路相关的常用低压电气元器件主要有:低压断路器、熔断器、交流接触器、热继电器、按钮、行程开关、中间继电器、时间继电器等,下面开始逐一认识这些元器件。

3.1.1　低压断路器

低压断路器是一种控制和分配电能的开关电器,可用于手动接通和分断电路;在电路发生短路时能自动切除故障电路;有附加功能的断路器还能在电路严重过载、欠压或漏电等情况下,及时切断电路,保障人员和设备的安全。

图 3-1-1 是几种常见的低压断路器。各厂家的低压断路器形式各异,但主要功能相同。

低压断路器

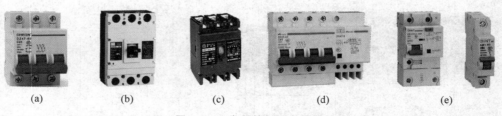

(a)　　　(b)　　　(c)　　　(d)　　　(e)

图 3-1-1　常见的低压断路器

1. 结构功能

低压断路器根据用途不同,设置了不同的操作方式和脱扣方式,图 3-1-2 画出了低压断路器的结构功能、文字符号和图形符号。

表 3-1-1 简要介绍了低压断路器各部件的基本功能。

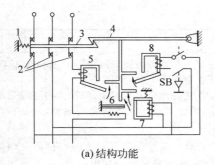

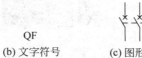

(a) 结构功能 (b) 文字符号 (c) 图形符号

图 3-1-2 低压断路器的结构功能、文字符号和图形符号

表 3-1-1 低压断路器各部件功能说明

部　件	功　能
1—分闸弹簧	脱扣状态下,依靠弹簧拉力,保持三对主触点分离
2—主触点	接通或断开电路
3—传动杆	带动三对主触点,接通或断开电路
4—锁扣	扣紧状态下,保证电路处于接通状态
5—过电流脱扣器	电路发生短路时,过电流脱扣器瞬时起动,向上挑开锁扣,切除电源
6—过载脱扣器	电路过载时,依靠双金属片发热弯曲,延时起动向上挑开锁扣,切除电源
7—欠压失压脱扣器	电路失压或欠压时,电磁机构失电后瞬时起动,向上挑开锁扣,切除电源
8—分励脱扣器	手动按下 SB,分离脱扣器瞬时起动,向上挑开锁扣,切除电源

2. 测试判断

低压断路器的功能是否正常,直接影响人身和生产设备的安全。无论是设备本身故障,还是在安装和更换设备之前,都需要对低压断路器进行必要的功能测试。表 3-1-2 给出了常规项目的测试方法。

表 3-1-2 低压断路器各项功能的测试

测 试 项 目	图　例	测 试 方 法
触点状态测试		保持断路器在"开"的状态,用万用表电阻挡逐一测量上下对应触点之间的阻值,正常值接近于"∞"
		保持断路器在"合"的状态,用万用表电阻挡逐一测量上下对应触点之间的阻值,正常值接近于"0"

续表

测试项目	图　例	测试方法
短路测试	L₁ L₂ L₃	把三相电源线接到断路器的三相输入端,电源电压正常时合上断路器。 在确保操作人员安全、周围无易燃易爆品的情况下,断路器出线端人为进行短路,断路器应能瞬时自动断开
欠压失压测试,过压测试	L₁ L₂ L₃	把低压断路器的三相电源端接到自耦调压器输出端,调整至正常工作电压后,合上断路器。调整自耦变压器输出电压,当电压降低到设定欠电压(如 $0.5U_N$)及以下时,断路器应能自动断开;当电压升高到设定过电压(如 $1.2U_N$)及以上时,断路器应能自动断开
漏电测试		对于有漏电功能的低压断路器,在电源电压正常时合上断路器,按下断路器上的测试按钮"T",断路器应能自动断开。 按下复位按钮"R",回复正常状态。 **注**:漏电测试按钮应一个月按下一次,检查漏电功能是否正常
过载保护测试		对于有过载保护功能的断路器,需要与负载配合进行动作参数的整定,还需要进行专门的试验。 **注**:具体可参考产品技术手册进行测试
分离脱扣测试		较大容量的低压断路器,一般配置有分离脱扣功能;需要断电路时,可用指尖或尖头螺丝刀轻按分离脱扣按钮

3. 主要技术数据

低压断路器的技术数据是选择设备的依据,表 3-1-3 给出了低压断路器的主要技术数据。

表 3-1-3　低压断路器的主要技术数据

技术数据	参数意义
额定电压 U_N	长期运行的允许工作电压,$U_N \geqslant$ 电源工作电压
额定电流 I_N	长期运行的允许工作电流,$I_N \geqslant$ 负载工作电流
开断电流 I_{oc}	能够开断的最大短路电流,$I_{oc} \geqslant$ 安装点的最大短路电流
动作漏电流 $I_{\Delta n}$	能够起动漏电脱扣器的最大漏电电流,$I_{\Delta n} \leqslant 30\text{mA}$
动作欠电压 $U_<$	能够起动欠电压脱扣器的最高工作电压,查看产品技术手册
动作过电压 $U_>$	能够起动过电压脱扣器的最低工作电压,查看产品技术手册

注:除表中信息外,在产品铭牌(技术手册)上还标注了品牌、型号、执行标准、适用环境温度等其他信息。

低压熔断器

3.1.2　熔断器

熔断器是电路短路和过电流时常用的保护器件。根据电流的热效应原理,当通过熔体的电流超过其额定值时,以本身产生的热量使熔体熔断,断开电路,实现电路的短路和过流保护。

1. 结构功能

图 3-1-3 是几种常见的低压熔断器(熔体)。不同型号、使用场合不同的熔断器(熔体)形式各异,但主要功能相同,在电路中的文字符号、图形符号也相同。

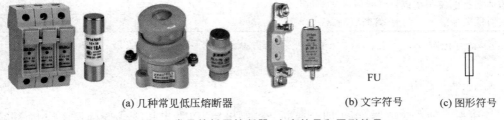

(a) 几种常见低压熔断器　　　　(b) 文字符号　　(c) 图形符号

图 3-1-3　常见的低压熔断器、文字符号和图形符号

2. 测试判断

低压熔断器直接影响人身和生产设备的安全。在安装和更换熔体之前,需要对熔体进行状态测试。表 3-1-4 给出了常规项目的测试方法。

表 3-1-4　低压熔断器(熔体)功能测试

测 试 项 目	图　　例	测 试 方 法
熔体测试		用万用表电阻挡测量熔体上下金属部分的阻值。 正常值接近于"0",若接近"∞"表明熔体内部已经断开
熔断器测试		安装熔体后,用万用表电阻挡,逐一测量熔断器上下接线柱之间的阻值。 正常值接近于"0";若有一定的值或接近"∞"时,表明熔断器有接触不良或接线柱有断开的情况

3. 主要技术数据

低压熔断器的技术数据是选择设备的依据,表 3-1-5 给出了低压熔断器的主要技术数据。

熔体熔断时间与通过熔体的电流密切相关。表 3-1-5 中的"熔体通过电流与熔断时间对照表"是一个电流与时间的大致关系对照表。从中可以定性看出,持续的 I/I_{EN} 越大,熔断时间越短。

表 3-1-5　低压熔断器的主要技术数据

技 术 数 据	参 数 意 义							
额定电压 U_N	熔断器长期运行的允许工作电压，$U_N \geqslant$ 电源工作电压							
熔体额定电流 I_{EN}	熔体长期运行的允许工作电流，I_{EN} 要根据负荷类型进行选择。 (1) 电炉和照明等电阻性负载：I_{EN} 应大于或等于负载的额定电流。 (2) 单台电动机：$I_{EN} \geqslant 1.5 \sim 2.5$ 倍电动机额定电流。 **注**：其他更多内容参看相关资料							
熔断器额定电流 I_{FN}	熔断器长期运行的允许工作电流，$I_{FN} \geqslant I_{EN}$							
熔断器开断电流 I_{OC}	熔断器能够开断的最大短路电流，$I_{OC} \geqslant$ 安装点的最大短路电流							
熔体通过电流与熔断时间对照表	I/I_{EN}	1.25	1.6	2.0	2.5	3	4	8	10
	熔断时间/s	∞	3600	40	8	4.5	2.5	1	0.4

注：除表中信息外，在产品铭牌(技术手册)上还标注了品牌、型号等其他信息。

按钮

3.1.3 按钮

　　按钮是一种主令电器，用于闭合或断开控制电路，以发出指令或进行程序控制，进而控制电动机或其他电气设备的运行。图 3-1-4 是一些常用的按钮。不同型号、不同厂家、使用场合不同的按钮形式各异，但主要功能相同。

图 3-1-4　几种常用的按钮

1. 结构功能

　　图 3-1-5 是按钮的结构功能、文字符号与图形符号。

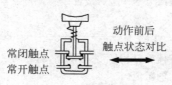

常闭触点　　动作前后　　　　(b) 文字符号　SB
常开触点　触点状态对比　　　 (c) 常开触点
　　　　　　　　　　　　　　　 (d) 常闭触点

(a) 结构功能

图 3-1-5　按钮的结构功能、文字符号与图形符号

2. 测试判断

　　按钮在安装和更换之前，可按表 3-1-6 进行触点状态的测试。

表 3-1-6　按钮触点状态的测试

测试项目	测 试 方 法
常开触点	用万用表电阻挡测试按钮常开触点的状态。 原始状态：阻值接近"∞"；按下状态：阻值接近"0"
常闭触点	用万用表电阻挡测试按钮常闭触点的状态。 原始状态：阻值接近"0"；按下状态：阻值接近"∞"

3. 主要技术数据

表 3-1-7 给出了按钮选择的主要技术数据。

表 3-1-7　按钮的主要技术数据

技 术 数 据	参 数 意 义
额定电压 U_N	长期运行的允许工作电压，$U_N \geq$ 控制电路工作电压
额定电流 I_N	长期运行的允许工作电流，$I_N \geq$ 控制电路工作电流

注：按钮选用颜色要求为停止—红色；急停—红色；起动—绿色；点动—黑色；复位—蓝色。

3.1.4　交流接触器

交流接触器

交流接触器是一种利用电磁铁操作，频繁接通或断开交直流电路及大容量控制电路的自动切换装置，主要用于电动机、电焊机、电热设备等电路的通断控制。图 3-1-6 是几种常见的交流接触器。不同厂家、不同型号的交流接触器形式各异，但主要功能相同。

图 3-1-6　常见的交流接触器

1. 结构功能

本书 1.4 节中已介绍过它的基本原理和电磁关系，这里主要介绍它的功能和动作过程。图 3-1-7 为交流接触器的结构示意图与触点动作过程，给出了文字符号和图形符号。

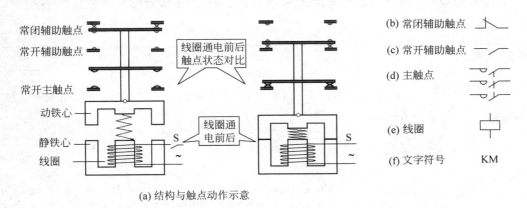

图 3-1-7　交流接触器的动作功能、文字符号和图形符号

表 3-1-8 给出了交流接触器主要部件的作用。

表 3-1-8　交流接触器主要部件的作用

部　件	功　能
铁心	静铁心:固定在设备底座上,线圈套在静铁心上;铁心为磁通提供路径,并能极大地增强磁路中的磁感应强度
	动铁心:也称为活动衔铁。线圈通电后,静铁心上产生的电磁力吸引动铁心,动铁心带动触点动作,实现电路的通断控制
线圈	线圈通电后产生主磁通,主磁通经过铁心产生电磁力
触点	常开主触点:触点容量大,用于主电路的通断控制,20A 以上需加灭弧罩。 触点状态:线圈通电前处于断开状态,线圈通电后闭合
	辅助常开触点:触点容量小,可用于控制电路的自锁和起动功能。 触点状态:线圈通电前处于断开状态,线圈通电后闭合
	辅助常闭触点:触点容量小,可用于控制电路实现互锁功能。 触点状态:线圈通电前处于闭合状态,线圈通电后断开
其他附件	参看 1.4 节

提示:接触器线圈通电,触点状态转换;线圈失电,触点状态复原。接触器具有失压和欠压保护功能。

说明:(1) 交流接触器的线圈和触点的图形符号不同,但是文字符号相同,同为 KM。

(2) 线圈电压有直流型和交流型之分,并有多个电压等级可选择。

(3) 不同型号的交流接触器触点对数不同,6~8 对触点分配如下:

① 6 对触点包括 4 对常开主触点,1 对常开辅助触点,1 对常闭辅助触点。

② 7 对触点包括 3 对常开主触点,2 对常开辅助触点,2 对常闭辅助触点。

③ 8 对触点包括 4 对常开主触点,2 对常开辅助触点,2 对常闭辅助触点。

2. 测试判断

在安装和更换交流接触器之前,可按照表 3-1-9 进行交流接触器主要功能的测试。

表 3-1-9　交流接触器主要功能测试

测试项目	图　例	测试方法
线圈测试		用万用表电阻挡测量线圈两个接线端之间的阻值,阻值接近于"0"表示线圈短路;接近于"∞"表示线圈开路。 **注**:不同型号交流接触器的线圈两个接线端位置不同,线圈工作电压不同,阻值不同
触点测试		用万用表电阻挡成对测量交流接触器对应触点的状态,原始状态:常开触点阻值接近于"∞";常闭触点阻值接近于"0"。 触点状态转换:常开触点阻值接近于"0";常闭触点阻值接近于"∞"。 **注**:不同型号的交流接触器,各对应触点位置不同

3. 主要技术数据

要正确选择和使用交流接触器,需要适当了解表 3-1-10 中的关键技术数据。

表 3-1-10 交流接触器的关键技术数据

技 术 数 据	参 数 意 义
额定绝缘电压 U_N	长期运行的最高允许工作电压,$U_N \geqslant$ 电源工作电压
额定工作电流 I_N	长期运行的触点允许工作电流,$I_N \geqslant$ 负载工作电流
线圈电压	线圈起动需要满足的工作电压。 **注**:线圈电压有交流和直流两种类型,使用时需要特别注意
主触点寿命	额定状态下,主触点的最少动作次数一般在 60 万~120 万次

注:除表中信息外,产品的技术数据还包括约定发热电流、主触点接通/分断能力、线圈起动/吸持容量等。

3.1.5 热继电器

热继电器是电动机电路中专门用于过载保护的一种低压电器。图 3-1-8 是一些常用的热继电器。不同型号、不同厂家的热继电器形式各异,但主要功能相同。

热继电器

图 3-1-8 几种常用的热继电器

1. 结构功能

热继电器利用电流经过导体时的热效应原理,使有不同膨胀系数的双金属片发生形变,当形变达到一定距离时,连杆机构带动开关动作,该开关可使控制电路断开、接触器线圈失电,进而断开主电路,实现电动机的过载保护。图 3-1-9 为热继电器的原理示意图和触点动作过程,给出了文字符号和图形符号。

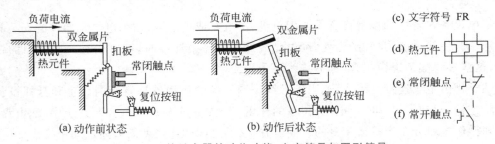

图 3-1-9 热继电器的动作功能、文字符号与图形符号

2. 测试判断

热继电器在安装和更换之前,可按表 3-1-11 给出的测试方法进行热元件及触点状态的测试。

表 3-1-11 热继电器触点状态的测试

测试项目	测 试 方 法
热元件	热元件串联接在主电路中,可用万用表电阻挡测试热元件对应触点的状态。正常阻值接近于"0"
常闭触点	过载时用于断开控制电路,可用万用表电阻挡测试常闭触点的状态。原始状态:阻值接近于"0";按下实验按钮:阻值接近于"∞"。注:热继电器动作后,需要等双金属片冷却后,通过手动复位
常开触点	过载时用于报警等,可用万用表电阻挡测试常开触点的状态。原始状态:阻值接近于"∞";按下实验按钮:阻值接近于"0"

说明:(1) 热继电器的热元件和触点的图形符号不同,但是文字符号相同,同为 FR。

(2) 当通过电流大于设定值时,较长时间的过载使热元件发生形变,引发触点动作。

3. 主要技术数据

热继电器的技术参数是选择和正确使用的依据,表 3-1-12 给出了热继电器的主要技术数据。

表 3-1-12 热继电器的主要技术数据

技 术 数 据	参 数 意 义
额定绝缘电压 U_N	长期运行的允许工作电压,$U_N \geqslant$ 电路工作电压
额定工作电流 I_N	长期运行的允许工作电流,$I_N \geqslant$ 电路工作电流
整定电流范围	被保护电动机额定电流的 0.6~1.2 倍,具体设定值需要根据电动机的负载情况确定

*3.1.6 接线端子排

机电设备在合适的位置都会设置配电盘、配电箱或配电屏,作为电气元器件的安装和配线使用。为使接线美观、维护方便,配电盘内外设备需要连接时,都要通过一些专门的接线端子,这些接线端子组合起来,称为接线端子排或端子排。

端子排由金属连接片组成,相当于导线。端子排的作用就是将盘内设备和盘外设备进行线路连接,起到信号(电流/电压)传输的作用。比如一个机床电气控制系统中,配电盘、电动机和操作按钮分布于机床床身的不同位置,它们之间的连线就需要通过端子排。

图 3-1-10 是一些常用的接线端子排和使用方法,以及本书中使用的图形符号与文字符号。

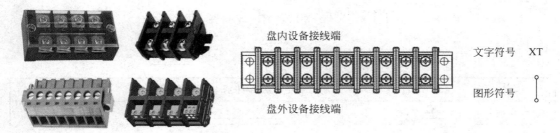

图 3-1-10 接线端子排

除了上文介绍的各种常用低压电器外,还有行程开关(限位开关)、时间继电器、中间继电器、速度继电器等,在后续的典型电气控制电路使用时再做介绍。

思考与练习

3-1-1 低压断路器的主要功能是什么?

3-1-2 低压断路器的过流保护和过载保护有什么区别?

3-1-3 低压断路器欠压保护有什么意义? 是根据什么原理动作的?

3-1-4 如何判断一个低压断路器的触点系统是否正常?

3-1-5 如何选择低压断路器?

3-1-6 带漏电保护功能的低压断路器的测试按钮(T)有何作用?

3-1-7 熔断器和低压断路器的功能有何区别?

3-1-8 如何判断熔断器中的熔体状态是否正常?

3-1-9 状态正常的熔体装入熔断器后,熔断器的状态就一定正常吗?

3-1-10 交流接触器主要实现什么功能?

3-1-11 交流接触器的辅助常开触点和辅助常闭触点的功能有何区别?

3-1-12 如何判断交流接触器的线圈是否正常?

3-1-13 如何判断交流接触器触点系统的状态是否正常?

3-1-14 同一电气元器件的不同部分可否使用不同的文字符号?

3-1-15 按钮是用于主电路还是控制电路的通断控制?

3-1-16 按钮的两对触点系统中,通断顺序是如何设计的?

3-1-17 如何判断按钮的触点状态是否正常?

3-1-18 热继电器的测试按钮(T)和复位按钮(R)有何作用?

3-1-19 如何判断热继电器的状态是否正常?

3-1-20 热继电器的执行机构使用同种材料的金属片是否可行?

3-1-21 端子排的两端是否接通?

3-1-22 配电盘内的元件连线是否需要通过端子排?

附：技能训练报告(参考)

班级＿＿＿＿＿ 姓名＿＿＿＿＿ 学号＿＿＿＿＿

项目名称	常用低压电气元器件基本功能的测量		
课时：＿＿＿＿	实验/实训室：＿＿＿＿		时间：＿＿＿＿

功能测试

1. 低压断路器触点状态的测量

用万用表电阻挡测量上下对应触点的阻值,做出正常(√)与否(×)的判断。

断开状态			闭合状态		
触点	测量阻值	状态判断	触点	测量阻值	状态判断
1—1′			1—1′		
2—2′			2—2′		
3—3′			3—3′		
4—4′			4—4′		

2. 熔断器(熔体)状态的测量

用万用表电阻挡测量熔断器(熔体)的阻值,做出正常(√)与否(×)的判断。

项 目	测量阻值	状态判断
熔体		
熔断器		

3. 交流接触器状态的测量

(1)用万用表电阻挡测量线圈的阻值,做出正常(√)与否(×)的判断。

线圈阻值	状态判断

(2)用万用表电阻挡测量常开、常闭触点的电阻值,做出正常(√)与否(×)的判断。

原始状态				保持触点状态强制转换			
触 点		测量阻值	状态判断	触 点		测量阻值	状态判断
主触点	1—1′			主触点	1—1′		
	2—2′				2—2′		
	3—3′				3—3′		
	4—4′				4—4′		
辅助常开触点	1—1′			辅助常开触点	1—1′		
	2—2′				2—2′		
辅助常闭触点	1—1′			辅助常闭触点	1—1′		
	2—2′				2—2′		

4. 按钮状态的测量

用万用表电阻挡测量对应触点的阻值，做出正常（√）与否（×）的判断。

原始状态			按下状态		
触　点	测量阻值	状态判断	触　点	测量阻值	状态判断
常开触点			常开触点		
常闭触点			常闭触点		

5. 热继电器状态的测量

（1）用万用表电阻挡测量热元件的阻值，做出正常（√）与否（×）的判断。

热元件	测量阻值	状态判断
1—1′		
2—2′		
3—3′		

（2）用万用表电阻挡测量对应触点的阻值，做出正常（√）与否（×）的判断。

原始状态			按下状态		
触　点	测量阻值	状态判断	触　点	测量阻值	状态判断
常开触点			常开触点		
常闭触点			常闭触点		

左栏：功能测试

报告得分		教师签名		批改时间		年　月　日

注：不同厂家、不同型号元件的触点标号不同，上表可根据使用的元件进行相应修改。

3.2　三相异步电动机单向运行的电气控制

三相异步电动机单向
运行的电气控制

 学 习 目 标

- 熟悉组成单向运行电气控制电路的元器件。
- 掌握单向连续运行电气控制电路的工作原理，并能进行电路功能分析。
- 熟知点动控制电路的组成元器件，并能进行电路功能分析。
- 熟知两地控制电路的组成元器件，并能进行电路功能分析。

 学 习 指 导

　　三相异步电动机单向运行电气控制电路是最简单的典型控制电路。熟知组成电路的每个低压电气元器件的功能，了解各元器件在电路中的配合，理解电路的设计思路，并进行电

路的装接与故障检查,是学好其他典型电气控制电路的基础。在此基础上,进一步探索点动控制电路和两地控制电路的组成与功能,将对后续电路的学习起到事半功倍的作用。

心动还需行动,请拿起万用表和电工工具,开始电气控制电路原理的学习和电路装接吧。

3.2.1　电路组成与功能分析

1. 电路组成

三相异步电动机单向运行,是指电动机在正常运行时只沿一个方向旋转,如抽水泵、大型风机、各种磨床等。

1) 手动控制的电动机单向运行电路

一些十分简单的电动机控制,如小型车间的鼓风机、家庭作坊的磨豆腐机等,只需一个断路器就可以实现电动机的运行控制,电路如图 3-2-1 所示。

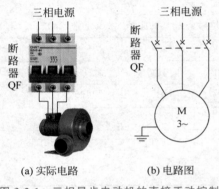

(a) 实际电路　　　　　(b) 电路图

图 3-2-1　三相异步电动机的直接手动控制

该电路十分简单,只能通过手动操作控制电路的运行,仅适合要求不高的就地控制电路,不适合较复杂或远程电路的运行控制。

实际工作中,稍微复杂一些的电动机运行电路都要用到接触器。通过接触器不但可以实现远程控制,还可以实现运行过程的自动化。

2) 接触器控制的电动机单向运行电路

电气控制电路的功能通过电气控制原理图表达,绘制电气控制原理图应遵循以下原则。

(1) 主电路与控制电路(辅助电路)分开。

(2) 同一电气元器件按功能分解为不同部分,不同部分使用同一个文字符号。

(3) 电气元器件图形符号以国标 GB 4726—1983、GB 4728.7—1984 为准。

(4) 各电气元器件的触点状态都按未受外力作用时的触点状态画出。

(5) 电路中有直接电联系的交叉点以"•"表示。

图 3-2-2 即是按上述要求绘制的三相异步电动机单向运行的电气控制原理图。电路由主电路和控制电路组成,主电路把三相电源提供的电能传输到电动机上,控制电路实现主电路的启停运行控制。

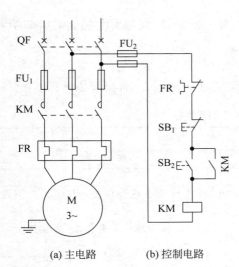

主要电路各元件的功能说明如下。

QF：电源开关；

FU_1：主电路短路与过流保护；

FR：过载保护热元件；

KM 主触点：实现电动机通断控制，控制电路各元件功能；

FU_2：控制电路短路保护；

FR：主电路过载后断开控制电路；

SB_1：停止按钮；

SB_2：起动按钮；

KM 线圈：线圈得电，触点状态转换；

KM 辅助常开触点：实现 SB_2 按钮自锁。

(a) 主电路　　(b) 控制电路

图 3-2-2　三相异步电动机单向运行电气控制原理图

2．电路功能分析

1）起动过程

合上电源开关 QF

→按下起动按钮 SB_2

→接触器 KM 线圈得电

→$\begin{cases}KM\ 主触点闭合,电动机通电运行\\ KM\ 辅助常开触点闭合,通过自锁实现电动机连续运行\end{cases}$

2）停止过程

按下停止按钮 SB_1

→接触器 KM 线圈失电

→$\begin{cases}KM\ 主触点断开,电动机断电停止运行\\ KM\ 辅助常开触点断开,解除电路自锁\end{cases}$

→断开电源开关 QF

3）短路保护

主电路发生短路或过电流时，FU_1 中的熔体熔断，故障电路切除。

控制电路发生短路时，FU_2 中的熔体熔断，控制电路失电。

注：严重短路时，FU 直接作用于跳闸，切断电源。

4）过载保护

主电路过载时，控制电路中的 FR 常闭触点打开，KM 线圈失电，电动机停止运行。

5）欠压保护

控制电路电压过低时，接触器 KM 不能维持最小电磁力，主触点断开，电动机停止运行。

3.2.2　电路装接

动手进行电路的实际装接，既能巩固所学理论知识，更能训练操作技能。

当电路非常简单时，根据电气原理图进行电路装接比较可行；当电路比较复杂时，仅根据电气原理图进行装接就会丢三落四频频出错，降低工作效率。姓名是识别人的标志，如果能给电路中的每个连接点(电位相同点)命名一个唯一的标号,就可大大提高电路装接和检修的效率。

1. 电路标号

给电路中的每个连接点(电位相同点)进行标号,可按表 3-2-1 所示方法进行标注。

表 3-2-1　电气控制电路的标号方法

电　路	电　位　点	标　号　说　明
主电路	电源引入线	一般用 L_1、L_2、L_3 表示
	负载引出线	一般用 U、V、W 表示
	其他部分	主电路为三相电路,需要逐相、逐个电位点进行标号,以 U 相为例进行说明。 "U"表示 U 相电路,采用双下标表示,每经过一个电位点,数字加"1",如 U_{11}、U_{12}、U_{13} 等
控制电路	电源引入线	使用原引入点标号
	其他部分	过熔断器后,控制电路首端以"1"表示;末端以"0"表示。 从控制电路首端开始,每经过一个电位点,数字加"1",如 1、2、3 等

经过标号的电气控制原理图如图 3-2-3 所示,三相主电路各电位点的标号依次为

U 相　L_1、U_{11}、U_{12}、U_{13}、U。

V 相　L_2、V_{11}、V_{12}、V_{13}、V。

W 相　L_3、W_{11}、W_{12}、W_{13}、W。

控制电路经过标号后,可单独画出。控制电路各连接点(电位点)的标号依次为 V_{11}、1、2、3、4、0、W_{11}。

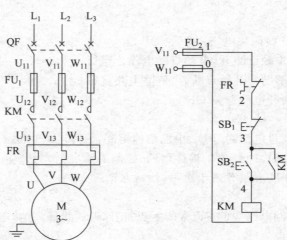

图 3-2-3　标号后的电气控制原理图

2. 元件接线图

标号后的电气控制原理图看起来似乎更复杂了,为方便接线,还应将标号后的原理图转化为元件接线图。具体做法是:把各个电气元件的不同部件用图形符号画在一起,把原理图中的电路标号标注到图形符号对应的触点上。

三相异步电动机单向运行电气控制电路中,断路器、熔断器、交流接触器、热继电器属于盘内设备,电源进线、按钮、电动机属于盘外设备。盘内外设备之间的连接要经过端子排,所以在元件接线图中还应附加端子排。这样归纳之后,原理图就变成了如图 3-2-4 所示的元件接线图。

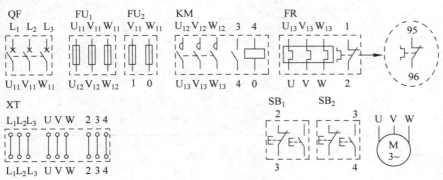

图 3-2-4　元件接线图

3. 电路装接

元件摆放好位置后,根据电路元件接线图中的电路标号,按照从上到下,从左到右的顺序,把不同元件中电路标号相同的点,逐一用导线相连,就完成了电路的装接。

3.2.3　电路检查

电路装接完成后,常常由于连接错误或元器件故障无法正常运行;如果电路中存在短路,还会危及人身与设备的安全。在通电运行之前,必须进行短路检查和故障检查。

电路的故障检查

1. 短路检查

通电试车之前,为防止接线过程中出现短路,危及人身设备安全,首先要对电路进行短路检查。

1）主电路短路检查

主电路的短路检查,可结合图 3-2-5 按表 3-2-2 所示步骤进行。

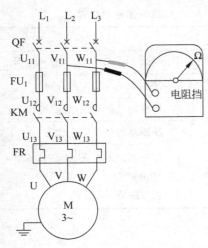

图 3-2-5　主电路短路检查

表 3-2-2　主电路短路检查步骤

步　骤	操作说明
（1）打开 QF	使断路器处于断开状态
（2）断开 FU_1	使控制电路与主电路分离
（3）保持 KM 未动作	两两测量 U_{11}—V_{11}—W_{11} 的电阻值。 3 组电阻值正常情况接近于"∞"
（4）保持 KM 主触点闭合	两两测量 U_{11}—V_{11}—W_{11} 的电阻值。 3 组电阻值应等于电动机绕组的电阻值

说明:主电路中,交流接触器 KM 未动作时,各线路之间的阻值为"∞";交流接触器 KM 的常开触点闭合时,电动机绕组接入电路中,各线路之间的阻值即为电动机绕组的阻值。

注意:如果有测量值接近于"0",说明电路有短路点,应逐一检查元器件的装接连线。

2) 控制电路短路检查

控制电路的短路检查,可结合图 3-2-6 按表 3-2-3 所示步骤进行。

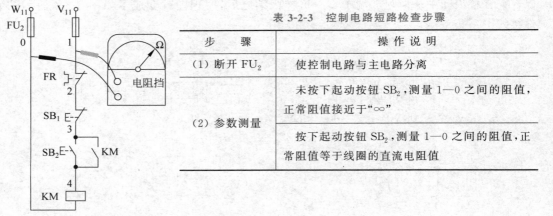

图 3-2-6　控制电路短路检查

说明:控制电路中,按钮 SB₂ 未动作时,1—0 标号之间的阻值为"∞";按下 SB₂ 时,交流接触器 KM 的线圈接入电路中,1—0 标号之间的阻值即为 KM 线圈的直流电阻值。

注意:如果有测量值接近于"0",说明电路有短路点,应逐一检查元器件的装接连线。

表 3-2-3　控制电路短路检查步骤

步　骤	操 作 说 明
(1) 断开 FU₂	使控制电路与主电路分离
(2) 参数测量	未按下起动按钮 SB₂,测量 1—0 之间的阻值,正常阻值接近于"∞"
	按下起动按钮 SB₂,测量 1—0 之间的阻值,正常阻值等于线圈的直流电阻值

如上测试后,如果电路中没有短路情况,就可以通电试车了。如果通电试车不能正常运行,就需要进行下面的故障检查。

2. 故障检查

故障检查的目的是找寻故障点,然后修正错误连接或更换损毁元件。电路故障的检查方法有电阻测量法与电压测量法,掌握这两种方法是电工的基本技能。

1) 电阻测量法

电阻测量法又称无电检查法,是在电路未通电状态下,测量电路中的电阻值,根据测得的电阻值判断电路的故障点。下面分别介绍主电路和控制电路的电阻测量法。

(1) 主电路故障检查

主电路的常见故障是三相电路缺相、供电线路断线或接触不良、熔断器熔断等,可结合图 3-2-7 按表 3-2-4 所示步骤进行。

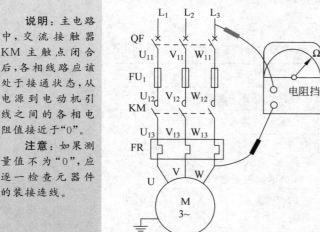

图 3-2-7　电阻法检查主电路故障

说明:主电路中,交流接触器 KM 主触点闭合后,各相线路应该处于接通状态,从电源到电动机引线之间的各相电阻值接近于"0"。

注意:如果测量值不为"0",应逐一检查元器件的装接连线。

表 3-2-4　主电路故障检查步骤

步　骤	操 作 说 明
(1) 主电路脱离电源	保持 L₁—L₂—L₃ 未接入电源
(2) 断开电动机电源引线	使电动机与主电路分离
(3) 断开 FU₁	使控制电路与主电路分离
(4) 合上 QF	使断路器处于闭合状态
(5) 保持 KM 主触点闭合	逐相测量 L₁—U、L₂—V、L₃—W 的电阻值。正常阻值接近于"0"

（2）控制电路故障检查

控制电路的常见故障是断线、接触不良、丢线、熔断器熔断等，可结合图 3-2-8 按表 3-2-5 所示步骤进行检查。

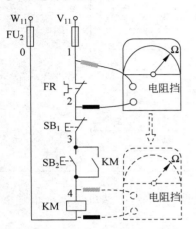

图 3-2-8　电阻法检查控制电路故障

表 3-2-5　控制电路故障检查步骤

步　　骤	操作说明
（1）断开 FU₂	使控制电路与主电路分离
（2）按下 SB₂	逐一测量"1—2、2—3、3—4、4—0"各标号之间的电阻值。
	"1—2、2—3、3—4"之间的正常阻值接近于"0"。
	"4—0"之间的电阻值等于线圈的直流电阻值

2）电压测量法

电压测量法又称带电检查法，是在电路通电状态下，测量电路中的电压值，根据测得的电压值判断电路的故障点。主电路和控制电路的测量方法有所区别，下面分别予以介绍。

（1）主电路故障检查

在通电检查故障时，为了保护电动机，最好把电动机的 3 个电源引入线 U—V—W 与电动机分离，这样可有效防止电动机绕组缺相时烧毁电动机。

主电路的常见故障前已述及。在保证主电路接入电源、合上 QF、强制保持接触器 KM 主触点接通的情况下，结合图 3-2-9 按测量表 3-2-6 中列出的各电压值，进行故障检查。

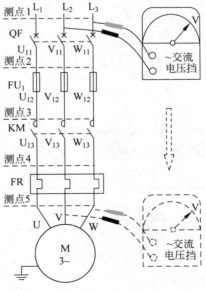

图 3-2-9　电压法检查主电路故障

表 3-2-6　主电路故障检查测量表

测点 1	L_1—L_2	L_2—L_3	L_3—L_1	电压参考值
电压值				
测点 2	U_{11}—V_{11}	V_{11}—W_{11}	W_{11}—U_{11}	
电压值				
测点 3	U_{12}—V_{12}	V_{12}—W_{12}	W_{12}—U_{12}	线电压值
电压值				
测点 4	U_{13}—V_{13}	V_{13}—W_{13}	W_{13}—U_{13}	
电压值				
测点 5	U—V	V—W	W—U	
电压值				

说明：主电路在通电状态下，横向各对应触点之间的电压值是电源的线电压。

注意：如果某两点间的测量值不等于线电压，则此处有断点或接触不良，应在断电状态下逐一检查元器件的装接连线。

如果表 3-2-6 中测量的电压值均为线电压值(供电线路正常)，电动机仍无法正常运行，则故障可能在电动机的绕组上。

电动机绕组故障的检查：把电动机的三相电源进线与主电路分离；用万用表电阻挡分别两两测试电动机 3 个绕组的阻值，不论电动机是何种接线，所测 3 组阻值都应该十分接近，如果测量结果有较大出入，说明电动机绕组存在故障，此时不可通电做后续测量。

(2) 控制电路故障检查

控制电路的常见故障前已述及，可结合图 3-2-10 按照表 3-2-7 所示步骤进行故障的检查。

说明：控制电路中，如果起动按钮 SB_2 按下接通后，控制回路的电源电压 V_{11}—W_{11} 应该全部加在交流接触器的线圈上；如果其他电位点之间存在电压，说明此处有断点，应在断电状态下逐一检查元器件的装接连线。

提示：本例中的交流接触器使用了电源线电压作为线圈工作电压。实际工作中，交流接触器也可选择电源相电压、安全电压，甚至使用直流接触器，这需要特别注意。

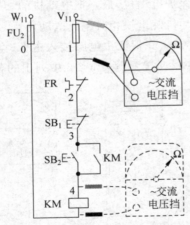

图 3-2-10　电压法检查控制电路故障

表 3-2-7　控制电路故障检查步骤

步　骤	操 作 说 明
(1) 闭合 QF	引入电源,保持主电路处于通电状态
(2) 闭合 FU_2	保持控制电路处于通电状态
(3) 按下 SB_2	逐一测量 V_{11}—1、1—2、2—3、3—4、4—0、0—W_{11} 各标号之间的电压值；V_{11}—1、1—2、2—3、3—4、0—W_{11} 标号之间的正常电压值接近于"0"；4—0 标号之间的电压值等于 V_{11}—W_{11} 之间的电压

电路装接检查完成后,需要认真撰写技能训练报告,对装接过程中存在的问题进行必要的总结。报告格式可参考本节所附"技能训练报告"。

*3.2.4　具有点动功能的单向运行电气控制电路

一些搬运或加工类型的机电设备,需要精细操作时,往往需要电动机具备点动控制功能,即按下起动按钮电动机运转,放开起动按钮电动机停转。具有点动控制功能的电动机,主电路与单向运行的主电路相同,区别仅在控制电路。图 3-2-11(b)是一个既能点动,又可连续运行的电气控制电路。

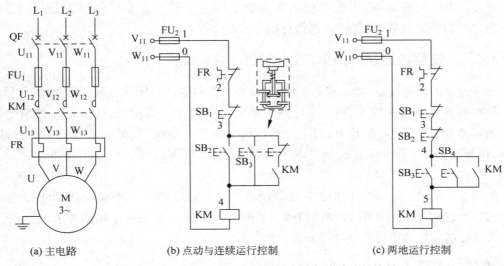

(a) 主电路　　　　(b) 点动与连续运行控制　　　　(c) 两地运行控制

图 3-2-11　电动机单向连续运行、点动与两地运行控制

连续运行的动作过程与 3.2.1 小节分析相同,这里仅介绍点动部分的控制功能。

图 3-2-11(b)中的 SB_2 为连续运行起动按钮,SB_3 为点动运行起动按钮。

SB_3 是复合按钮,复合按钮在设计上要求在按下按钮时,常闭触点先断开,常开触点后闭合。把 SB_3 的常闭触点与 KM 的辅助常开触点串联,作用是按下 SB_3 时解除 KM 的自锁功能。

连续运行通过 SB_2 实现,操作如前所述,下面仅说明点动运行的操作过程。

(1) 电动机处于停止状态

合上电源开关 QF

　　→按下点动按钮 SB_3

　　　　→接触器 KM 线圈得电

　　　　　　→KM 主触点闭合,电动机点动运行

　　　　　　　　→放开起动按钮 SB_3

　　　　　　　　　→接触器 KM 线圈失电

　　　　　　　　　　→KM 主触点断开,电动机停止运行

（2）电动机处于连续运行状态

按下点动按钮 SB_3

┌ 与 KM 辅助常开触点串联的回路断电，失去自锁功能
└ 接触器线圈 KM 得电

　　→KM 主触点闭合，电动机点动运行

　　　→放开起动按钮 SB_3

　　　　→接触器线圈 KM 失电

　　　　　→KM 主触点断开，电动机停止运行

通过上面的分析发现，无论电动机原先处于停止状态还是连续运行状态，只要按下 SB_3，电路的自锁功能解除，就可以进行点动的运行操作。

*3.2.5　能够两地操作的单向运行电气控制电路

一些大型的机电设备，为了控制方便，需要在两处均能控制同一台电动机的起停运行。

具有两地控制功能的电动机，主电路与单向运行的主电路相同，区别仅在控制电路。为实现两地控制，在电路设计时，两个起动按钮采取并联接线，只要按下任何一个起动按钮，电路都能起动；两个停止按钮采取串联接线，只要按下任何一个停止按钮，电路都能停止。

图 3-2-11(c) 是一个具有两地控制功能的电气控制电路，图中的 SB_1、SB_2 为停止按钮，SB_3、SB_4 为起动按钮。另外，控制回路增加了电位点，相应的电路标号也增加了。

具体控制过程请读者尝试自行分析。

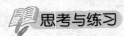 **思考与练习**

3-2-1　起动功能应使用按钮中的哪种触点？

3-2-2　停止功能可否使用按钮中的常开触点？

3-2-3　自锁功能可否使用接触器的辅助常闭触点？

3-2-4　电气控制图中各电气元器件的触点位置是按何种状态画出的？

3-2-5　电路中已经有了断路器(熔断器)保护，为什么还需要热继电器？

3-2-6　交流接触器的主触点和辅助触点各用于什么地方？

3-2-7　按钮可否用于主电路的通断控制？

3-2-8　电气原理图和元件接线图有何区别？

3-2-9　电路的短路检查有何意义？

3-2-10　电路的短路检查是测量电路的电压还是电路的电阻？

3-2-11　为什么用万用表测量的线圈阻值为其直流电阻值？

3-2-12　电阻测量法可否在通电状态下进行测量？

3-2-13　点动运行控制如何解除电路的自锁功能？

3-2-14　两地运行控制电路的起动按钮为什么要并联？

3-2-15　两地运行控制电路的停止按钮可否并联？

说明：本小节以三相异步电动机的单向运行为例，详细介绍了电路的组成与功能分析、电路的装接与各种检查方法。这些方法适应于所有的电气控制电路，如果读者在后续的电气控制电路学习中遇到问题时，可返回到这里学习。

附：技能训练报告(参考)

班级_____　姓名_____　学号_____

项目名称	三相异步电动机单向运行电路的装接与调试(3个电路任选)		
课时：_____	实验/训练室：_____		时间：_____

<table>
<tr><td rowspan="1">电路原理图</td><td colspan="5">(电路原理图请参考教材内容)</td></tr>
<tr><td>元器件接线图</td><td colspan="5">(元器件接线图应由学生画出)</td></tr>
<tr><td rowspan="6">元器件列表</td><td>序　号</td><td>元器件名称</td><td>型号规格</td><td>数　量</td><td>电路中的作用</td></tr>
<tr><td></td><td></td><td></td><td></td><td></td></tr>
<tr><td></td><td></td><td></td><td></td><td></td></tr>
<tr><td></td><td></td><td></td><td></td><td></td></tr>
<tr><td></td><td></td><td></td><td></td><td></td></tr>
<tr><td></td><td></td><td></td><td></td><td></td></tr>
<tr><td>回答问题</td><td colspan="5">(参考问题)
1. 简述电路的操作过程。
2. 电路的自锁功能有何作用?并说明自锁功能在电路中是如何实现的。</td></tr>
<tr><td>装接体会</td><td colspan="5">(针对装接过程中出现的问题,写出发现问题与解决问题的具体过程)</td></tr>
<tr><td>报告得分</td><td></td><td>教师签名</td><td></td><td>批改时间</td><td>年　月　日</td></tr>
</table>

注：此表可根据具体的操作项目做相应修改。

三相异步电动机双向
运行的电气控制

3.3 三相异步电动机双向运行的电气控制

- 熟悉组成双向运行电气控制电路的元器件,了解电气、机械互锁功能的作用。
- 掌握双向运行电气控制电路的工作原理,并能进行电路功能分析。
- 了解行程(限位)开关的作用,尝试进行自动往返控制功能的电路设计。

三相异步电动机的双向运行比单向运行的难度稍有增加,只有掌握双向运行电气控制电路的原理,才能顺利进行后续的电路装接与电路检查。合理利用行程(限位)开关,可使电动机运行的自动化控制程度更高。

3.3.1 电路组成与功能分析

1. 电路组成

双向运行是三相异步电动机普遍存在的一种控制方式。电梯升降、铣刀前后移动、工件左右调整等,都是电动机双向运行的体现。图 3-3-1 是一个典型的电动机双向运行的电气控制原理图。

主要电路各元件的功能说明如下。

QF:电源开关;

FU_1:主电路短路与过流保护;

KM_1/KM_2:正/反转通断控制;

FR:过载保护热元件,控制电路
各元件功能;

FU_2:控制电路短路保护;

FR:主电路过载后断开控制电路;

SB_1:停止按钮;

SB_2/SB_3:正/反转起动按钮;

KM_1 常开触点:正转按钮自锁;

KM_1 常闭触点:反转回路互锁;

KM_2 常开触点:反转按钮自锁;

KM_2 常闭触点:正转回路互锁;

KM_1 线圈:正转控制线圈;

KM_2 线圈:反转控制线圈。

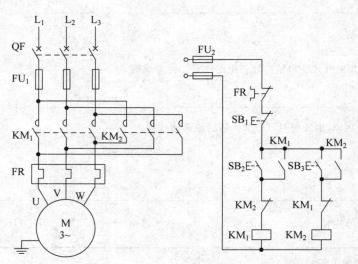

图 3-3-1 三相异步电动机双向运行电气控制原理图

图 3-3-1 中，KM_1 工作时，电源线 L_1—L_2—L_3 对应接通电动机的 U—V—W；KM_2 工作时，电源线 L_1—L_2—L_3 对应接通电动机的 W—V—U。通过两个交流接触器的下部端点进行三相电路的换相操作。

运行中，如果两个接触器同时接通，会造成 L_1—L_3 两相电源线短路。为防止误操作引起相间短路，在控制电路中引入了互锁功能，即把正转接触器 KM_1 的辅助常闭触点串联接入反转控制回路中；把反转接触器 KM_2 的辅助常闭触点串联接入正转控制回路中，互相钳制。

说明：互锁功能可有效防止双向运行控制电路误操作引起的相间短路，必不可少。

2. 电路功能分析

1）正转运行

（1）起动过程

合上电源开关 QF
　　→按下正转起动按钮 SB_2
　　　　→KM_1 线圈得电
　　　　　　{ KM_1 主触点闭合，电动机正转运行
　　　　→{ KM_1 辅助常开触点闭合，实现自锁功能
　　　　　　{ KM_1 辅助常闭触点断开，对反转回路进行互锁

（2）停止过程

按下停止按钮 SB_1
　　→KM_1 线圈失电
　　　　{ KM_1 主触点断开，电动机停止运行
　　→{ KM_1 辅助常开触点断开，解除电路自锁
　　　　{ KM_1 辅助常闭触点闭合，解除反转回路互锁
　　　　　　→断开电源开关 QF

2）反转运行

（1）起动过程

合上电源开关 QF
　　→按下反转起动按钮 SB_3
　　　　→KM_2 线圈得电
　　　　　　{ KM_2 主触点闭合，电动机反转运行
　　　　→{ KM_2 辅助常开触点闭合，实现自锁功能
　　　　　　{ KM_2 辅助常闭触点断开，对正转回路进行互锁

（2）停止过程

按下停止按钮 SB_1
　　→KM_2 线圈失电
　　　　{ KM_2 主触点断开，电动机停止运行
　　→{ KM_2 辅助常开触点断开，解除电路自锁
　　　　{ KM_2 辅助常闭触点闭合，解除正转回路互锁
　　　　　　→断开电源开关 QF

3）保护措施

（1）短路保护

主电路发生短路或过电流时，FU_1 中的熔体熔断，切除故障电路。

控制电路发生短路时，FU_2 中的熔体熔断，控制电路失电。

注：严重短路时，FU 直接作用于跳闸，切断电源。

（2）过载保护

主电路过载时，控制电路中的 FR 常闭触点打开，KM_1/KM_2 线圈失电，电动机停止运行。

（3）欠压保护

控制电路电压过低时，交流接触器 KM_1/KM_2 主触点断开，电动机停止运行。

3.3.2　电路装接

进行电路装接与检查的过程，就是提高电工操作技能的过程。

1. 电路标号

电路标号仍按表 3-2-1 所示方法进行标注，标号后的电气控制原理图如图 3-3-2 所示。

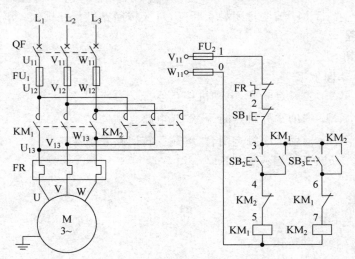

图 3-3-2　标号后的电气控制原理图

双向运行的主电路由两路组成，由于同一个电位点只能有一个标号，所以电路标号并没有增加。三相主电路各电位点的标号依次为

U 相　L_1、U_{11}、U_{12}、U_{13}、U。

V 相　L_2、V_{11}、V_{12}、V_{13}、V。

W 相　L_3、W_{11}、W_{12}、W_{13}、W。

控制电路增加了一列反转回路，按照从上到下、从左到右的顺序标号后，控制电路各连接点（电位点）的标号依次为

正转回路　V_{11}、1、2、3、4、5、0、W_{11}。

反转回路　V_{11}、1、2、3、6、7、0、W_{11}。

2. 元件接线图

把图 3-3-2 中的电气控制原理图转化为图 3-3-3 所示的元件接线图。

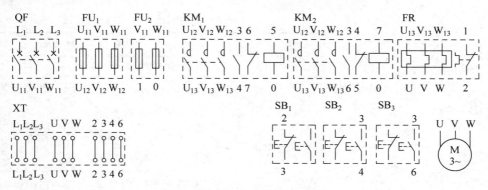

图 3-3-3　双向运行元件接线图

3. 电路装接

按图 3-3-3 中元件接线图的电路标号,按照从上到下、从左到右的顺序,把不同元件中电路标号相同的点,逐一用导线相连,完成电路装接。

3.3.3　电路检查

有关电路检查的内容,在 3.2.3 小节中已有详细说明。相同部分不再赘述,不同部分在此做一说明。

1. 短路检查

（1）主电路短路检查

结合图 3-3-4 进行主电路的短路检查,步骤如表 3-3-1 所示。

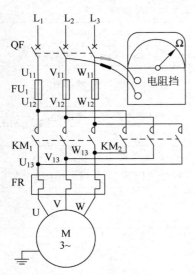

图 3-3-4　主电路短路检查

表 3-3-1　主电路短路检查步骤

步　　骤	操作说明
（1）打开 QF	使断路器处于断开状态
（2）断开 FU_1	使控制电路与主电路分离
（3）KM_1、KM_2 未动作	两两测量 U_{11}—V_{11}—W_{11} 的电阻值,正常情况接近于"∞"
（4）KM_1 主触点闭合,KM_2 未动作	两两测量 U_{11}—V_{11}—W_{11} 的电阻值,正常情况等于电动机绕组的电阻值
（5）KM_2 主触点闭合,KM_1 未动作	重复以上操作

注意：如果有测量值接近于"0",说明电路有短路点,应逐一检查元器件的装接连线。

(2) 控制电路短路检查

结合图 3-3-5 进行控制电路的短路检查,步骤如表 3-3-2 所示。

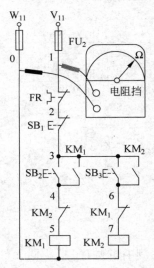

图 3-3-5　控制电路短路检查

注意:如果测量值与正常值不符,应检查元器件的装接连线。

表 3-3-2　控制电路短路检查步骤

步　　骤	操　作　说　明
(1) 断开 FU₂	使控制电路与主电路分离
(2) 参数测量	SB₂、SB₃ 未按下,测量 1—0 之间的阻值,正常阻值接近于"∞"
	仅按下 SB₂,测量 1—0 之间的阻值,正常阻值等于线圈的直流电阻值
	仅按下 SB₃,测量 1—0 之间的阻值,正常阻值等于线圈的直流电阻值

如果电路中没有短路情况,可以通电试车。如果通电试车不能正常运行,则需进行下面的故障检查。

2. 故障检查

1) 电阻测量法

(1) 主电路故障检查

结合图 3-3-6 进行主电路的故障检查,步骤如表 3-3-3 所示。

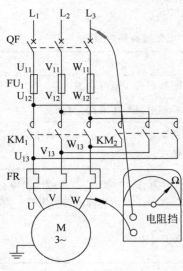

图 3-3-6　电阻法检查主电路故障

注意:如果测量值不为"0",应逐一检查元器件的装接连线。

表 3-3-3　主电路故障检查步骤

步　　骤	操　作　说　明
(1) 主电路脱离电源	保持 L₁—L₂—L₃ 未接入电源
(2) 断开电动机电源引线	使电动机与主电路分离
(3) 断开 FU₁	使控制电路与主电路分离
(4) 合上 QF	使断路器处于闭合状态
(5) 仅保持 KM₁ 主触点闭合	逐相测量 L₁—U、L₂—V、L₃—W 的电阻值,正常阻值接近于"0"
(6) 仅保持 KM₂ 主触点闭合	重复以上操作

(2) 控制电路故障检查

结合图 3-3-7 进行控制电路的故障检查,步骤如表 3-3-4 所示。

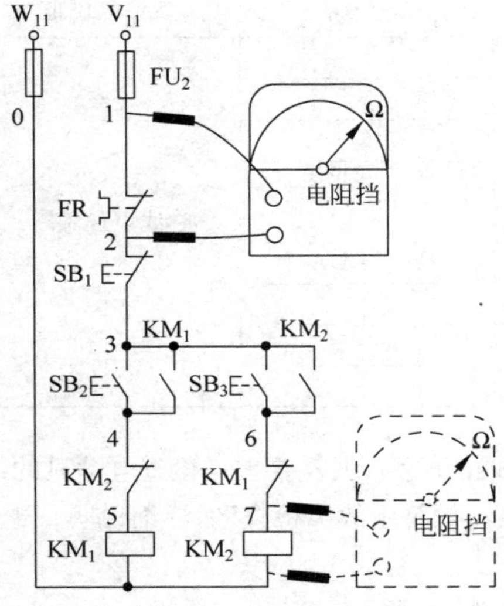

表 3-3-4 控制电路故障检查步骤

步　骤	操 作 说 明
(1) 断开 FU_2	使控制电路与主电路分离
(2) 仅按下 SB_2	逐一测量 1—2、2—3、3—4、4—5、5—0 各标号之间的电阻值; 1—2、2—3、3—4、4—5 之间的正常阻值接近于"0"; 5—0 之间的电阻值等于线圈的直流电阻值
(3) 仅按下 SB_3	逐一测量 1—2、2—3、3—6、6—7、7—0 各标号之间的电阻值; 1—2、2—3、3—6、6—7 之间的正常阻值接近于"0"; 7—0 之间的电阻值等于线圈的直流电阻值

图 3-3-7 电阻法检查控制电路故障

注意:如果某两点之间的电阻值为"∞",说明此处有断点,应逐一检查元器件的装接连线。

2) 电压测量法

(1) 主电路故障检查

在主电路电源接入、电动机脱离电源、QF 闭合、接触器 KM_1 或 KM_2 主触点闭合(二者不可同时闭合)的情况下,结合图 3-3-8 和测量表 3-3-5 中所列各电压值,进行主电路的故障检查。

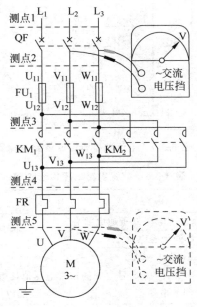

图 3-3-8 电压法检查主电路

表 3-3-5　主电路故障检查测量表

测点 1	L_1-L_2	L_2-L_3	L_3-L_1	参考电压值
电压值				
测点 2	$U_{11}-V_{11}$	$V_{11}-W_{11}$	$W_{11}-U_{11}$	
电压值				
测点 3	$U_{12}-V_{12}$	$V_{12}-W_{12}$	$W_{12}-U_{12}$	
电压值				线电压值
测点 4	$U_{13}-V_{13}$	$V_{13}-W_{13}$	$W_{13}-U_{13}$	
电压值				
测点 5	$U-V$	$V-W$	$W-U$	
电压值				

注意：如果某两点间的测量值不等于线电压，则此处有断点或接触不良，应在断电状态下逐一检查元器件的装接连线。

　　如果表 3-3-2 中测量的电压值均为线电压值(供电线路正常)，就需要重点检查电动机的绕组。有关绕组的检查方法，请查看 3.2.3 小节中有关"电动机绕组故障检查"的详细说明。

　　(2) 控制电路故障检查

　　结合图 3-3-9 进行控制电路的故障检查，步骤如表 3-3-6 所示。

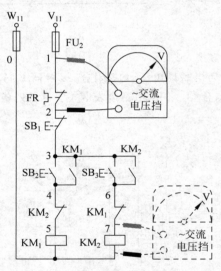

图 3-3-9　电压法检查控制电路故障

表 3-3-6　控制电路故障检查步骤

步　骤	操作说明
(1) 闭合 QF	引入电源，保持主电路处于通电状态
(2) 闭合 FU_2	保持控制电路处于通电状态
(3) 按下 SB_2	逐一测量 $V_{11}-1$、$1-2$、$2-3$、$3-4$、$4-5$、$5-0$、$0-W_{11}$ 各标号之间的电压值； $1-2$、$2-3$、$3-4$、$4-5$ 标号之间的正常电压值接近于"0"； $5-0$ 标号之间的电压值等于 $V_{11}-W_{11}$ 之间的电压
(4) 按下 SB_3	逐一测量 $V_{11}-1$、$1-2$、$2-3$、$3-6$、$6-7$、$7-0$、$0-W_{11}$ 各标号之间的电压值； $1-2$、$2-3$、$3-6$、$6-7$ 标号之间的正常电压值接近于"0"； $7-0$ 标号之间的电压值等于 $V_{11}-W_{11}$ 之间的电压

注意：如果测量值与正常值不符，应检查元器件的装接连线。

电路装接检查完成后,需要认真撰写技能训练报告,对装接过程中存在的问题进行必要的总结。报告格式可参考本节所附"技能训练报告"。

3.3.4　机械电气双重互锁的双向运行控制电路

上述双向运行控制电路在电动机调整运转方向时,需要电动机先停止后,再反向起动。有些机电设备为了缩短辅助工时,需要电动机能够直接进行正反转的切换。

图 3-3-10(b)是一个通过按钮—接触器实现机械电气双重互锁的双向运行控制电路,利用 SB_2 和 SB_3 按钮的复合功能,可实现电动机正反转的直接切换。本电路的机械互锁由按钮的常闭触点实现,电气互锁由接触器的常闭触点完成。由于电路中增加了电位点,因此控制回路的电路标号发生了变化。

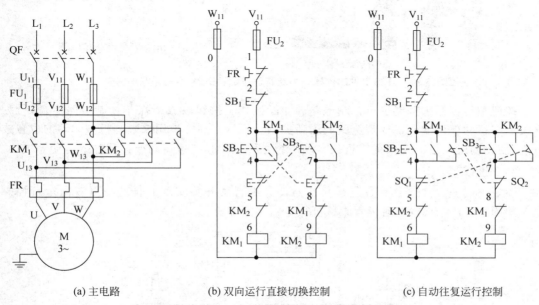

(a) 主电路　　　　(b) 双向运行直接切换控制　　　　(c) 自动往复运行控制

图 3-3-10　电动机双向运行的直接切换控制、自动往复运行控制

双向控制功能相同部分略过,这里仅介绍电动机正反转的直接切换过程。

(1) 正转运行状态,KM_1 主触点闭合

按下反转起动按钮 SB_3

　→正转控制回路中 SB_3 的常闭触点断开,KM_1 线圈失电

　　→反转控制回路中的 KM_1 常闭辅助触点闭合,KM_2 线圈得电

　　　→KM_2 主触点闭合,电动机反向运转

　　　……

(2) 反转运行状态,KM_2 主触点闭合

按下正转起动按钮 SB_2

　→反转控制回路中 SB_2 的常闭触点断开,KM_2 线圈失电

　　→正转控制回路中的 KM_2 常闭辅助触点闭合,KM_1 线圈得电

　　　→KM_1 主触点闭合,电动机正向运转

　　　……

*3.3.5 能自动往复的双向运行控制电路

加工机械中的龙门刨床、导轨磨床等,需要工作台在一定范围内自动往复运行,连续加工工件。利用测量位置的行程开关(限位开关)可实现这一功能要求。

1. 行程开关

行程开关又称限位开关,是位置开关的一种,也是一种常用的小电流主令电器。它能利用机械运动部件的碰撞使其触点动作从而实现电路的通断控制,达到控制目的。

图 3-3-11 是一些常见的行程开关,它的动作过程与按钮类似。图中画出了行程开关的动作示意图,以及在电路图中的文字符号与图形符号。

(a) 外形及动作示意

(b) 文字符号　　SQ

(c) 常开触点

(d) 常闭触点

图 3-3-11　几种常见的行程开关及其动作示意图、文字符号和图形符号

按钮和行程开关都能进行控制电路的通断操作。按钮由人工操作控制电路运行,行程开关依靠运动部件的碰撞实现电路的通断控制。行程开关常被用来限制机械运动的位置或行程,使运动机械按一定位置或行程自动停止、反向运动、变速运动或自动往返运动等。

2. 控制要求

图 3-3-12 是一个工作台往复运行示意图。由行程开关实现的自动往复双向运行控制电路如图 3-3-10(c)所示,请读者尝试进行电路功能分析。

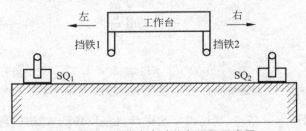

图 3-3-12　工作台自动往复运行示意图

本小节以三相异步电动机的双向运行控制为例,再次详细介绍了电路的组成与功能分析、电路的装接与各种检查方法。这些方法不仅适用于本书所介绍的各种电气控制电路,也同样适用于其他机电设备的电路检查与维修。

📖 思考与练习

3-3-1　在双向运行控制电路中,互锁功能有何作用?

3-3-2　电路的互锁是如何实现的?

3-3-3　可否使用接触器的常开触点实现电路的互锁?

3-3-4　双向运行控制的直接切换是如何防止相间短路的?

3-3-5　行程开关(限位开关)与按钮的功能有何区别?

3-3-6　自动往复运行控制可否由人工操作实现?

附：技能训练报告(参考)

班级_____　姓名_____　学号_____

项目名称	三相异步电动机双向运行电路的装接与调试(3个电路任选)				
课时：_____		实验/实训室：_____		时间：_____	
电路原理图	(画出装接电路的原理图)				
元器件接线图	(画出装接电路的元器件接线图)				
元器件列表	序　号	元器件名称	型号规格	数　量	电路中的作用
回答问题	(参考问题) 1. 简述电路的操作过程。 2. 电路的互锁功能有何作用？并说明互锁功能在电路中是如何实现的。				
装接体会	(针对装接过程中出现的问题,写出发现问题与解决问题的具体过程)				
报告得分		教师签名		批改时间	年　月　日

注：此表可根据具体的操作项目做相应修改。

三相异步电动机
丫-△起动运行
的电气控制

3.4　三相异步电动机丫-△起动运行的电气控制

学习目标

- 了解时间继电器的结构、原理与功能。
- 熟悉组成丫-△起动运行电气控制电路的元器件。
- 掌握丫-△起动运行电气控制电路的工作原理,并能进行电路功能分析。
- 熟悉用万用表进行电路状态检查的方法与操作技能。

学习指导

　　只有正确掌握丫-△起动运行电气控制电路的工作原理,才能有效进行电气控制电路的装接与检查。能够独立实施的电路难度增加一点,理论素养和技能水平就更进一步。

　　在2.4.1小节中有关"电动机的起动"中曾简要介绍过笼型三相异步电动机的"丫-△起动运行"。由于起动过程自动进行,所以在丫-△接线转换过程中需要通过时间继电器进行延时操作。在学习电气控制原理之前,应首先了解时间继电器的相关知识。

3.4.1　时间继电器

时间继电器

　　时间继电器是一种实现延时控制的自动开关装置。当加入(或去掉)输入信号后,其输出电路经过设定时间的延时后,触点状态转换,实现电路的通断控制。时间继电器种类很多,有空气阻尼型、电子型、数字型等。图3-4-1所示的是几种常见的时间继电器。

(a) 空气阻尼型时间继电器　　(b) 电子型时间继电器　　(c) 数字型时间继电器

图 3-4-1　各种时间继电器

　　时间继电器的触点配有通电延时型、断电延时型和瞬动型 3 种类型,用于满足不同的控制需求,使用时需要根据动作要求进行合理的选择。表 3-4-1 给出了时间继电器的文字图形符号及触点功能表。

表 3-4-1　时间继电器的文字图形符号及触点功能表

文字符号	通电延时型			断电延时型			瞬动型
	线圈	常开触点	常闭触点	线圈	常开触点	常闭触点	瞬动触点
KT	▱	⏄	⏄	▰	⏄	⏄	Y
功能		通电延时闭合 断电瞬时断开	通电延时打开 断电瞬时闭合		通电瞬时闭合 断电延时断开	通电瞬时打开 断电延时闭合	

3.4.2　电路组成与功能分析

1. 电路组成

　　Y-△起动运行方式要求电动机定子绕组起动时接成Y形,运行时接成△形。这种起动运行方式适合大中型笼型三相异步电动机的轻载起动,在有效降低电动机起动电流的同时,也大大降低了电动机的起动转矩。

　　起动时,有

$$I_{Yst}=\frac{1}{3}I_{\triangle st},\quad T_{Yst}=\frac{1}{3}T_{\triangle st}$$

　　电路起动时,交流接触器 KM_1、KM_3 的主触点闭合,电动机绕组接成Y形;经过一定的延时后,KM_3 线圈失电、KM_2 线圈得电,电动机绕组改接成△形运行。

　　电路运行中,为防止 KM_2、KM_3 的线圈同时得电,造成三相电源线短路,在 KM_2、KM_3 的线圈回路中设置了互锁功能。

　　图 3-4-2 是三相异步电动机Y-△起动运行电气控制的原理图,电路图中已标注电路标号。

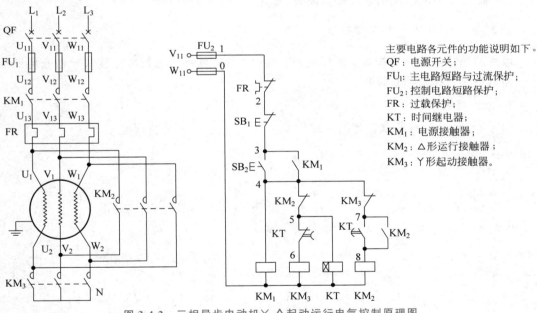

主要电路各元件的功能说明如下。
QF:电源开关;
FU_1:主电路短路与过流保护;
FU_2:控制电路短路保护;
FR:过载保护;
KT:时间继电器;
KM_1:电源接触器;
KM_2:△形运行接触器;
KM_3:Y形起动接触器。

图 3-4-2　三相异步电动机Y-△起动运行电气控制原理图

2. 电路功能分析

1)Y形起动

合上电源开关 QF

　　→按下起动按钮 SB_2

　　　　→接触器 KM_1、KM_3 线圈得电

　　　　　　KM_1、KM_3 主触点闭合,电动机Y形起动

　　　　　　KM_1 辅助常开触点闭合,实现 KM_1 线圈通电自锁

　　　　　　KM_3 辅助常闭触点断开,对△形运行回路进行互锁

　　　　　　KT 线圈得电,起动延时装置

2）△形运行

到达设定延时时间后，KT 延时常闭触点打开

　　→接触器 KM_3 线圈失电

　　　→ $\begin{cases} KM_3 \text{ 主触点断开，Y形起动回路断开} \\ KM_3 \text{ 主辅助常闭触点闭合，对△形运行回路互锁解除} \end{cases}$

　　　　→KT 延时常开触点闭合

　　　　　→ $\begin{cases} KM_2 \text{ 线圈得电、主触点闭合，电动机转入△形运行} \\ KM_2 \text{ 辅助常闭触点断开，对Y形起动回路进行互锁} \end{cases}$

3）停止过程

按下停止按钮 SB_1

　　→ KM_1、KM_2 线圈失电

　　→ $\begin{cases} KM_1、KM_2 \text{ 接触器主触点断开，电动机停止运行} \\ KM_1、KM_2 \text{ 接触器辅助触点断开，解除电路自锁} \\ KM_2 \text{ 辅助常闭触点闭合，解除Y形起动回路互锁} \end{cases}$

3.4.3　电路装接与检查

电路的装接与检查请按如下顺序进行：绘制元件接线图→进行电路接线→检查电路故障→通电试车→撰写项目报告。

1. 元件接线图

图 3-4-2 中的电气控制原理图可转化为图 3-4-3 所示的元件接线图。

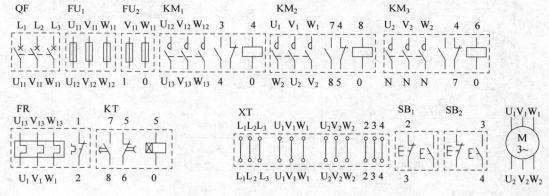

图 3-4-3　Y-△起动运行元件接线图

2. 电路装接

按图 3-4-3 中元件接线图的电路标号，按照从上到下、从左到右的顺序，把不同元件中电路标号相同的点，全部用导线相连，完成电路装接。

3. 电路检查

有关电路检查的内容，前面已有详细说明。如有不明之处，请回看 3.2.3 小节、3.3.3 小节中相关内容。

4. 撰写技能训练报告

电路装接检查完成后,可参照 3.2 节和 3.3 节所附参考格式撰写"技能训练报告"。

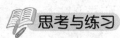
思考与练习

3-4-1　通电延时闭合的常开触点,断电时是否也是延时断开?

3-4-2　在丫-△起动运行控制电路中,互锁功能起何作用?

3-4-3　电路的互锁是如何实现的?

3-4-4　图 3-4-2 中,KM_1、KM_2 的辅助常开触点各起什么作用?

3-4-5　丫形起动由哪两个交流接触器实现?

3-4-6　△形运行由哪两个交流接触器完成?

3.5　三相异步电动机双速运行的电气控制

三相异步电动机
双速起动运行的
电气控制

- 熟悉组成双速运行电气控制电路的元器件。
- 掌握双速运行电气控制电路的工作原理,并能进行电路功能分析。
- 巩固对电气机械双重互锁功能的理解,了解其应用场合。

　　三相异步电动机的双速运行能实现一台电动机根据加工需要以高低两个速度起动或运行。在几乎不增加成本的情况下,通过电路设计即可实现双速运行,由此可见电路设计的重要性。

　　三相异步电动机的双速运行是一种常见的电气控制电路。有些机床设备要求加工时有多个速度运行,以满足不同加工精度的要求,T68 型卧式镗床就有高低两个运行速度要求。

　　在 2.4.2 小节中,已对电动机双速运行的原理作过较为详细的介绍。本节将详细介绍双速运行电气控制功能的实现过程。

3.5.1　电路组成与功能分析

1. 电路组成

　　三相异步电动机双速运行可以手动操作控制,也可以按照时间原则进行顺序控制。图 3-5-1 是一个手动操作的△-丫丫双速运行电气控制原理图。

2. 电路功能说明

　　双速运行电动机的高速起动电流和工作电流远大于低速时的起动电流与运行电流,因此主电路的过载保护应设置两个热继电器。实际使用中,即便需要高速运行,也往往采用先低速起动而后转入高速运行的方式。

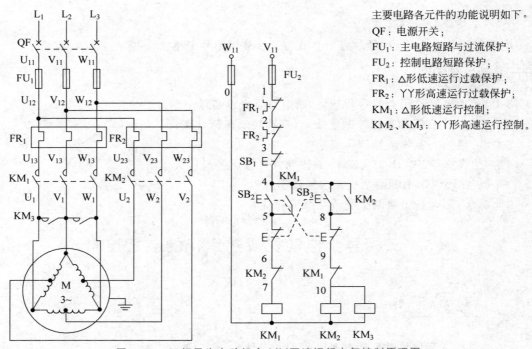

主要电路各元件的功能说明如下。
QF：电源开关；
FU$_1$：主电路短路与过流保护；
FU$_2$：控制电路短路保护；
FR$_1$：△形低速运行过载保护；
FR$_2$：丫丫形高速运行过载保护；
KM$_1$：△形低速运行控制；
KM$_2$、KM$_3$：丫丫形高速运行控制。

图 3-5-1　三相异步电动机△-丫丫双速运行电气控制原理图

在双速运行调整过程中,定子绕组的空间电角度扩大了一倍,为维持变速前后转向相同,在变极对数的同时,将 V 相和 W 相位置互换。

运行中,为防止低高速按钮同时按下或交流接触器触点粘连,造成 L$_1$—L$_2$—L$_3$ 电源线短路,在控制电路中引入了电气机械双重互锁功能,即把低速运行接触器 KM$_1$ 的辅助常闭触点串联接入高速运行控制回路中;把高速运行接触器 KM$_2$ 的辅助常闭触点串联接入低速运行控制回路中,互相钳制。

<blockquote>说明：电气机械双重互锁功能极大地提高了电路运行的安全性。</blockquote>

3. 电路功能分析

1) △形低速运行

(1) 起动过程

合上电源开关 QF

　　→按下低速起动按钮 SB$_2$

　　　　→接触器 KM$_1$ 线圈得电

　　　　　　{ KM$_1$ 的 3 对主触点闭合,电动机低速△形运行

　　　　→{ KM$_1$ 辅助常开触点闭合,实现自锁,保持电动机连续运行

　　　　　　{ KM$_1$ 辅助常闭触点断开,实现高速控制回路互锁

(2) 停止过程

按下停止按钮 SB$_1$

　　→接触器 KM$_1$ 线圈失电

　　　　{ KM$_1$ 的 3 对主触点断开,电动机停止运行

　　→{ 与 SB$_2$ 并联的 KM$_1$ 辅助常开触点断开,解除电路自锁

　　　　{ KM$_1$ 辅助常闭触点闭合,解除高速控制回路互锁

2）ΥΥ形高速运行

（1）起动过程

合上电源开关 QF

 →按下正转起动按钮 SB$_3$

  →接触器 KM$_2$、KM$_3$ 线圈得电

   $\begin{cases} \text{KM}_2\text{、KM}_3 \text{ 主触点闭合，电动机高速ΥΥ形运行} \\ \text{KM}_2 \text{ 辅助常开触点闭合，实现自锁，保持电动机连续运行} \\ \text{KM}_2 \text{ 辅助常闭触点断开，实现低速控制回路互锁} \end{cases}$

（2）停止过程

按下停止按钮 SB$_1$

 →接触器 KM$_2$、KM$_3$ 线圈失电

  $\begin{cases} \text{KM}_2\text{、KM}_3 \text{ 主触点断开，电动机停止运行} \\ \text{与 SB}_3 \text{ 并联的 KM}_2 \text{ 辅助常开触点断开，解除电路自锁} \\ \text{KM}_2 \text{ 辅助常闭触点闭合，解除低速控制回路互锁} \end{cases}$

  →断开电源开关 QF

该电路具有电气机械双重互锁功能，运行中可直接通过按钮进行低高速运行的转换。

3.5.2 元件接线图

前面已对装接与检查过程进行了详细说明，这里不再重复。

图 3-5-1 所示电气原理图电路中，主回路的两个支路标号有所不同，请读者注意。

图 3-5-2 是电路装接的元件接线参考图。读者也可根据自己的元件布局，尝试进行元件接线图的转化与绘制。

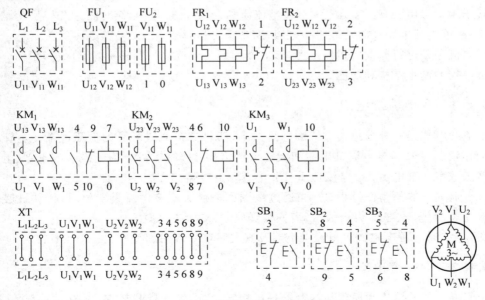

图 3-5-2 △-ΥΥ双速运行元件接线图

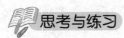

思考与练习

3-5-1 双速运行电路中,为什么要换相才能保证高速时与低速时转向一致?

3-5-2 低速运行主电路的△形接线是如何实现的?

3-5-3 高速运行主电路的丫丫形接线是如何实现的?

3-5-4 电气机械双重互锁分别由什么元件组成?

3-5-5 为什么说电气机械双重互锁提高了电路运行的安全性?

3.6 绕线型异步电动机转子串电阻起动的电气控制

绕线型异步电动机
转子串电阻起动
的电气控制

- 熟悉组成绕线型异步电动机转子串电阻起动电气控制电路的元器件。
- 掌握转子串电阻起动电气控制电路的工作原理,并能进行电路功能分析。
- 熟悉电路状态检查的方法,提高电路装接操作技能。

绕线型异步电动机转子串电阻是起重类机械常用的起动方法。只有正确掌握起动过程的控制要求和工作原理,才能高效地实施电气控制电路的装接与检查。

在2.4.1小节中有关"电动机的起动"部分,曾简要介绍过"绕线型异步电动机的转子串电阻起动"方法。实践中常用的起动方法有两种:①按时间原则,即通过一定的延时,逐步切除转子串接电阻实现正常运行;②按电流原则,在起动过程中,实时测量绕线型转子的起动电流,根据电流大小及时切除串接电阻,实现正常运行。

按电流原则进行起动的控制电路中,需要用到欠电流继电器和中间继电器,下面介绍这两种继电器的基本结构和功能。

3.6.1 欠电流继电器

电流继电器是一种依据通过线圈电流大小,使触点接通或断开的低压电器。电流继电器按动作情况可分为过电流继电器和欠电流继电器;按结构可分为电磁式继电器、电子式继电器和数字式继电器;按电流性质可分为直流继电器和交流继电器。

欠电流继电器的动作过程是:当通过线圈的电流大于欠电流设定值时,衔铁被吸合带动触点动作;小于欠电流设定值时,衔铁被释放,触点状态复原。

图3-6-1是一种电磁式欠电流继电器及其文字符号和图形符号。

3.6.2 中间继电器

中间继电器的结构和原理与接触器基本相同,它的触点数量较多,没有主辅触点之分,只能通过小电流,主要用于在控制电路中传递中间信号。中间继电器按线圈电压性质有直

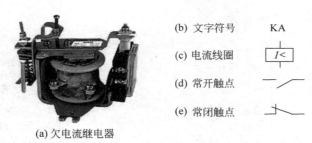

(a) 欠电流继电器

(b) 文字符号　　KA

(c) 电流线圈

(d) 常开触点

(e) 常闭触点

图 3-6-1　欠电流继电器及其文字符号和图形符号

流型和交流型之分。

图 3-6-2 是两种交流中间继电器及其文字符号和图形符号。

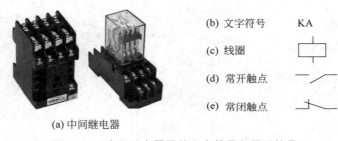

(a) 中间继电器

(b) 文字符号　　KA

(c) 线圈

(d) 常开触点

(e) 常闭触点

图 3-6-2　中间继电器及其文字符号和图形符号

3.6.3　电路组成与功能分析

1. 起动要求

绕线型异步电动机转子串电阻的起动过程起动电流小、起动转矩大,非常适合一些需要重载起动的恒转矩类负载,如卷扬机、龙门吊等大型起重机械。

由于转子绕组可以外接电阻,为使起动效果好、减少电能浪费,往往把转子附加电阻分为 2~4 级,在起动过程中根据转子电流的大小逐级切除。

下面是一个按电流原则分级切除转子附加电阻的电气控制方案。

2. 电路组成

图 3-6-3 是转子绕组串电阻按电流原则起动的电气控制原理图。

3. 电路功能分析

图 3-6-3 中,$KA_1 \sim KA_3$ 为欠电流继电器,它们的线圈串联接入转子附加电阻电路中。这三个欠电流继电器的吸合电流相同,但释放电流形成极差,依次变小。

电动机起动瞬间电流很大,$KA_1 \sim KA_3$ 全部吸合,它们的常闭触点 $KA_1 \sim KA_3$ 都断开,这时 $KM_2 \sim KM_4$ 未动作;$R_1 \sim R_3$ 全部投入。随着转速的升高,起动电流逐渐减少,$KA_1 \sim KA_3$ 逐次释放,常闭触点依次闭合,$KM_2 \sim KM_4$ 逐次动作,转子绕组附加电阻 $R_1 \sim R_3$ 逐级切除,起动过程结束,电动机转入正常运行。

电动机起动时,起动电流从 0 到使三个欠电流继电器 $KA_1 \sim KA_3$ 电磁装置都动作有一定的时差。实际中有可能出现 $KA_1 \sim KA_3$ 的电磁装置尚未动作,$KM_2 \sim KM_4$ 却已全部动

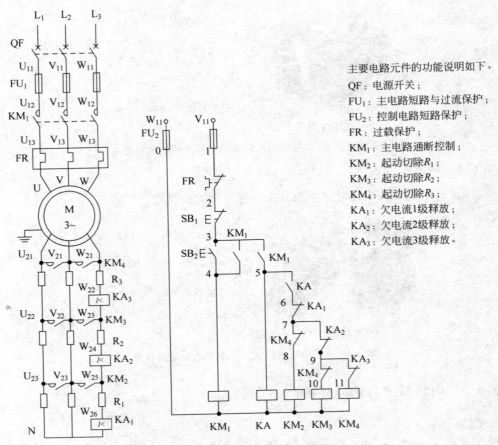

主要电路元件的功能说明如下。

QF：电源开关；

FU_1：主电路短路与过流保护；

FU_2：控制电路短路保护；

FR：过载保护；

KM_1：主电路通断控制；

KM_2：起动切除R_1；

KM_3：起动切除R_2；

KM_4：起动切除R_3；

KA_1：欠电流1级释放；

KA_2：欠电流2级释放；

KA_3：欠电流3级释放。

图 3-6-3　三相异步电动机反接制动电气控制原理图

作、$R_1 \sim R_3$ 全部切除的情况。为避免这种情况的发生，电路中接入了一个中间继电器 KA，利用主电路接触器 KM_1 和中间继电器 KA 从线圈得电到触点闭合的时间差，确保起动开始时转子附加电阻 $R_1 \sim R_3$ 全部投入起动限流过程。

具体起动过程分析如下。

（1）起动运行操作

合上电源开关 QF

　→按下起动按钮 SB_2

　　→接触器 KM_1 线圈得电

　　　$\Big\{$ KM_1 主触点闭合，电动机转子回路串接 $R_1 \sim R_3$ 起动

　　→$\Big\{$ KM_1 辅助常开触点闭合，实现自锁

　　　$\Big\{$ KA 线圈得电，KA 常开触点闭合

　　　　→欠电流 1 级释放，KA_1 闭合，KM_2 线圈得电，切除 R_1

　　　　　→欠电流 2 级释放，KA_2 闭合，KM_3 线圈得电，切除 R_2

　　　　　　→欠电流 3 级释放，KA_3 闭合，KM_4 线圈得电，切除 R_3

　　　　　　　→起动结束，电动机转入正常运行

（2）停止操作

按下停止按钮 SB_1

→ $\begin{cases} KM_1、KA、KM_4 \text{ 线圈失电，电动机停止运行} \\ \text{打开电源开关 QF} \end{cases}$

图 3-6-3 所示电路中，KM_2、KM_3 的线圈回路中串接了 KM_4 的辅助常闭触点。当起动过程结束，$R_1 \sim R_3$ 被全部切除后，KM_2、KM_3 的线圈回路失电，接触器停止工作，可有效节约电能。

3.6.4　元件接线图

绕线式电动机配电盘内外的元器件多，所以元件接线图中通过接线排 XT 的线路比较多。元件参考接线图如图 3-6-4 所示。技能训练报告可参考 3.2 节和 3.3 节所附"技能训练报告"。

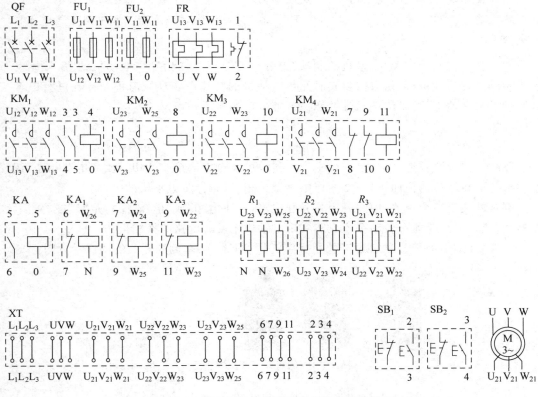

图 3-6-4　转子串电阻起动电路元件参考接线图

📖 **思考与练习**

3-6-1　当电流大于设定值时，欠电流继电器的常闭触点如何动作？

3-6-2　图 3-6-3 中，设置中间继电器 KA 有何作用？

3-6-3　图 3-6-3 中，KM_4 的两对常闭辅助触点有何作用？

三相异步电动机
反接制动的电气
控制

3.7 三相异步电动机反接制动的电气控制

- 熟悉组成电动机反接制动电气控制电路的元器件。
- 掌握反接制动电气控制电路的工作原理,并能进行电路功能分析。
- 进一步巩固电路状态检查的方法与操作技能。

与前面的典型电气控制电路类似,反接制动控制电路是组成大中型机电设备常用的典型电路。能掌握这类典型电路的工作原理,并能进行功能分析,是进行大中型电气设备维修检查的基础。

在 2.4.4 小节中有关"电动机的制动"中曾简要介绍过三相异步电动机的"反接制动"。由于制动过程自动进行,所以需要实时测量电动机的转速以实现及时停车。在进行电气控制原理学习之前,需要了解倒顺开关和速度继电器的相关知识。

3.7.1 倒顺开关

倒顺开关也叫顺逆开关,是一种主令电器。可通过内部接线的切换改变电源相序,实现电动机正反转运行的换向操作,常用作中小型单相、三相异步电动机的控制。

倒顺开关有三个位置,中间一个是分开位置,标注为"0"或"停";往右是"1"或"正";往左是"2"或"反"。仅通过转动手柄就能实现电动机正反转电路的换相操作。

图 3-7-1 是几种常见的倒顺开关及文字符号,图 3-7-2 是倒顺开关的动作示意图。

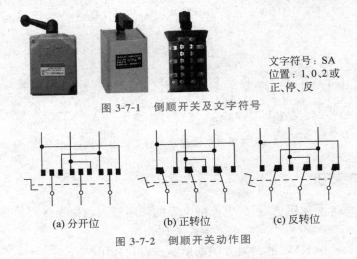

文字符号:SA
位置:1、0、2或
正、停、反

图 3-7-1 倒顺开关及文字符号

(a) 分开位   (b) 正转位   (c) 反转位

图 3-7-2 倒顺开关动作图

3.7.2　速度继电器

速度继电器是用来感测电动机的转速和转向,并根据转速大小实现通断电路的一种低压电器。它的轴与电动机的轴连在一起,当转速接近零时立即发出信号,切断控制电源使电动机停车,防止因反接制动引起的电动机反向运转。图 3-7-3 是速度继电器动作示意图、文字符号及图形符号。

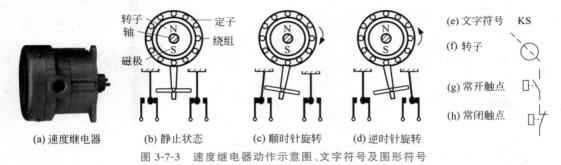

(a) 速度继电器　　(b) 静止状态　　(c) 顺时针旋转　(d) 逆时针旋转

图 3-7-3　速度继电器动作示意图、文字符号及图形符号

3.7.3　电路组成与功能分析

1. 制动要求

反接制动是通过在停车瞬间,定子绕组反相序接入电源,使电动机产生反向转矩以便快速停转的一种制动过程。

反接制动时,电动机定子绕组所产生的旋转磁场与电动机旋转方向相反,制动过程会产生很大的制动电流。既要快速停车,又要适当减少对电动机的冲击,电气控制对反接制动电路的要求如下。

(1) 无论电动机正转还是反转,在停车时施行与原运转方向相反的反接制动。

(2) 反接制动过程中,尽量减少能量消耗。

(3) 反接制动的速度接近于 0 时,应立即停转,以防反向起动。

实际中,当电动机转速低于 120r/min 时,速度继电器的常开触点已经断开,据此即可实现切断制动电源的操作。

2. 电路组成

图 3-7-4 是满足上述要求的三相异步电动机反接制动电气控制原理图。

3. 电路功能分析

(1) 正转起动运行

合上电源开关 QF

倒顺开关 SA 转到正转

　　→按下起动按钮 SB_2

　　　→接触器 KM_1 线圈得电

　　　　　KM_1 主触点闭合,电动机正向起动运行

　　　　→KM_1 辅助常开触点闭合,实现正转自锁

　　　　　KM_1 辅助常闭触点打开,实现反转互锁

　　　　　速度继电器正转,触点 KS^+ 闭合

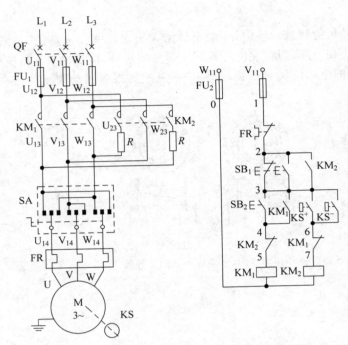

主要电路各元件的功能说明如下。
QF：电源开关；
FU₁：主电路短路与系统保护；
FU₂：控制电路短路保护；
FR：过载保护；
SA：转向运行开关；
KM₁：运行接触器；
KM₂：制动接触器；
KS：制动感测元件。

图 3-7-4　三相异步电动机反接制动电气控制原理图

（2）正转反接制动

按下停止按钮 SB₁（注意深按到底，保证常闭触点闭合）

→ { KM₁ 线圈失电，KM₁ 主触点断开，电动机正向运行电源断开

KM₁ 辅助常闭触点闭合，反转互锁解除

依靠惯性速度继电器正转触点 KS⁺ 仍保持闭合 }

→KM₂ 线圈得电

→ { KM₂ 主触点闭合，电动机反接制动

KM₂ 辅助常开触点闭合，实现反向自锁

KM₂ 辅助常闭触点打开，实现正向互锁 }

→当速度降低至 120r/min，速度继电器正转触点 KS⁺ 断开

→KM₂ 线圈失电

→KM₂ 主触点断开，电动机反向制动电源断开

→电动机停止运行

（3）反转起动运行

合上电源开关 QF

倒顺开关 SA 转到反转

……

其余过程请读者尝试自己分析。

提示：按下停止按钮 SB₁ 时，要保证其常开触点闭合才会实现反接制动功能。

3.7.4　元件接线图

元件参考接线图如图 3-7-5 所示。技能训练报告可参考 3.2 节和 3.3 节所附"技能训练报告"。

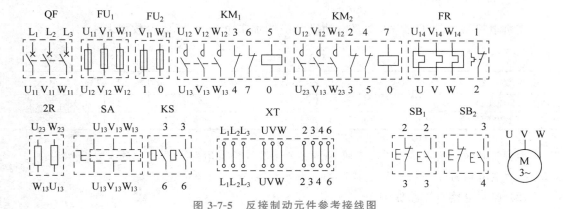

图 3-7-5　反接制动元件参考接线图

**思考与练习**

3-7-1　具有反接制动功能的电气控制电路,在操作停止按钮时有何特殊要求?

3-7-2　电动机反向运行时,反接制动是正转状态还是反转状态?

3-7-3　反接制动时,速度继电器的两对常开触点起何作用?

3-7-4　为什么当电动机转速低于 120r/min 时,速度继电器的常开触点需要断开?

3.8　电动机顺序运行电气控制电路的设计与实施

学 习 目 标

- 了解电气控制电路设计的一般方法,能根据控制要求初步设计简单的电气原理图。
- 熟悉电气元器件选择的一般方法。
- 能根据电气原理图进行元件接线图的设计、转化与绘制。
- 能根据运行要求选择元器件。
- 能进行电气控制电路的装接与调试。
- 能进行常见故障的检查与排除。

学 习 指 导

前面所学的典型电气控制电路就像积木块一样,可组成复杂的、具有综合功能的电路。如果我们能通过改进典型控制电路实现新的功能,进行电气控制电路的设计,解决实际问题的能力将得到极大的提升。

电动机顺序运行电气
控制电路的设计

在将来的实际工作中,会遇到对机电设备进行自动化改造或对原有设备进行技术革新的问题。能根据常用的典型控制电路,通过增加部分功能或改变电路设计实现新的功能,是电气工作人员的必要技能。本节从一个工程问题开始,尝试进行电气控制电路的设计与实施。

3.8.1　工程问题

某机电设备中的 M_1 为冷却泵电动机,M_2 为加工电动机,具体参数如表 3-8-1 所示。

表 3-8-1　参数表

编号	型　号	P_N/kW	U_N/V	I_N/A	接线	$n_N/(r/min)$	η_n	$\cos\varphi$	T_{st}/T_N	T_m/T_N	I_{st}/I_N
M_1	Y2-801-2	0.75	380	1.83	Y	2845	0.75	0.83	2.2	2.3	6.1
M_2	Y2-200L1-2	30	380	55.5	△	2940	91.2	0.9	2.0	2.3	7.5

为保证机电设备正常工作,按如下要求设计电气控制电路并具体实施。

(1) 主电路有短路保护与过载保护。

(2) 控制电路有短路保护。

(3) 顺序起动:M_1 起动后 M_2 才能起动;倒序停车:M_2 停车后 M_1 才能停车。

(4) 任何一台电动机过载保护起动后,两台电动机同时停止工作。

(5) 选择电路元器件的型号规格。

(6) 设计电气控制原理图。

(7) 设计元器件布局。

(8) 绘制元器件接线图。

3.8.2　电气控制原理图设计

1. 设计原则

电气控制系统最主要的三个图为:电气控制原理图、电气元器件布置图、电气元器件接线图。

电气控制原理图表明电气设备的工作原理及各电气元器件之间的作用和相互关系;电气元器件布置图显示各电器设备的实际安装位置;电气元器件接线图提供各元件之间的详细连接信息,包括线缆种类和敷设方式等。以上三图是分析电路功能、进行设备安装、实施电气连线,检查排除故障的重要依据。

电气控制原理图设计应遵循以下原则。

(1) 体现电气设备的工作原理,表明各电气元器件之间的作用和相互关系。

(2) 主电路与控制电路(辅助电路)分开,主电路在左,控制电路在右。

(3) 各电气元器件以图形符号辅以文字符号标出。

(4) 同一电气元器件按功能分解为不同部分,不同部分使用同一个文字符号。

(5) 电气元器件图形符号以国标 GB 4728.1—2018 标准绘制。

(6) 各电气元器件的触点状态,都按未受外力作用时的触点状态画出。

(7) 电路中有直接电联系的交叉点以"•"表示。

2. 设计思路

本项目设计的重点是实现两台电动机的顺序起动和倒序停车。

(1) 顺序起动：把 M_2 的起动按钮置于 M_1 的起动按钮之后即可实现。

(2) 倒序停车：M_2 起动后，利用控制 M_2 的接触器常开触点闭锁 M_1 的停止按钮。

3. 电气控制原理图设计

满足以上要求的两台三相异步电动机顺序运行的电气控制原理如图 3-8-1 所示。

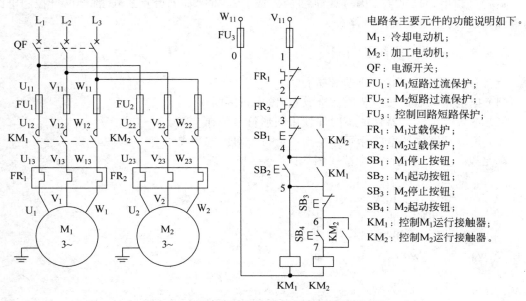

电路各主要元件的功能说明如下。

M_1：冷却电动机；

M_2：加工电动机；

QF：电源开关；

FU_1：M_1 短路过流保护；

FU_2：M_2 短路过流保护；

FU_3：控制回路短路保护；

FR_1：M_1 过载保护；

FR_2：M_2 过载保护；

SB_1：M_1 停止按钮；

SB_2：M_1 起动按钮；

SB_3：M_2 停止按钮；

SB_4：M_2 起动按钮；

KM_1：控制 M_1 运行接触器；

KM_2：控制 M_2 运行接触器。

图 3-8-1　两台电动机顺序运行电气控制原理图

4. 电路功能说明

(1) 起动过程

合上电源开关 QF

① 按下冷却泵电动机 M_1 起动按钮 SB_2

接触器 KM_1 线圈得电

→ $\begin{cases} KM_1 \text{ 主触点闭合,冷却泵电动机 } M_1 \text{ 起动运行} \\ KM_1 \text{ 辅助常开触点闭合,实现 } KM_1 \text{ 线圈自锁} \end{cases}$

② 按下加工电动机 M_2 起动按钮 SB_4

接触器 KM_2 线圈得电

→ $\begin{cases} KM_2 \text{ 主触点闭合,加工电动机 } M_2 \text{ 起动运行} \\ KM_2 \text{ 辅助常开触点闭合} \end{cases}$

→ $\begin{cases} \text{实现 } KM_2 \text{ 线圈自锁} \\ \text{实现 } SB_1 \text{ 按钮互锁} \end{cases}$

(2) 停车过程

① 按顺序操作

按下 M_2 停止按钮 SB_3

　　→KM_2 线圈失电,KM_2 主触点打开,电动机 M_2 停车

　　　　→按下 M_1 停止按钮 SB_1

　　　　　　→KM_1 线圈失电,KM_1 主触点打开,电动机 M_1 停车

说明：M_2 的起动按钮 SB_4 置于 M_1 的起动按钮 SB_2 之后,满足起动要求。

② 不按顺序操作

按下 M_1 停止按钮 SB_1

　　→由于 SB_1 两端被 KM_2 常开触点锁住,操作无效

(3)过载保护动作

运行过程中,M_1 或 M_2 因过载导致 FR_1 或 FR_2 常闭辅助触点断开,都会断开控制电路的电源,致使两台电动机同时停车。

3.8.3　元件接线图设计

元件接线图设计可按以下步骤进行。

(1)把电路元器件按照装配要求放置,做出布局图。

(2)把各个电气元器件的不同部件用图形符号画在一起。

(3)把原理图中的电路标号标注到图形符号对应的触点上。

满足以上要求的元件参考接线图如图 3-8-2 所示。

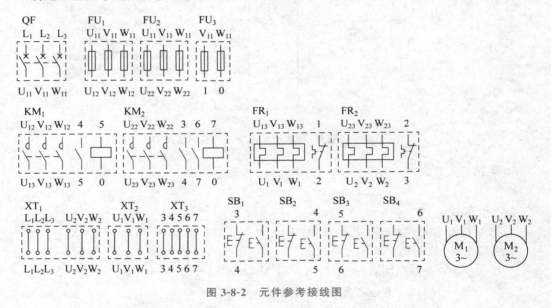

图 3-8-2　元件参考接线图

3.8.4　电气元器件选择

电气元器件的选择方法在 3.1 节中已有简要介绍。如果从事产品设计,详细的选择方案需要查看专业资料和元器件技术手册,这里就初学者的常见问题提出如下建议。

(1)熟知机电设备对电气元器件的技术要求,如工作性质,功率、电压、电流等关键参数。

(2)在满足技术要求(保证质量)的前提下,选择价格相对便宜的电气元器件。

(3)尽量选择同一品牌的电气元器件,便于元件之间的互相配合与更换。

(4)对需要参数整定的设备,如断路器、熔断器等,需要进行相关试验。

(5)如果是成批生产,需保证一定数量的备用电气元器件。

按照上述原则,以国产品牌德力西为例,选择满足电气控制要求的电路元器件如表 3-8-2 所示。

表 3-8-2　顺序运行电气控制电路元器件表

序号	元器件/作用	数量	型号	图样	主要技术参数	电路技术要求
1	QF 低压断路器 电源总开关	1	DZ47s-4P/63A		额定电压：400V 额定电流：63A 短路分断能力：6000A	工作电压：380V 负载电流：56.4A
2	FU$_1$ 熔断器 1 M$_1$ 短路保护	3	RS0-100		额定电压：500V 额定电流：100A 短路分断能力：50000A	工作电压：380V 负载电流：55.5A
3	FU$_2$ 熔断器 2 熔芯 2 M$_2$ 短路保护	1 3	RT18-3P/32 RT-18-6		额定电压：380V 额定电流：6A 短路分断能力：100000A	工作电压：380V 负载电流：1.83A
4	FU$_3$ 熔断器 3 熔芯 3 控制回路短路保护	1 2	RT18-2P/32 RT-18-6		额定电压：380V 额定电流：6A 短路分断能力：100000A	工作电压：380V 负载电流：3A
5	KM$_1$ 交流接触器 1 M$_1$ 通断控制	1	CDC1-9 注：定制辅助触点		额定电压：690V 额定电流：9A 线圈电压：36/220/380V	工作电压：380V 负载电流：1.83A
6	KM$_2$ 交流接触器 2 M$_2$ 通断控制	1	CJX2-65		额定电压：690V 额定电流：65A 线圈电压：24/36/48/110/127/220/380V	工作电压：380V 负载电流：55.5A
7	FR$_1$ 热继电器 1 M$_1$ 过载控制	1	JRS1D-25(2.5)		额定电压：660V 壳架电流：25A 整定电流范围：1.6～2.5A	工作电压：380V 负载电流：1.83A
8	FR$_2$ 热继电器 2 M$_2$ 过载控制	1	JRS1D-93(65)		额定电压：380V 壳架电流：93A 整定电流范围：48～65A	工作电压：380V 负载电流：55.5A
9	SB$_1$～SB$_4$ 按钮 起动停止操作	4	LAY7-11BN 红帽 2 个 绿帽 2 个		额定电压：600V 额定电流：10A	工作电压：380V 负载电流：3A

续表

序号	元器件/作用	数量	型号	图样	主要技术参数	电路技术要求
10	XT_1 接线端子排1 M_1 电源接线	1	TB-1505 5 节 1 组		额定电压：600V 额定电流：15A	工作电压：380V 负载电流：3A
11	XT_2 接线端子排2 M_2 电源接线	2	TC-6004 4 节 1 组		额定电压：600V 额定电流：60A	工作电压：380V 负载电流：3A
12	XT_3 接线端子排3 控制回路接线	2	TB-1505 5 节 1 组		额定电压：600V 额定电流：15A	工作电压：380V 负载电流：3A

3.8.5 电路装接与调试

(1) 按图 3-8-2 进行电气元器件布局,并按照元件接线图的电路标号,把不同元件中电路标号相同的点,逐一用导线按走线规范连接,完成电路接线。

(2) 装接完成后,进行短路检查,确认电路无故障后可通电试车。

(3) 如不能正常运行可进行故障检查,直到解决问题。有关电路检查的内容,3.2.3 小节和 3.3.3 小节中有详细说明。

(4) 电路装接完成后,认真撰写技能训练报告,对装接过程中存在的问题进行必要的总结。报告格式可参考 3.2 节和 3.3 节所附"技能训练报告"。

学习中如能完成上述工程项目的设计与实施,进行电路的原理分析、功能说明与绘制元件接线图,并能独立完成电路的装接和故障检查,将为工作后进行复杂的机电设备电路分析和电气维修奠定坚实基础。

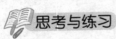 思考与练习

3-8-1 图 3-8-1 中,起动按钮 SB_3 为什么置于 SB_2 之后?

3-8-2 图 3-8-1 中,KM_2 的辅助常开触点为什么并联在 SB_1 两端?

3-8-3 表 3-8-2 中,熔断器1与熔断器2为何不选用同种型号的熔断器?

3-8-4 表 3-8-2 中,为什么 FU_1 的额定电流大于 QF 的额定电流?

3-8-5 接触器1和接触器2的线圈为什么有多个电压?

3-8-6 查询产品手册,说明交流接触器 KM_1(CDC1-9)为什么要定制辅助触点?

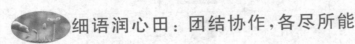 细语润心田：团结协作,各尽所能

一个设计合理的、具有一定功能的电路,还需要通过电路元器件的选择、布局、安装、接线、调试才能实现其功能。

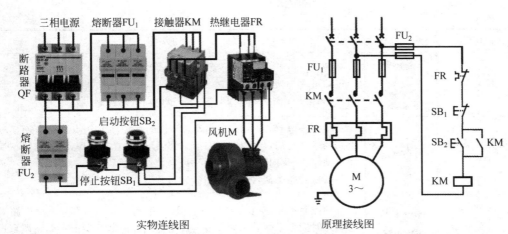

实物连线图　　　　　　　　原理接线图

　　一个电气产品从电路图设计到产品实物成形的每个阶段,都有其操作规范和实施细则,每道工序无不渗透着技术人员规范操作、严谨细致、一丝不苟的匠心。

　　在设计电路时,电器元件图形符号要按《电气简图用图形符号》(GB/T 4728.1—2018)标准绘制;进行电路装接时,还需按照《电气装置安装工程电气设备交接试验标准》(GB 50150—2006)进行。

　　严格执行电气产品设计和安装的国家标准是产品优良合格的保证。惟其如此,才能保证送到客户手上的产品优良合格,好用耐用。

　　执行标准,规范操作,是电气技术人员的基本职业素养。

　　严谨细致,方法正确,是练就过硬技能的有效途径。

　　勤学苦练,一丝不苟,是练精技能,铸就匠心的必然过程。

　　作为一名自动化类专业的学生,需要在学习期间熟知各种常用低压电器元件的结构和功能,能根据电路原理图绘制元器件接线图,在此基础上进行电路的装接与检查,保证电路的正常运行;作为一名未来的电气技术工作者,要能够根据现有知识和技能,举一反三,触类旁通,尽快适应工作岗位机电设备维护维修的职业要求。

本 章 小 结

　　本章介绍了 11 个低压电气元器件和 7 个典型电气控制电路,希望读者能根据自身情况实施 3～4 个典型电气控制电路的装接,并能进行电路故障检查。

1. 常用低压电器

低压电器	图　样	主　要　功　能
按钮		一种主令电器,用于接通或断开控制电路,进而控制电动机或其他电气设备的运行。 复合按钮通常有两对触点,一对常开、一对常闭。 常开触点用作起动按钮,常闭触点用作停止按钮

续表

低压电器	图样	主要功能
倒顺开关		一种主令电器,有三个位置。 可通过内部接线的切换改变电源相序,实现电动机正反转运行的换向操作,常用作中小型单相、三相异步电动机的控制
行程开关 限位开关		一种主令电器,它利用机械运动部件的碰撞使其触点动作从而实现电路的通断控制,常被用来限制机械运动的位置或行程,使运动机械实现自动停止、反向运动、变速运动或自动往返运动等。 与按钮功能类似,按钮由人操作,行程开关由机械装置操作
低压断路器		一种控制和分配电能的开关电器,可手动接通和分断电路;电路发生短路时能自动切除故障电路;有附加功能的断路器能在电路严重过载、欠压或漏电等情况下,及时切断电路,保障人员和设备的安全
熔断器		一种短路和过电流发生时常用的电路保护器件,根据电流的热效应原理,当通过熔体的电流超过其额定值时,以本身产生的热量使熔体熔断,进而断开电路,实现电路的短路和过流保护
交流接触器		一种利用电磁铁操作,频繁通断交直流电路及大容量控制电路的自动切换装置,主要用于电动机、电焊机、电热设备等电路的通断控制。 主触点用于主电路,辅助触点仅用于控制回路。 线圈电压有直流型和交流型之分,并有多个电压等级可供选择
热继电器		热继电器利用电流经过导体时的热效应原理,使有不同膨胀系数的双金属片发生形变;当形变达到一定距离时,连杆机构带动开关动作;该开关可使控制电路断开、接触器线圈失电,进而断开主电路,实现电动机的过载保护
时间继电器		一种实现延时控制的自动开关装置,其输出电路经过设定时间的延时后,触点状态转换。 触点有3种类型:通电延时型、断电延时型、瞬动型等,要根据动作要求进行合理的选择
中间继电器		结构和原理与接触器基本相同。 触点数量较多,没有主辅触点之分,只能通过小电流,主要用于在控制电路中传递中间信号。 线圈电压有直流型和交流型之分
欠电流继电器		一种依据线圈电流大小,使触点接通或断开的低压电器。 动作过程:通过线圈的电流大于欠电流设定值时,衔铁被吸合带动触点动作;小于欠电流设定值时,衔铁被释放触点状态复原
速度继电器		一种感测电动机转速,并根据转速大小实现通断电路的一种低压电器,它的轴与电动机的轴连在一起。 在控制电路中的作用是,当转速接近零时立即发出信号,切断控制电源使电动机停车,防止因反接制动引起的电动机反向运转

2. 典型电气控制电路

典型电气控制电路	实现功能、重点难点
单向运行控制	实现功能：电动机只沿一个方向旋转，如抽水泵、大型风机、各种磨床等。 学习内容：功能分析，简单电路的装接与检查。 重点难点：自锁功能的构成与实现；点动，两地控制
双向运行控制	实现功能：通过电动机实现设备的上下、左右、前后运行。 学习内容：功能分析，基本电路的装接与检查。 重点难点：互锁功能的构成与实现；直接正反转，自动往复
Y-△起动运行控制	实现功能：电动机定子绕组起动时接成Y形，运行时接成△形，适合大中型笼型三相异步电动机的轻载起动。 学习内容：功能分析，较复杂电路的装接与检查。 重点难点：互锁功能；接线转换的实现方式
双速起动运行控制	实现功能：满足机电设备多速运行要求。 学习内容：功能分析，较复杂电路的装接与检查。 重点难点：功能分析，双速的实现过程，调速时需要换相
转子串电阻起动控制（绕线型电动机专用）	实现功能：起动电流小、起动转矩大，适合重载起动的恒转矩类负载，如卷扬机、龙门吊等大型起重机械。 学习内容：功能分析，复杂电路的装接与检查。 重点难点：功能分析，制动的操作方法，制动的实现过程
反接制动控制	实现功能：在停车瞬间定子绕组反相序接入电源，使电动机产生反向转矩，实现电动机快速停转。 学习内容：功能分析，尝试绘制元件接线图，电路装接与检查。 重点难点：功能分析，制动的操作方法，制动的实现过程
顺序运行设计与实施	实现功能：两台电动机顺序起动，倒序停车。 学习内容：原理图设计，绘制元件接线图，电路装接与检查。 重点难点：电路需求分析，控制功能实现，电气控制原理图设计，元件接线图绘制，电路装接与检查

习　题　3

3-1　电动机主电路中已装有熔断器，为什么还要装热继电器？

3-2　三相异步电动机起动电流很大，为什么不能引发热继电器动作。

3-3　习题 3-3 图是初学者在电路装接中常见的接线错误，请指出错误所在及故障现象。

3-4　接触器控制电路的欠压保护和失压保护是如何实现的？

3-5　在电动机双向运行直接切换控制电路中，既然已有按钮进行机械互锁，为何还要设置接触器进行电气互锁？

3-6　习题 3-6 图是电动机双向运行电路装接中常见的接线错误，请指出错误所在及故障现象。

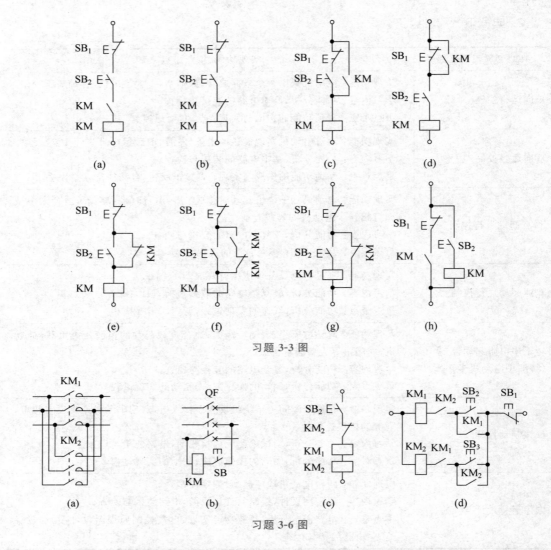

习题 3-3 图

习题 3-6 图

3-7 习题 3-7 图是按时间起动的绕线型电动机转子串电阻的电气控制电路,请对主电路和控制电路进行标号,并尝试绘制元件接线图。

3-8 反接制动控制电路是如何防止电动机制动过程发生反转的?

*3-9 尝试进行一个电气控制电路的设计。两台电动机技术参数见习题 3-9 表。

习题 3-9 表 参数表

编号	型 号	P_N/kW	U_N/V	I_N/A	接线	$n_N/(r/min)$	T_{st}/T_N	T_m/T_N	I_{st}/I_N
M_1	Y801-2	0.75	380	1.6	Y	2825	2.2	2.3	6.1
M_2	Y180M-2	22	380	45	△	2940	2.0	2.3	7.5

为保证设备正常工作,按以下要求设计电动机的电气控制电路。

(1) 主电路有短路保护与过载保护;控制电路有短路保护。

(2) 控制要求:M_1 起动 5s 后 M_2 才能起动,按下停止按钮后,两台电动机同时停车;

任意一台电动机过载保护动作后,两台电动机同时停车。

(3)设计电气控制原理图。

(4)选择电路元件的型号规格。

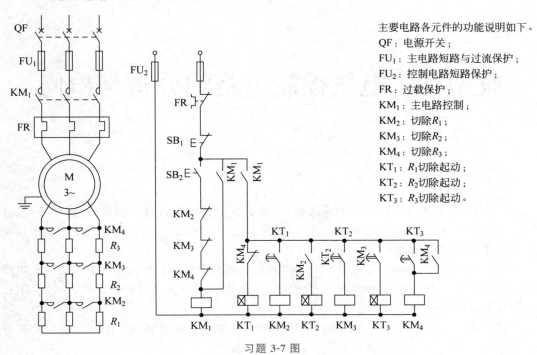

主要电路各元件的功能说明如下。

QF:电源开关;

FU_1:主电路短路与过流保护;

FU_2:控制电路短路保护;

FR:过载保护;

KM_1:主电路控制;

KM_2:切除R_1;

KM_3:切除R_2;

KM_4:切除R_3;

KT_1:R_1切除起动;

KT_2:R_2切除起动;

KT_3:R_3切除起动。

习题 3-7 图

第4章

典型机床电气控制电路的分析与检修

各种机电设备中都有电气控制系统存在,如机床、电梯、办公自动化设备、高铁动车、自动化生产线等。这些机电设备结构不同、功能各异,但都是通过电气控制系统驱动机电设备运行,实现其特定功能的。

机械加工车间的各类机床是非常典型的机电一体化设备。在生产车间有大量的机电设备,将它们接入交流电源后,通过按一定方式连接的电气元件控制电动机运行,带动机电设备运转,加工出各种类型的产品。

在加工生产过程中,机电设备运行出现故障不可避免。掌握电气故障的判断与检修方法是电气工程技术人员的基本技能。

在机电设备检修中,由继电接触器组成的控制电路是一大类。这类设备的检修方法与含有芯片组成的数字设备有很大的不同,它是所有机电设备检修的基础。

机电设备种类繁多,电气控制系统成千上万。本章通过对 CA6140 型卧式车床、T68 型卧式镗床、X62W 型卧式万能铣床 3 个典型机床电气控制系统进行功能分析与检修案例的详细说明,由简到繁、由易到难,循序渐进地介绍机电设备常见电气故障的检修方法。

本课程偏重机电设备的电气故障检修,如对机械部分感兴趣,请参阅其他资料学习。

4.1 CA6140 型卧式车床电气控制系统的分析与检修

- 了解 CA6140 型卧式车床的机械结构与加工功能。
- 熟悉 CA6140 型卧式车床电气控制系统的电路组成、功能分析及操作方法。
- 掌握 CA6140 型卧式车床电气控制系统典型故障的判断与检修方法。

了解 CA6140 型卧式车床的机械结构和动作方式有助于对电气控制系统原理的学习,

通过对车床电气控制系统的分析与故障排除,掌握一般机电设备的电气故障检修方法。

4.1.1　CA6140 型卧式车床的结构与应用

CA6140 型卧式
车床电路
主要功能

1. 车床简介

车床(Lathe)是一种应用广泛的金属切削机床,能用于车削外圆、内圆、端面,加工螺纹、螺杆,装上钻头或铰刀,还可进行钻孔和铰孔等作业。

车床的种类繁多,按加工方式可分为普通车床和数控车床。普通车床又可分为卧式车床、立式车床、落地车床、仪表车床等。随着数字技术的发展,数控车床所占市场份额越来越大。

如图 4-1-1 所示是几种常见的车床。

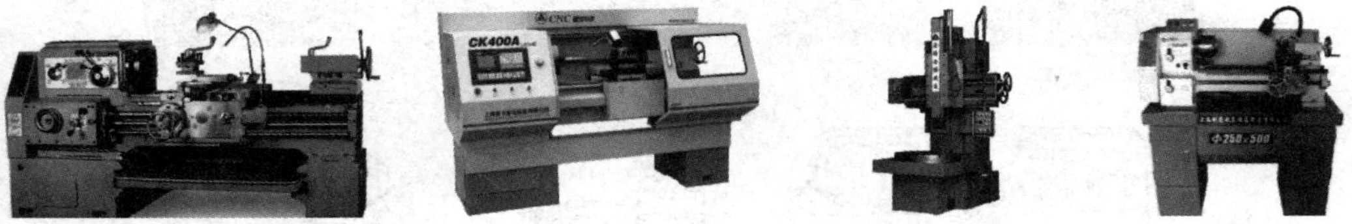

(a) 普通卧式车床　　(b) 数控卧式车床　　(c) 立式车床　　(d) 仪表车床

图 4-1-1　几种常见的车床

在当下所有车床中,普通卧式车床应用最为广泛。其加工等级可达 IT8～IT7,表面粗糙度 Ra 可达 $1.6\mu m$。

本节以用途广泛的 CA6140 型卧式车床为例,介绍车床的结构、电路组成、原理以及车床电气控制系统的故障检修方法。通过对车床电路的分析与故障排除,掌握一般机电设备的电气故障检修方法。

2. CA6140 型卧式车床的结构与功能

1) 型号含义

CA6140 型卧式车床的型号含义如下。

C:机床分类代号,表示车床(取自汉语拼音"车"第一个字母,同理,T—镗车,X—铣床,Z—钻床,M—磨床)。

A:结构特性代号,表示 C6140 的改进型。

6:组代号(落地及卧式车床组)。

1:系代号(卧式车床系)。

40:加工最大回转直径为 400mm。

以上文字符号根据国家标准《金属切削机床型号编制方法》(GB/T 15375—2008)的相关规定进行编制。

2) 基本结构

CA6140 型卧式车床的结构如图 4-1-2 所示。它主要由床身、主轴箱、进给箱、溜板箱、刀架、丝杠、光杠、尾座等部分组成。

CA6140 型卧式车床主要部件的作用如表 4-1-1 所示。

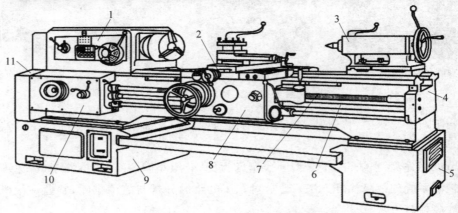

图 4-1-2　CA6140 型卧式车床外形结构图

1—主轴箱；2—刀架；3—尾座；4—床身；5、9—床腿；

6—光杠；7—丝杠；8—溜板箱；10—进给箱；11—挂轮

表 4-1-1　CA6140 型卧式车床主要部件的作用

部件名称	主要作用
床身	用于支承安装车床部件,床身有 4 条平行导轨,供刀架和尾架移动
主轴箱或床头箱	由箱体、主轴、传动轴、轴上传动件、变速操纵结构等组成。 主轴通过前面的卡盘或花盘带动工件完成旋转做主运动,也可安装前顶尖,通过拨盘带动工件旋转
进给箱或走刀箱	箱中装有进给运动变速机构,通过调整变速机构,可得到所需的进给量或螺距,通过光杠或丝杠将运动传至刀架进行切削
光杠、丝杠	用于连接进给箱与溜板箱,并把进给的运动和动力传给溜板箱,使溜板箱获得纵向直线运动。 丝杠专为车削各种螺纹设置,在进行工件表面车削时,仅用光杠
溜板箱或拖板箱	车床进给运动的操纵箱,可将光杠和丝杠的旋转运动变成刀架的直线运动。 通过光杠传动,实现刀架的纵向进给运动、横向进给运动和快速移动。 通过丝杠带动刀架纵向直线运动,可车削螺纹

续表

部 件 名 称	主 要 作 用
刀架	用于装夹刀具,刀架安装在小溜板上,小溜板安装在中溜板上。 纵溜板可沿床身导轨做纵向移动,用来车削外圆、镗孔等。 中溜板相对于纵溜板做横向移动,可带动刀具加工端面、切断、切槽等。 小溜板可相对中溜板改变角度后带动刀具斜进给,用来车削内外短锥面
尾座或尾架	尾座安装在床身导轨上,其套筒中的锥孔可安装顶尖以支承较长工件的一端,也可安装钻头、铰刀等刀具,利用套筒的轴向移动完成纵向进给运动来加工内孔。 尾座的纵向装置可沿床身导轨进行调整,以适应不同长度工件的加工需要

3）运动形式及控制要求

在加工工件的过程中,CA6140 型卧式车床的主轴运动形式为主运动、进给运动和辅助运动,详细说明见表 4-1-2 中的运动形式与控制方案。

表 4-1-2　CA6140 型卧式车床的运动形式与控制方案

运动种类	运动形式	控 制 方 案
主运动	主轴通过卡盘或顶尖带动工件旋转	（1）主轴电动机 M_1 选用三相笼型异步电动机,可直接起动,由按钮操作。 （2）主轴电动机 M_1 通过 V 形带将动力传给主轴箱,采用齿轮箱进行有级变速。 （3）主轴电动机 M_1 仅能正向旋转。在车削螺纹时,为避免乱扣,需要反转退刀后再纵向进刀继续加工,可通过离合器实现
进给运动	刀架带动刀具做纵向或横向直线运动	主轴电动机 M_1 的动力通过挂轮架传递给进给箱,实现刀具的纵向或横向进给
辅助运动	刀架快速移动	由快速移动电动机 M_3 点动运行进行拖动
	尾座纵向移动	通过手动操作控制
	工件加紧放松	通过手动操作控制
	加工过程冷却	由冷却泵电动机 M_2 对工件进行冷却。 主轴电动机 M_1 起动后,才能起动冷却泵电动机 M_2；M_1 停止后,M_2 应立即停止

3. CA6140 型卧式车床的主要技术参数

CA6140 型卧式车床的主要技术参数如表 4-1-3 所示。

表 4-1-3　CA6140 型卧式车床的主要技术参数

内　　容	参　　数
床身最大工件回转直径/mm	400
刀架最大工件回转直径/mm	210
最大工件长度/mm	1000
最大切削长度/mm	650/900/1400/1900
最大横向行程/mm	260

续表

内　容		参　数
最大回转角度/(°)		±60
主轴孔径/mm		48
主轴转速/(r/min)	正转(24级)	10～1400
	反转(12级)	14～1580
刀架纵向或横向进给量		各64种
刀架纵向快速移动速度/(m/min)		4
车削螺纹范围	米制螺纹(44种)/mm	1～192
	英制螺纹(20种)/(牙/in)	2～24
	模数螺纹(39种)/mm	0.25～0.48mm
	经节螺纹(39种)/(牙/in)	1～96
主电动机 M_1	功率/kW	7.5
	转速/(r/min)	1450
冷却泵电动机 M_2	功率/kW	90
	转速/(r/min)	1360
快速移动电动机 M_3	功率/kW	250
	转速/(r/min)	2800

4. CA6140 型卧式车床的基本操作

在充分了解 CA6140 型卧式车床基本结构的基础上,可参照表 4-1-4 尝试进行 CA6140 型卧式车床的基本操作。只有通过反复操作,才能熟悉其加工功能。

表 4-1-4　CA6140 型卧式车床的基本操作

操 作 内 容	操作方法与结果
开车前检查	打开电气控制箱门,目测各电气元器件是否完好,接线有无脱落、松动。 关好电气控制箱门,合上挂轮架(位置开关 SQ_1),检查各电动机是否正常,各操作开关、手柄是否在适当位置
接通电源	将操作钥匙插入钥匙开关 SB 并旋转至断开位置,合上电源开关 QF,此时电源指示灯 HL 应该点亮;合上照明开关 SA_2 后,机床照明灯 EL 应该点亮
起动主轴电动机 M_1	按下起动按钮 SB_2,观察电动机 M_1 运转是否正常。 搬动主轴正(反)向操作手柄,主轴应能立即进行正(反)转,并通过卡盘带动工件旋转。 按下停车按钮 SB_1,主轴电动机 M_1 停止运转
起动冷却泵电动机 M_2	在主轴电动机 M_1 起动的前提下,把开关 SA_1 旋转至位置"1",冷却泵电动机 M_2 起动并输送冷却液;把开关 SA_1 旋转至位置"0",冷却泵电动机 M_2 停止运转
操作刀架快速移动电动机 M_3	按下起动按钮 SB_3,刀架快速移动电动机 M_3 通电运转,带动刀架按所选方向运动;松开按钮 SB_3,电动机 M_3 停止运转
操作刀架进给	搬动丝杠、光杠变换手柄,选择加工方式,之后搬动操作进给手柄,实现刀架的纵向或横向自动进给。 摇动进给手轮,可实现刀架的手动进给
停车操作	为确保人身、设备和工件的安全,停用机床时,应先按下主轴电动机 M_1 的停车按钮 SB_1,待电动机 M_1、M_3 停止运转后,再切断电源开关 QF,之后将 SB 旋转至闭合位置,拔出操作钥匙

4.1.2　CA6140 型卧式车床电气控制系统原理与功能分析

1. CA6140 型卧式车床电气控制系统原理图

CA6140 型卧式车床电气控制系统如图 4-1-3 所示,主要由电源电路、主电路、控制电路和辅助电路四部分组成。

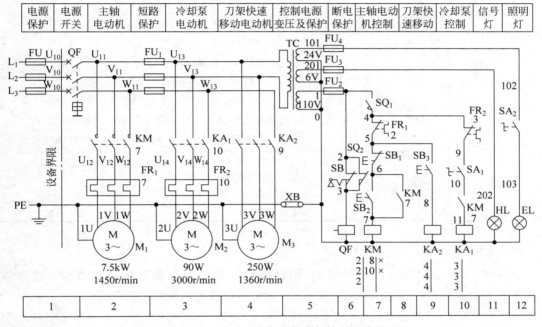

图 4-1-3　CA6140 型卧式车床的电气控制系统原理图

表 4-1-5 对各部分电路的组成、功能与电路元器件作了简要说明。

表 4-1-5　各部分电路的主要功能与组成元器件

组成部分	实现功能	相关电气元器件
电源电路	设备供电;电路保护	QF:电源总开关 FU:总电路短路保护熔断器
主电路	驱动电动机带动机械部件,实现工件加工	M_1:主轴电动机 M_2:冷却泵电动机 M_3:快速移动电动机 交流接触器 KM 主触点:控制 M_1 运行 中间继电器 KA_1 常开触点:控制 M_2 运行 中间继电器 KA_2 常开触点:控制 M_3 运行 FU_1:电动机 M_2、M_3 及控制回路短路保护 FR_1:M_1 过载保护热元件 FR_2:M_2 过载保护热元件

续表

组成部分	实 现 功 能	相关电气元器件
控制电路	控制电动机按照预设指令运行	FR_1：M_1 过载保护的常闭辅助触点 FR_2：M_2 过载保护的常闭辅助触点 KM 线圈及辅助触点：控制 M_1 运行 KA_1 线圈及触点：控制 M_2 运行 KA_2 线圈及触点：控制 M_3 运行 SB：电源开关锁 SB_1：控制 M_1 的停止按钮 SB_2：控制 M_1 的起动按钮 SB_3：控制 M_3 的起动按钮 SA_1：控制 M_2 的起停按钮 SQ_1：挂轮架位置开关,挂轮架打开时的断电保护 SQ_2：控制箱位置开关,控制箱打开时的断电保护
辅助电路	变压、照明等	TC：变压器 HL：电源指示灯 SA_2：照明灯开关 EL：照明灯

绘制和识读电气
控制系统图

2. 绘制和识读电气控制系统图的基本方法

  机床电气控制系统虽然比较复杂,但都是一些典型电气控制电路的组合。这里以 CA6140 型卧式车床电路图为例,详细介绍识读机电设备电路图的一般方法。

  粗看电路图 4-1-3 会发现,总体上电路图可分为上、中、下三部分。上部是文字标注部分,中部是电路原理图部分,下部是数字标注部分。

  上、下两部分比较简单,表 4-1-6 给出了各部分的详细说明。

表 4-1-6   电路图的功能区和回路(支路)区

电路图上部按实现功能划分	为便于查看电气控制系统的工作原理、明确各部分的功能,按电路功能进行区域划分,用文字标注各区域的电路功能。 该电路按功能划分为电源保护、电源开关、主轴电机等 13 个区域
电路图下部按回路或支路划分	为便于分析各用电设备主电路、控制电路和电气元器件在电路图中的位置,按一个回路或一条支路为单位进行划分,并从左至右用数字编号。 如：1—电源开关回路；2—电动机 M_1 主回路；9—电动机 M_3 控制回路。 该机床电路共有 12 个回路或支路

  电路图部分与之前相比,除了电路变得复杂之外,图中增加了大量的文字符号标注。这些标注是为了识图方便而增加的。表 4-1-7 详细给出了各种标注的设置方法与使用说明。

  请借助上面的说明,对照表 4-1-6 和表 4-1-7 仔细读懂图 4-1-3 中电路的功能和各元件的标注。

  只要掌握了电气控制系统的绘制和识图方法,就能尽快熟悉电路原理功能,为后续电路的功能分析和故障检修奠定良好的基础。

表 4-1-7 接触器(继电器)线圈和触点的标注

标注目的		设置方法与使用说明
根据触点查找线圈		为了根据触点查找对应线圈所在的电路区域,在电路图中接触器(继电器)触点的下方,通过数字标注该触点对应线圈的位置。 如电路图 3 区中的"$\frac{KA_1}{10}$",表示中间继电器 KA_1 的线圈(热元件)在电路图的 10 区
根据线圈查找触点	接触器类	为了根据接触器线圈查找对应各个触点所在的电路区域,在接触器线圈的下方,通过数字标注该元件各个触点对应的位置。 标注方法:在原理图中,对每个接触器在其线圈下方画出两条竖直线,分左、中、右三栏,左边一栏标注主触点所在区域,中间一栏标注常开辅助触点所在区域,右边一栏标注常闭辅助触点所在区域。对备而未用的触点,在相应栏内用"×"号标出(或不标出)。 如电路图 7 区中 KM 下方的"$\begin{array}{c|c|c} 2 & 8 & \times \\ 2 & 10 & \times \\ 2 & & \end{array}$",表示接触器 KM 的三对主触点在 2 区,两对常开辅助触点分别在 8 区和 10 区,两对辅助触点备而未用。 该图也可表示为"$\begin{array}{c|c|c} 2 & 8 & \\ 2 & 10 & \\ 2 & & \end{array}$"
	继电器类	为了根据继电器线圈查找对应各个触点所在的电路区域,在继电器线圈的下方,通过数字标注该元件各个触点对应的位置。 标注方法:在原理图中,对于每个继电器在其线圈下方画出一条竖直线,分左、右两栏,左边一栏标注常开触点所在区域,右边一栏标注常闭触点所在区域。对备而未用的触点,在相应栏内用"×"号标出(或不标出)。 如电路图 9 区中 KA_2 下方的"$\begin{array}{c|c} 4 & \\ 4 & \\ 4 & \end{array}$",表示中间继电器 KA_2 的三对常开触点在 4 区,其常闭触点备而未用

3. CA6140 型卧式车床电气控制系统功能分析

1)主电路分析

CA6140 型卧式车床的主电路如图 4-1-4 所示。

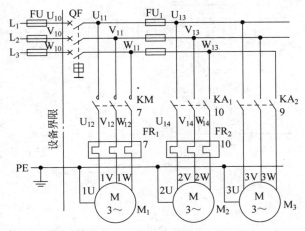

图 4-1-4 CA6140 型卧式车床主电路

一个机床电路不论如何复杂,都是一些典型电动机电气控制电路的组合,这些典型电气控制电路在第3章已经有详细的说明。在分析机床电气控制系统电路时,可通过主电路中各电动机的接线图,大致判断是否有正/反转、$\curlyvee$/$\triangle$起动运行、双速起动运行、反接制动、顺序控制等。有了这个基础,分析后续控制电路就比较方便了。

从图4-1-4中可见,CA6140型卧式车床主电路部分围绕主轴电动机 M_1、冷却泵电动机 M_2 和快速移动电动机 M_3 的控制进行,三台电动机只有单方向运行。主轴电动机 M_1 通过摩擦离合器实现反向运转。

CA6140型卧式车床主电路功能分析详见表4-1-8。

表 4-1-8　CA6140 型卧式车床主电路功能分析

电气设备与元器件	相关电气控制元器件
主轴电动机 M_1	正向运行:KM 三对主触点接通。
	反向运行:KM 三对主触点接通,通过摩擦离合器实现反转。
	过载保护:FR_1。
	短路保护:QF
冷却泵电动机 M_2	正向运行:KA_1 三对常开触点接通。
	过载保护:FR_2。
	短路保护:FU_1
快速移动电动机 M_3	正向运行:KA_2 三对常开触点接通。
	短路保护:FU_1
其他附件	QF:电源总开关,兼做总电路短路保护

2) 控制电路分析

在基本明确主电路功能和控制元器件之后,可以详细分析控制电路各部分的功能。

(1) 主轴电动机 M_1 运行控制

主轴电动机 M_1 运行控制电路如图4-1-5所示。

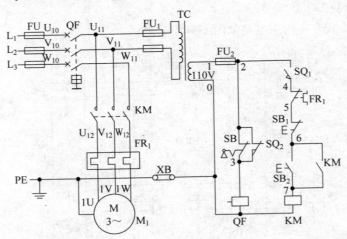

图 4-1-5　主轴电动机 M_1 运行控制电路

　　主轴电动机 M_1 的运行由接触器 KM 控制。M_1 在电气操作上仅有正向运行控制,反向运行通过摩擦离合器实现。表 4-1-9 给出了主轴电动机 M_1 运行控制过程的详细说明。

表 4-1-9　主轴电动机 M_1 的运行控制

操作内容	动作元件	实 现 过 程	线圈通电路径
正向运行	SB$_2$ KM	按下 M_1 的起动按钮 SB$_2$ 　→接触器 KM 线圈通电 　　→{KM 三对主触点闭合 　　　KM 辅助常开触点【6-7】闭合,自锁 　　→电动机 M_1 正向运行	KM 线圈：1-2-4-5-6-7-0
停止运行	SB$_1$	按下 M_1 停止按钮 SB$_1$ 　→接触器 KM 线圈失电 　　→{KM 三对主触点断开 　　　KM 辅助常开触点【6-7】断开,解除自锁 　　→电动机 M_1 停止运行	
联锁保护	SB SQ$_1$ SQ$_2$	(1) 当电源开关锁 SB 拔出,或电气控制箱打开(位置开关 SQ$_2$ 闭合),起动电源总开关脱扣器,总电源 QF 自动断开。 (2) 当挂轮架上的皮带罩打开,位置开关 SQ$_1$ 打开,主轴电动机 M_1 控制回路自动断电	

（2）冷却泵电动机 M_2 运行控制

冷却泵电动机 M_2 的运行控制电路如图 4-1-6 所示。

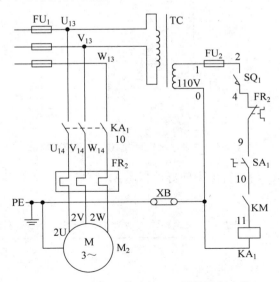

冷却泵电动机
M_2 运行控制

图 4-1-6　冷却泵电动机 M_2 运行控制电路

　　冷却泵电动机 M_2 的运行由中间继电器 KA$_1$ 控制,表 4-1-10 给出了电动机 M_2 运行控制过程的详细说明。

表 4-1-10　冷却泵电动机 M_2 的运行控制

操作内容	动作元件	实现过程	线圈通电路径
正向运行	SA_1 KA_1	M_1 起动后,把 M_2 起动按钮 SA_1 置"1"位 →中间继电器 KA_1 线圈通电 →KA_1 三对常开触点闭合 →电动机 M_1 正向运行	KA_1 线圈:1-2-4-9-10-11-0
停止运行	SA_1	把 M_2 起动按钮 SA_1 置"0"位 →中间继电器 KA_1 线圈失电 →KA_1 三对主触点断开 →电动机 M_2 停止运行	

说明:为防止冷却泵电动机 M_2 空转上冷却液,M_2 与 M_1 采取顺序控制。起动时,只有 M_1 运行后,M_2 才可运行;停车时,M_2 可自行停车,也可与 M_1 同时停车

快速移动电动机 M_3 运行控制

(3) 快速移动电动机 M_3 运行控制

快速移动电动机 M_3 运行控制电路如图 4-1-7 所示。

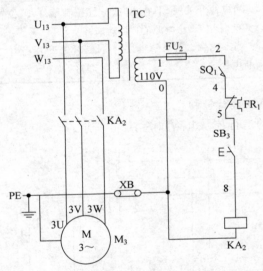

图 4-1-7　快速移动电动机 M_3 运行控制电路

快速移动电动机 M_3 的运行由中间继电器 KA_2 控制,表 4-1-11 给出了电动机 M_3 运行控制过程的详细说明。

表 4-1-11　快速移动电动机 M_3 的运行控制

操作内容	动作元件	实现过程	线圈通电路径
正向点动运行	SB_3 KA_2	按下 M_3 的起动按钮 SB_3 →中间继电器 KA_2 线圈通电 →KA_2 三对常开触点闭合 →电动机 M_3 正向运行	KA_2 线圈:1-2-4-5-8-0

续表

操作内容	动作元件	实 现 过 程	线圈通电路径
停止运行	SB₃ KA₂	放开 M₃ 的起动按钮 SB₃ →中间继电器 KA₂ 线圈失电 →KA₂ 三对常开触点断开 →电动机 M₃ 停止运行	

说明：刀架的快速移动电动机 M₃ 按短时运行设计，故未设置过载保护。M₃ 的运行从电气上仅设置了正向点动运行，刀架前后左右方向的改变，需要通过进给操作手柄配合机械装置才能实现。

3）辅助电路分析

CA6140 型卧式车床辅助电路包含电源指示电路和照明电路，电路如图 4-1-8 所示。

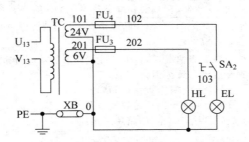

图 4-1-8　CA6140 型卧式车床点的辅助电路

控制变压器 TC 的二次侧有 6V 电源和 24V 电源。电源指示灯 HL 采用 6V 电源，熔断器 FU₃ 做短路保护。照明灯 EL 采用 24V 电源，由开关 SA₂ 控制，熔断器 FU₄ 做短路保护。

4.1.3　CA6140 型卧式车床典型故障检修

1. 机床电气故障检修的一般要求

机床设备出现电气控制系统故障时，电气维修人员应能采取正确的检修步骤，及时查出故障线路（设备），并能正确排除。对机床电气控制系统检修的一般要求有：

（1）故障电气元器件修复后，不得降低其使用性能要求。

（2）不得扩大故障范围、损坏正常的电气元器件。

（3）不得随意更换电气元器件及连接导线的型号规格。

（4）不得擅自更改电路连接。

（5）维修后机电设备的各种保护性能必须满足使用要求。

（6）维修后绝缘电阻等必须达到设备出厂前的要求。

2. 机床电气故障检修的一般步骤

当机床发生设备故障时，一定要有章可循，不能盲目操作。具体可按表 4-1-12 所示步骤进行电气故障的检修。

表 4-1-12 机床电气故障检修步骤

检修步骤		检修内容
故障调查	问	向操作人员仔细了解故障现象与问题,具体包含以下内容。 (1) 故障发生在开车前、开车后还是运行中? (2) 故障是运行中自动停车,还是工作人员操作停车? (3) 故障时,机床处于何种工序,做了哪种操作(按钮、开关等)? (4) 故障发生前后,设备有无异常情况(响声、气味、冒烟火等)? (5) 之前是否有类似情况及处理方法
	看	观察电气元器件有无明显异常,例如: (1) 熔断器的熔丝是否熔断? (2) 电气元器件有无烧焦痕迹? (3) 电动机转速是否异常? (4) 导线或接线端子是否有松动、脱落、断线等
	听	电动机、变压器、接触器和继电器等在工作时声音是否异常
	摸	对刚发生故障的设备,在断电情况下用手摸,感知电动机、变压器、接触器或继电器等是否温度过高
故障范围确定		根据故障调查情况,结合电气控制系统的功能分析,采用逻辑分析(或排除法)初步判断故障大致范围。 (1) 故障范围:哪个设备(回路)? (2) 故障点:主电路还是控制电路? (3) 故障性质:短路、断路还是接地
故障排除	断电检查	断开机床电源,可借助万用表检查以下问题。 (1) 电源进线有无碰伤(绝缘损坏)引起的接地、短路? (2) 熔断器熔丝是否熔断? (3) 热继电器是否动作? (4) 电气元器件外部是否有损坏? (5) 连接导线是否松动、脱落或断开? (6) 检查电动机绕组阻值是否正常? (7) 检查接触器、继电器线圈阻值是否正常
	通电检查	在断电检查仍未找出原因时,可对机床设备进行上电检查。检查之前,尽量使电动机与机械传动部件脱开(非必须),之后开始用万用表检查。 (1) 检查电源进线是否正常、缺相或三相电压严重不平衡? (2) 检查控制变压器输出侧电压是否正常、缺相? (3) 检查控制电路接触器、继电器的线圈是否能正常得电? (4) 检查主电路中的接触器主触点是否能正常闭合? (5) 检查行程(限位)开关是否在正常位置? (6) 检查控制器、转换开关把手是否在合适位置? (7) 检查传动系统是否能正常运转
善后工作		故障排除后,还应做好维修善后工作。 (1) 与操作工配合完成试运行,确保故障排除,能正常运行。 (2) 为方便后续维护,需要做好故障检修记录,主要包含以下内容。 ① 故障现象; ② 故障点(回路、支路等); ③ 维修方法; ④ 维护措施

说明:有些电气元器件的动作是靠机械或液压装置推动的,还需要检查、调整和排除机械、液压部分故障引起的电气故障。

3. 确定故障点的一般方法

在确定故障点时,需要用到万用表进行检查。有关万用表检查电路故障的方法,在3.1节、3.2节有过说明。这里针对比较复杂的机床电路再次进行详细说明。

万用表检查电路或判断元器件状态,主要有电压测量法和电阻测量法,除此之外,还可用短路接线法进行故障点的判断。

这里以主轴电动机 M_1 控制回路为例,详细说明故障点的判断方法。

1）电压测量法

用万用表的电压挡测量判断故障点,有"阶梯电压测量法"和"分段电压测量法"。表 4-1-13 给出了详细的操作说明。

确定故障点方法1:
电压测量法

表 4-1-13　电压测量法判断元器件状态

测量方法	示意图	测量说明
阶梯电压测量法		（1）接通电源,保证 110V 电压正常; 盖好皮带罩,SQ_1【2-4】闭合; 把万用表调至交流电压合适的挡位; 将黑表笔接到电路标号"0"处; 按下 SB_2。 （2）逐一测量电路中各点与"0"之间的电压值。正常情况下,各测量值应为 $U_{1-0}=110V$;$U_{2-0}=110V$;$U_{4-0}=110V$;$U_{5-0}=110V$;$U_{6-0}=110V$;$U_{7-0}=110V$。 （3）如果某处测量值约为 0V,说明与该点相连的前一元件或导线有"断开"点
分段电压测量法		（1）接通电源,保证 110V 电压正常; 盖好皮带罩,SQ_1【2-4】闭合; 把万用表调至交流电压合适的挡位; 按下 SB_2。 （2）分别测量各相邻电路标号之间的电压值。正常情况下,各测量值应为 $U_{1-2}=0V$;$U_{2-4}=0V$;$U_{4-5}=0V$;$U_{5-6}=0V$;$U_{6-7}=0V$;$U_{7-0}=110V$。 （3）如果 U_{1-2}、U_{2-4}、U_{4-5}、U_{5-6}、U_{6-7} 某处测量值约为 110V,说明该处有"断开"点

说明:如果测得 KM 线圈两端电压为 110V 而接触器触点不动作,可判定接触器本身故障,再仔细检查线圈是否开路、电磁机构是否卡死等。

确定故障点方法 2：
电阻测量法

各种机床电路都可参照表 4-1-13 进行故障点的判断。

2）电阻测量法

用万用表的电阻挡测量判断故障点,同样也有阶梯电阻测量法和分段电阻测量法两种方法。表 4-1-14 给出了详细的操作说明。

表 4-1-14　电阻测量法判断元器件状态

测量方法	示 意 图	测 量 说 明
阶梯电阻测量法		（1）断开电源,确保电路处于无电状态; 盖好皮带罩,SQ₁【2-4】闭合; 把万用表调至合适的电阻挡; 将黑表笔接到电路标号"0"处; 按下 SB₂。 （2）从下至上,逐一测量电路中各点与"0"之间的电阻值。正常情况下,各测量值均为线圈的直流电阻值。 （3）如果某处测量值约为"∞",说明与该点相连的前一元器件或导线有"断开"点
分段电阻测量法		（1）断开电源,确保电路处于无电状态; 盖好皮带罩,SQ₁【2-4】闭合; 把万用表调至合适的电阻挡; 手指按下 SB₂。 （2）分别测量各相邻电路标号之间的电阻值。正常情况下,各测量值应为 $U_{1-2}\approx 0\Omega$；$U_{2-4}\approx 0\Omega$；$U_{4-5}\approx 0\Omega$；$U_{5-6}\approx 0\Omega$；$U_{6-7}\approx 0\Omega$；$U_{7-0}=$线圈直流电阻值。 （3）如果 U_{1-2}、U_{2-4}、U_{4-5}、U_{5-6}、U_{6-7} 的测量值约为"∞",说明该处有"断开"点

说明：测量两点间的电阻值时,一定要断开其他旁路电阻,否则测量值无效。

确定故障点方法 3：
短接法

3）短接法

一般情况下,电气控制系统的常见故障是接线松脱、接触不良、断线、熔断器开路等。对于此类故障,可采用短接法查找故障点。

短接法是用一根绝缘良好的硬导线,将所怀疑的断路部位进行"人为短接"。如果在短路接通过程中故障消失,即可判断此处有"断开"点。

短接法可分为"局部短接法"和"长短接法"两种。具体操作如表 4-1-15 所示。

表 4-1-15　短接法操作说明

短 接 法	示 意 图	操 作 说 明
局部短接法	~110V　FU₂ 1 0 2 SQ₁ 4 FR₁ 5 SB₁ 6 SB₂ KM 7 KM 0	(1) 接通电源,保证 110V 电压正常; 盖好皮带罩,SQ₁【2-4】闭合; 按下 SB₂。 (2) 用绝缘导线逐一短接电路中的 1-2、2-4、4-5、5-6、6-7 等电路标号点。 (3) 如果短接到某处后故障消失,接触器 KM 吸合,则说明与短接线两端相连的触点之间有"断开"点
长短接法	~110V　FU₂ 1 0 2 SQ₁ 4 FR₁ 5 SB₁ 6 SB₂ KM 7 KM 0	(1) 接通电源,保证 110V 电压正常; 盖好皮带罩,SQ₁【2-4】闭合; 按下 SB₂。 (2) 长短接法不是按顺序逐一短接电路中的电路标号点,而是一次跨接多个点,主要用于缩小故障范围,快速查找电路中的"断开"点。 (3) 左图中,如果把电路标号 1-5 之间短接后故障消失,接触器 KM 吸合,说明"断开"点就在 1-5 之间,否则就在 5-7 之间(或接触器线圈故障)。 (4) 在实际检修时,可把"局部短接法"和"长短接法"结合使用,以提高效率

短接法检查电路故障需要注意以下问题。

(1) 操作时要戴绝缘手套,不要用手触及带电导线的芯线。

(2) 该方法只适合电路中的"触点"部位,不适合电路中的电阻、线圈、绕组等。

(3) 该方法仅适合电流较小的控制电路,不适合电流较大的主电路。

(4) 必须保证不会出现机械事故和电气事故的情况下方可使用

　　无论是电压测量法、电阻测量法还是短接法,测量点都要选择在导线与电气元器件或接线端子的连接处。测量时,先找到电气元器件的位置,然后根据电路图中的电路标号找到实际接线的电路标号。测量时还应注意,不得随意用手拉扯导线或用螺丝刀胡乱触碰,以免扩大事故范围。

4. 机床故障检修典型案例

　　机床电气控制系统故障的类型很多,检查与检修的方法也不尽相同。下面通过两个典型故障检修过程的展示和分析,介绍车床电气控制系统电路常见故障的一般检修方法。

1）维修案例 1：主轴电动机 M₁ 无法起动

（1）故障调查：主轴电动机 M₁ 无法起动的原因很多，可能是电动机 M₁ 自身故障，也可能是 M₁ 的主电路故障，还有可能是发出 M₁ 运行指令的控制回路故障。与此相关的电路如图 4-1-9 所示。

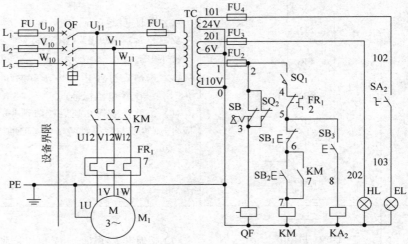

图 4-1-9 "主轴电动机 M₁ 无法起动"检修电路

（2）故障排除：结合现场调查、电路功能分析、逻辑分析或排除法进行故障大致范围的确定。具体可按流程图 4-1-10 进行。

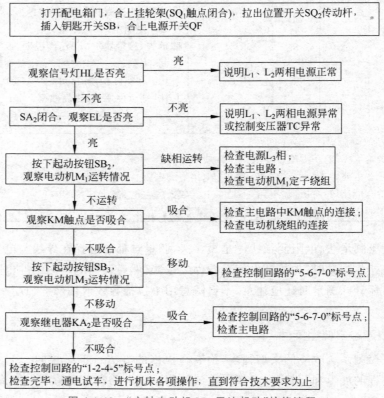

图 4-1-10 "主轴电动机 M₁ 无法起动"检修流程

2）维修案例 2：主轴电动机 M_1 运行缺相

（1）故障调查：按下主轴电动机 M_1 的起动按钮 SB_2，接触器 KM 触点吸合，但电动机 M_1 起动后转速缓慢并发出"嗡嗡"声。M_1 能缓慢运行，可能的原因是电路缺相。按下快速移动电动机 M_3 的起动按钮 SB_3，M_3 运行正常。说明三相电源正常、控制回路正常。与此相关的电路如图 4-1-11 所示，故障点在 M_1 的主电路中（图中虚线框内）。

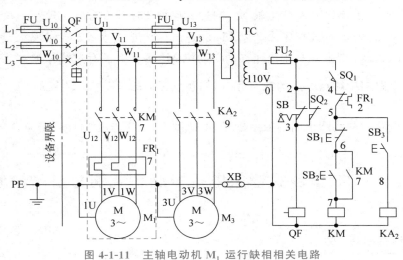

图 4-1-11 主轴电动机 M_1 运行缺相相关电路

（2）故障排除：故障点查找和检修集中在 M_1 的主电路中。具体按流程图 4-1-12 所示步骤进行故障点的确定与检修。

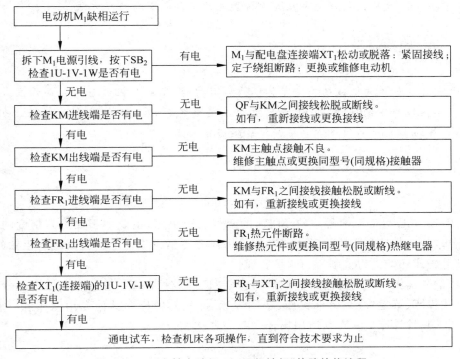

图 4-1-12 "主轴电动机 M_1 运行缺相"故障检修流程

上面仅给出了两个故障维修案例。实际中的电路故障千变万化,只要多动脑筋,灵活使用以上各种方法,就一定能够找到故障点,顺利排除故障。

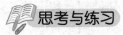 **思考与练习**

4-1-1　CA6140 型卧式车床都有哪些保护措施?

4-1-2　CA6140 型卧式车床主轴 M_1 的过载保护通过什么方式实现?

4-1-3　CA6140 型卧式车床冷却泵 M_2 的过载保护通过什么方式实现?

4-1-4　CA6140 型卧式车床快速移动电动机 M_3 为什么没有过载保护?

4-1-5　电路图中触点旁边的数字标号,如触点旁边的"$\frac{KM}{7}$"是何含义?

4-1-6　电路图中线圈下面的数字标号,如线圈 KA_1 下方的"$3\Big|\begin{smallmatrix}3\\3\end{smallmatrix}$"是何含义?

4.2　T68 型卧式镗床电气控制系统的分析与检修

 **学习目标**

- 了解 T68 型卧式镗床的机械结构与加工功能。
- 熟悉 T68 型卧式镗床电气控制系统的电路组成、功能分析及操作方法。
- 掌握 T68 型卧式镗床电气控制系统典型故障的判断与检修方法。

 **学习指导**

T68 型卧式镗床的机械结构决定其机械加工功能,了解其机械结构和动作方式有助于对电气控制系统原理的理解。T68 型卧式镗床的电气控制系统支撑其机械加工功能的实现,熟悉电气控制系统的组成有助于电气故障检修方法的掌握。

4.2.1　T68 型卧式镗床的结构与应用

1. 镗床简介

镗床(Boring Machine)是一种多用途的金属切削机床,主要用于加工高精度的孔和空间距离要求较为精确的零件。其主要功能是用镗刀镗销在工件上已铸出或已粗钻的孔,此外,大部分镗床还能进行铣削、钻孔、扩孔和铰孔等。

镗床的种类繁多,按操作方式可分为普通镗床和数控镗床;按用途和结构可分为卧式镗床、立式镗床、落地镗床、坐标镗床、金刚镗床、深孔钻镗床和其他专用镗床等。表 4-2-1 简要介绍了几种镗床的特点与适用场合。

T68 型卧式镗床
电路主要功能

表 4-2-1　各类镗床的特点与适用场合

镗床种类	加工特点与适用场合
卧式镗床 	加工特点：实现孔加工，镗孔精度可达 IT7，表面粗糙度 Ra 可达 $1.6\sim0.8\mu m$。 适用场合：单件小批量生产和修理车间的箱体（或支架）类零件的孔加工或与孔有关的其他加工面的加工
立式镗床 	加工特点：进给量大，主轴可安装多刃镗铰刀，最大镗孔直径可达 400mm。 适用场合：大批量生产中，对单缸缸体、缸套、液压缸、气缸、电机座等零件的镗孔加工
落地镗床 	加工特点：工件安装在落地工作台上，依靠立柱沿床身纵、横向运动进行加工。 适用场合：重型机械制造厂大型工件的加工
坐标镗床 	加工特点：有精密的坐标定位装置，属于高精度镗床。 适用场合：中小批量对形状、尺寸、孔距等精度要求高的孔加工

续表

镗床种类	加工特点与适用场合
金刚镗床 	加工特点：刀具使用金刚石或硬质合金刀具，进给量小、切削速度高，加工精度可达 IT6，表面粗糙度 Ra 可达 $0.2\mu m$。 适用场合：大批量加工镗销精度较高、表面粗糙度小的孔
深孔钻镗床 	加工特点：伺服驱动，床身刚性强、精度保持好、调速范围广；工作形式灵活，可通过工件旋转、刀具旋转和往复进给运动的组合实现不同的加工功能。 适用场合：各种深孔加工

本节以用途广泛的镗轴直径为 85mm 的 T68 型卧式镗床做载体，介绍镗床的结构、电路组成、原理以及镗床电气控制系统的故障检修方法。

2. T68 型卧式镗床的结构与功能

1) 型号含义

T68 型卧式镗床的型号含义如下。

T：机床分类代号，表示镗床(汉语拼音"镗"的第一个字母)。

6：卧式。

8：镗轴直径 85mm。

2) 基本结构

T68 型卧式镗床的主要结构如图 4-2-1 所示。它主要由床身、前立柱、主轴箱(镗头架)、主轴、平旋盘、工作台和后立柱等部分组成。

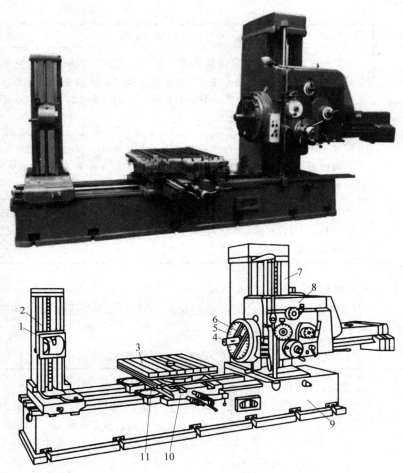

图 4-2-1　T68 型卧式镗床外形和结构图

1—支承架；2—后立柱；3—工作台；4—主轴；5—平旋盘；6—径向刀架；
7—前立柱；8—主轴箱；9—床身；10—下滑板；11—上滑板

T68 型卧式镗床主要部件的作用如表 4-2-2 所示。

表 4-2-2　T68 型卧式镗床主要部件的作用

部 件 名 称	主 要 作 用
床身	床身是一个整体铸件，用于支承前立柱、后立柱和工作台
前立柱	在前立柱的垂直导轨上装有主轴箱（镗头架），它可上下移动，并由悬挂在前立柱空心部分内的对重来平衡
主轴箱（镗头架）	内部装有主轴、变速箱、进给箱和操纵机构等部件
主轴（镗轴）	前端有锥形孔用于固定镗销刀具。在工作过程中，镗轴可一面旋转，一面带动刀具沿轴向进给

续表

部件名称	主要作用
平旋盘	平旋盘是空心轴,主轴穿过其中空部分。平旋盘只能旋转,装在它上面的径向刀架可以在垂直于主轴轴线方向的径向做进给运动。主轴和平旋盘通过各自的传动链传动,二者可独立转动,在大部分工作情况下使用主轴加工,只有在用车刀切削端面时才使用平旋盘
工作台	安装工件的工作台安放在床身中部的导轨上,它有下滑座和上滑座。工作台相对于上滑座可回转。这样,配合主轴箱的垂直移动、工作台的横向、纵向移动和回转,就可加工工件上一系列与轴心线相互平行或垂直的孔
后立柱	后立柱上的支承架(尾座)用来夹持装夹在主轴上的主轴杆的末端,它可以随主轴箱同时升降,两者的轴心线始终在同一直线上,后立柱可沿床身导轨在主轴轴线方向上调整位置

3)运动形式及控制要求

在加工工件的过程中,T68 型卧式镗床的运动形式为主运动、进给运动和辅助运动,简要说明如表 4-2-3 所示。

表 4-2-3　T68 型卧式镗床的运动形式与控制方案

运动种类	运动形式	控制方案
主运动	镗轴旋转 平旋盘旋转	(1)为了满足主轴调速范围大的加工要求,采用变速箱机械调速与双速电机电气调速相结合的双调速方案。 (2)主轴电动机 M_1 即可双向连续运行,也可双向点动运行(仅限低速运行)。 (3)主运动和进给运动共用一台双速笼型异步电动机 M_1 驱动。低速运行时定子绕组接成三角形(△)直接起动;高速运行时接成双星形(丫丫),为减小起动电流,需要先低速起动,经一定时间延时后再自动转入高速运行。 (4)为实现主轴电机快速停转,设置了反接制动措施。 (5)为限制点动起动电流和反接制动电流,在点动运行和制动运行时,定子绕组中附加了限流电阻 R。 (6)主轴和进给的变速即可在停车时进行,也可在运行中进行。为了便于变速时齿轮的良好啮合,变速时设有低速冲动环节
进给运动	主轴轴向进给 平旋盘轴向进给 主轴箱垂直进给 平旋盘刀具径向进给 工作台横向进给 工作台纵向进给	
辅助运动	工作台回转 后立柱水平移动 尾座垂直移动 各部分快速移动	为了缩短调整工件和刀具之间相对位置的时间,机床各部分设置了快速移动电动机 M_2 进行拖动;为了防止设备损坏,它们之间的进给设置了机械和电气双重联锁保护

3. T68 型卧式镗床的主要技术参数

T68 型卧式镗床的主要技术参数如表 4-2-4 所示。

表 4-2-4　T68 型卧式镗床的主要技术参数

内　容	技术参数	内　容	技术参数
主轴直径/mm	85	平旋盘转速范围/(r/min)	10～200
主轴最大许用扭转力矩/(kg·m)	110	主轴每转时主轴、主轴箱、工作台进给量种数/种	18
主轴可承受最大轴向进给抗力/kg	1300	主轴每转时主轴进给量/mm	0.05～16
平旋盘最大许用扭转力矩/(kg·m)	220	主轴每转时主轴、工作台进给量/mm	0.25～8
主轴内孔维度	莫氏 5 号	工作台行程(纵向)/mm	1140
主轴最大行程/mm	600	工作台行程(横向)/mm	850
平旋盘径向刀架最大行程/mm	170	主轴快速移动速度/(m/min)	4.8
最经济镗孔直径/mm	240	主电动机 M_1 功率/kW	5.2/7
主轴中心线距工作台最大距离/mm	800	主电动机 M_1 转速/(r/min)	1500/3000
主轴转速种类/种	18	快速移动电动机 M_2 功率/kW	2.8
主轴转速范围/(r/min)	20～1000	快速移动电动机 M_2 转速/(r/min)	1500
平旋盘转速种类/种	14		

4. T68 型卧式镗床的基本操作

在充分了解 T68 型卧式镗床基本结构的基础上,可参照表 4-2-5 尝试进行 T68 型卧式镗床的基本操作。只有通过反复操作,才能熟悉其加工功能。

表 4-2-5　T68 型卧式镗床的基本操作

操作内容	操作方法与结果
开车前检查	打开电气控制箱门,目测各电气元器件是否完好,接线有无脱落、松动。 关好电气控制箱门,检查各操作开关、手柄是否在停止位(或原位),把各锁紧位置置于松开位置,使各部分处于适当位置
接通电源	合上电源开关 QS_1,此时电源指示灯 HL 应该点亮。 合上照明开关 QS_2 后,机床照明灯 EL 应该点亮
选择主轴转速	拉出主轴变速手柄转动 180°,旋转手柄,选择需要的转速后,再将手柄推到原位
选择进给转速	拉出进给变速手柄转动 180°,旋转手柄,选择需要的转速后,再将手柄推到原位
调整主轴箱位置	将进给选择手柄置于位置"1"。 向外拉出快速移动操作手柄,主轴箱向上运动;向里推快速移动操作手柄,主轴箱向下运动。 松开快速移动操作手柄,主轴箱停止运动
调整工作台	工作台的左、右运动:将进给选择手柄从位置"1"顺时针转到位置"2",向外拉出快速移动操作手柄,上溜板带动工作台向左运动;向里推进快速移动操作手柄,上溜板带动工作台向右运动;松开快速移动操作手柄,工作台(上溜板)停止运动。 工作台的前、后运动:将进给选择手柄从位置"2"顺时针转到位置"3",向外拉出快速移动操作手柄,下溜板带动工作台向前运动;向里推进快速移动操作手柄,下溜板带动工作台向后运动;松开快速移动操作手柄,工作台(下溜板)停止运动

续表

操 作 内 容	操作方法与结果
主轴电动机 M_1 点动运行	正向点动运行：按下正向点动按钮 SB_4，主轴电动机 M_1 正向低速运行，松开 SB_4，M_1 停止运行。 反向点动运行：按下反向点动按钮 SB_5，主轴电动机 M_1 反向低速运行，松开 SB_5，M_1 停止运行
主轴电动机 M_1 低速连续运行	正向低速连续运行：按下正向运行起动按钮 SB_2，主轴电动机 M_1 正向低速连续运行，松开 SB_2，M_1 继续运行；按下停车按钮 SB_1（深按到底），主轴电动机 M_1 反接制动后迅速停车。 反向低速连续运行：按下反向运行起动按钮 SB_3，主轴电动机 M_1 反向低速连续运行，松开 SB_3，M_1 继续运行；按下停车按钮 SB_1（深按到底），主轴电动机 M_1 反接制动后迅速停车
主轴电动机 M_1 高速连续控制	正向高速连续运行：将主轴变速手柄置于高速挡位，按下正向运行起动按钮 SB_2，主轴电动机 M_1 先低速正向起动，经过一定时间延时后，自动转为高速运转；按下停车按钮 SB_1（深按到底），主轴电动机 M_1 反接制动后迅速停车。 反向高速连续运行：将主轴变速手柄置于高速挡位，按下反向运行起动按钮 SB_3，主轴电动机 M_1 先低速反向起动，经过一定时间延时后，自动转为高速运转；按下停车按钮 SB_1（深按到底），主轴电动机 M_1 反接制动后迅速停车
主轴变速	主轴变速可在运行中进行。 需要变速时，将主轴变速手柄拉出旋转180°，旋转手柄。 选择需要的转速后，再将手柄推到原位，此时主轴将在新的速度下运行
进给变速	进给变速也可在运行中进行。 需要变速时，将主轴变速手柄拉出旋转180°，旋转手柄。 选择需要的转速后，再将手柄推到原位，此时进给将在新的速度下运行
停车操作	按下停车按钮 SB_1（深按到底），待主轴电动机 M_1 停止运转后，切断电源开关 QS_1
快速移动电动机 M_2	实现机床各部件的快速移动。 按下 SQ_8 实现反向快速移动，按下 SQ_9 实现正向快速移动

4.2.2　T68 型卧式镗床电气控制系统原理与功能分析

1. T68 型卧式镗床电气控制系统原理图

　　T68 型卧式镗床电气控制系统主要由电源电路、主电路、控制电路和辅助电路四部分组成，如图 4-2-2 所示。

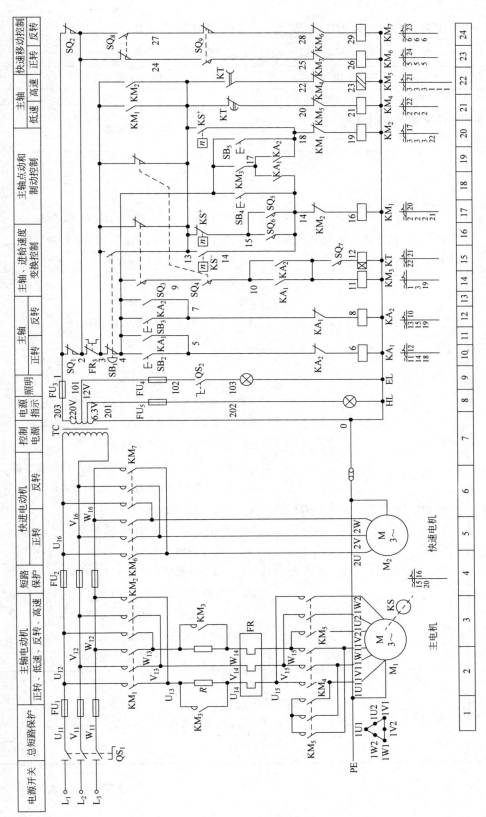

图 4-2-2 T68 型卧式镗床电气控制系统原理

表 4-2-6 中对各部分电路的组成、功能与电路元器件作了简要说明。

表 4-2-6　各部分电路的主要功能与组成元器件

组成部分	实 现 功 能	相关电气元器件
电源电路	设备供电；电路保护	QS_1：电源总开关 FU_1：总电路短路保护熔断器
主电路	驱动电动机带动机械部件，实现工件加工	M_1：主轴电动机 M_2：快进电动机 接触器 $KM_1 \sim KM_5$ 主触点：控制 M_1 运行 接触器 $KM_6 \sim KM_7$ 主触点：控制 M_2 运行 FU_2：快速移动电路短路保护 R：限流电阻 FR：M_1 过载保护热元件 KS：与 M_1 轴相连的速度继电器
控制电路	控制电动机按照预设指令运行	FR：M_1 过载保护的常闭辅助触点 $KM_1 \sim KM_5$ 线圈及辅助触点：控制 M_1 运行 $KM_6 \sim KM_7$ 线圈及辅助触点：控制 M_2 运行 SB_1：控制 M_1 的停止按钮 SB_2、SB_3：控制 M_1 正反转连续运行的起动按钮 SB_4、SB_5：控制 M_1 点动运行的起动按钮 KT：起延时作用的时间继电器 SQ_1、SQ_2：主轴联锁保护位置开关 SQ_3、SQ_5：主轴变速操作位置开关 SQ_4、SQ_6：进给变速操作位置开关 SQ_7：控制 M_1 低—高速操作位置开关 SQ_8、SQ_9：控制 M_2 快速进给操作位置开关 KS：速度继电器的辅助触点
辅助电路	变压、照明等	TC：变压器 HL：电源指示灯 QS_2：照明灯开关 EL：照明灯

2. T68 型卧式镗床电气控制系统功能分析

1）主电路分析

T68 型卧式镗床的主电路如图 4-2-3 所示。主电路部分围绕主轴电动机 M_1 和快速移动电动机 M_2 的控制进行。具体说明如表 4-2-7 所示。

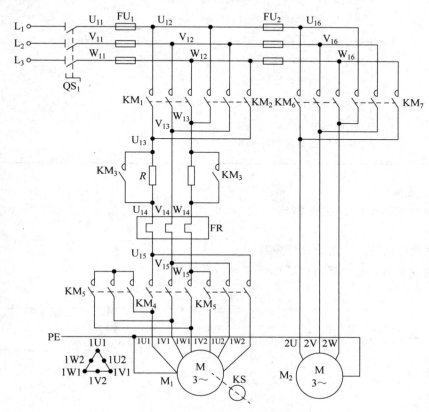

图 4-2-3　T68 型卧式镗床主电路

表 4-2-7　主电路功能分析

电气设备与元器件	相关电气控制元器件
M_1	绕组接法：△/丫丫。 正向运行：KM_1 三对主触点接通。 反向运行：KM_2 三对主触点接通。 连续运行：KM_3 三对主触点接通。 低速运行：KM_4 三对主触点接通，定子绕组接成△形。 高速运行：KM_5 三对主触点和三对常开辅助触点接通，定子绕组接成丫丫形。 运行中根据需要进行各种组合，如正向低速连续运行、反向高速连续运行等。 以上运行，需要通过控制回路发出指令

续表

电气设备与元器件	相关电气控制元器件
M_2	正向运行：KM_6 三对主触点接通。 反向运行：KM_7 三对主触点接通。 以上运行，需要通过控制回路发出指令
其他附件	QS_1：电源总开关。 FU_1：电路短路保护熔断器。 FU_2：快速移动电路短路保护熔断器。 R：限流电阻。 FR：M_1 过载保护热元件

2）控制电路分析

T68 型卧式镗床的控制电路比较复杂，下面按功能逐一展开，详细进行控制过程的说明。

（1）主轴电动机 M_1 点动运行控制

主轴电动机 M_1 点动运行电路如图 4-2-4 所示。

主轴电动机 M_1
点动运行控制

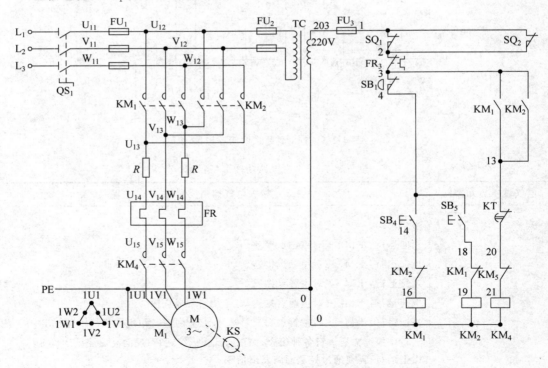

图 4-2-4　主轴电动机 M_1 点动运行电路

主轴电动机 M_1 有正向点动运行和反向点动运行,具体实现过程如表 4-2-8 所示。

表 4-2-8　主轴电动机 M_1 点动运行控制过程

操作内容	动作元件	实现过程	线圈通电路径
正向点动	SB_4 KM_1	按下 SB_4 →接触器 KM_1 线圈通电 　　┌ KM_1 三对主触点闭合 →┤ KM_1 辅助常开触点【3-13】闭合 　　└ 接触器 KM_4 线圈通电	KM_1 线圈:1-2-3-4-14-16-0
	KM_4	┌ KM_4 三对主触点闭合 →┤ 电动机 M_1 定子绕组△联结 　　└ 电动机 M_1 正向低速点动运行	KM_4 线圈:3-13-20-21-0
反向点动	SB_5 KM_2	按下 SB_5 →接触器 KM_2 线圈通电 　　┌ KM_2 三对主触点闭合 →┤ KM_2 辅助常开触点【3-13】闭合 　　└ 接触器 KM_4 线圈通电	KM_2 线圈:1-2-3-4-18-19-0
	KM_4	┌ KM_4 三对主触点闭合 →┤ 电动机 M_1 定子绕组△联结 　　└ 电动机 M_1 反向低速点动运行	KM_4 线圈:3-13-20-21-0

说明:点动运行时间较短,反复起动电流较大,定子绕组需要串入限流电阻 R。

（2）主轴电动机 M_1 低速连续运行控制

主轴电动机 M_1 低速连续运行电路如图 4-2-5 所示。

主轴电动机 M_1 的低速运行方式,需要通过主轴变速位置开关 SQ_3、进给变速位置开关 SQ_4 共同设定予以实现。

主轴电动机 M_1 的低速连续运行有正、反两个方向,具体实现过程如表 4-2-9 所示。

（3）主轴电动机 M_1 高速运行控制

主轴电动机 M_1 高速运行电路如图 4-2-6 所示。

主轴电动机 M_1 的高速运行通过主轴变速盘机构内的位置开关 SQ_7 置"高速"位实现。与低速运行电路相比,高速运行电路增加了时间继电器 KT 和高速转接交流接触器 KM_5。由于高速运行时起动电流较大,为限制起动电流,高速运行的实现过程是先低速起动,经过一定时间的延时后,再自动转入高速运行。

主轴电动机 M_1 的高速运行有正、反两个方向,具体实现过程如表 4-2-10 所示。

在实际操作中,还存在低速运行过程中需要转入高速运行或在高速运行过程中需要转入低速运行的情况。在保证加工安全的情况下,只需通过操作主轴变速盘机构内的位置开关 SQ_7,即可实现在原转向不变情况下的高、低速转换。下面以正向运行为例进行说明,具体过程如表 4-2-11 所示。

主轴电动机 M_1
低速连续运行控制

主轴电动机 M_1
高速运行控制

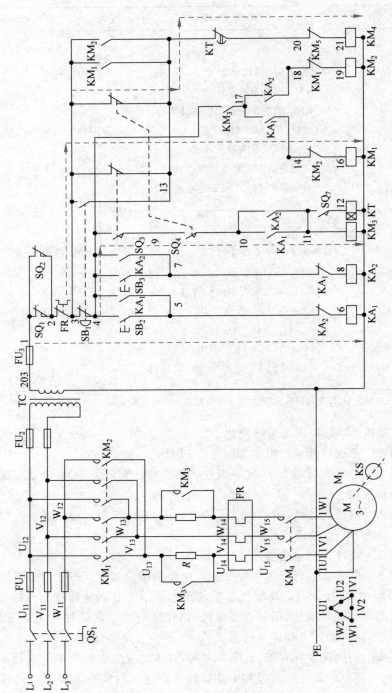

图 4-2-5 主轴电动机 M₁ 低速连续运行电路

表 4-2-9　主轴电动机 M_1 低速连续运行控制过程

操作内容	动作元件	实 现 过 程	线圈通电路径
操作准备	SQ_3	(1) SQ_3 被操作手柄压合,常开触点【4-9】闭合	
	SQ_4	(2) SQ_4 被操作手柄压合,常开触点【9-10】闭合	
	SQ_7	(3) SQ_7 置"低速"位,常开触点【11-12】断开	
正向低速连续运行	SB_2	按下 SB_2	
	KA_1	→中间继电器 KA_1 线圈通电	KA_1 线圈:1-2-3-4-5-6-0
		→{KA_1 常闭触点【7-8】断开,电路互锁 KA_1 常开触点【4-5】闭合,电路自锁 KA_1 常开触点【10-11】闭合 KA_1 常开触点【17-14】闭合 KM_3 线圈通电	
	KM_3	→{KM_3 三对主触点闭合 KM_3 常开辅助触点【4-17】闭合 接触器 KM_1 线圈通电	KM_3 线圈:4-9-10-11-0
	KM_1	→{KM_1 三对主触点闭合 KM_1 常开辅助触点【18-19】断开,互锁 KM_1 常开辅助触点【3-13】闭合	KM_1 线圈:4-17-14-16-0
	KM_4	→{接触器 KM_4 线圈通电 KM_4 三对主触点闭合 电动机 M_1 定子绕组△联结 电动机 M_1 正向低速连续运行	KM_4 线圈:3-13-20-21-0
反向低速连续运行	SB_3	按下 SB_3	
	KA_2	→中间继电器 KA_2 线圈通电	KA_2 线圈:1-2-3-4-7-8-0
		→{KA_2 常闭触点【5-6】断开,电路互锁 KA_2 常开触点【4-7】闭合,电路自锁 KA_2 常开触点【10-11】闭合 KA_2 常开触点【17-18】闭合 KM_3 线圈通电	
	KM_3	→{KM_3 三对主触点闭合 KM_3 常开辅助触点【4-17】闭合 接触器 KM_2 线圈通电	KM_3 线圈:4-9-10-11-0
	KM_2	→{KM_2 三对主触点闭合 KM_2 常开辅助触点【14-16】断开,互锁 KM_2 常开辅助触点【3-13】闭合 接触器 KM_4 线圈通电	KM_2 线圈:4-17-18-19-0
	KM_4	→{KM_4 三对主触点闭合 电动机 M_1 定子绕组△联结 电动机 M_1 反向低速连续运行	KM_4 线圈:3-13-20-21-0

说明:低速连续运行时,需要切除定子绕组限流电阻 R。

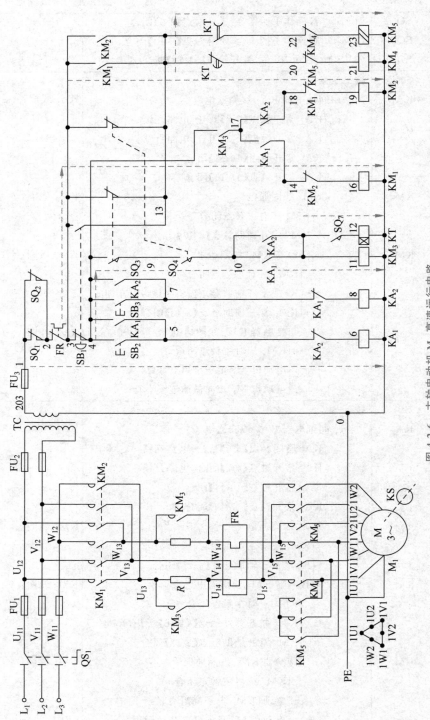

图 4-2-6 主轴电动机 M_1 高速运行电路

表 4-2-10　主轴电动机 M_1 高速运行控制过程

操作内容	动作元件	实现过程	线圈通电路径
操作准备	SQ_3	(1) SQ_3 被操作手柄压合,常开触点【4-9】闭合	
	SQ_4	(2) SQ_4 被操作手柄压合,常开触点【9-10】闭合	
正向高速运行	SB_2	低速起动:按下 SB_2	
	KA_1	中间继电器 KA_1 线圈通电	KA_1 线圈:1-2-3-4-5-6-0
		KA_1 常闭触点【7-8】断开,电路互锁	
		KA_1 常开触点【4-5】闭合,电路自锁	
		KA_1 常开触点【10-11】闭合	
		KA_1 常开触点【17-14】闭合	
	KM_3	KM_3 线圈通电	KM_3 线圈:4-9-10-11-0
		KM_3 三对主触点闭合	
		KM_3 常开辅助触点【4-17】闭合	
	KM_1	接触器 KM_1 线圈通电	KM_1 线圈:4-17-14-16-0
		KM_1 三对主触点闭合	
		KM_1 常开辅助触点【18-19】断开,电路互锁	
		KM_1 常开辅助触点【3-13】闭合	
	KM_4	接触器 KM_4 线圈通电	KM_4 线圈:3-13-20-21-0
		KM_4 三对主触点闭合	
		电动机 M_1 定子绕组△联结	
		电动机 M_1 正向低速连续运行	
		KM_4 常闭辅助触点【22-23】断开,电路互锁	
		高速运行(需要时)	
	SQ_7	压下位置开关 SQ_7,常开触点【11-12】闭合	
	KT	KT 线圈通电,延时时间到	KT 线圈:4-9-10-11-12-0
		KT 常闭触点【13-20】断开	
		KM_4 线圈失电	
		KM_4 三对主触点断开	
		解除 M_1 定子绕组△联结	
		KT 常开触点【13-22】闭合	
	KM_5	接触器 KM_5 线圈通电	KM_5 线圈:13-22-23-0
		KM_5 三对主触点闭合、两对常开触点闭合	
		KM_5 一对辅助常闭触点【20-21】断开,电路互锁	
		电动机 M_1 定子绕组丫丫联结	
		电动机 M_1 转入正向高速运行	

操作内容	动作元件	实 现 过 程	线圈通电路径
反向高速运行	SB₃	低速起动：按下 SB₃	
	KA₂	→中间继电器 KA₂ 线圈通电	KA₂ 线圈：1-2-3-4-7-8-0
		KA₂ 常闭触点【5-6】断开,电路互锁	
		KA₂ 常开触点【4-7】闭合,电路自锁	
		KA₂ 常开触点【10-11】闭合	
		KA₂ 常开触点【17-18】闭合	
	KM₃	KM₃ 线圈通电	KM₃ 线圈：4-9-10-11-0
		→KM₃ 三对主触点闭合	
		KM₃ 常开辅助触点【4-17】闭合	
	KM₂	→接触器 KM₂ 线圈通电	KM₂ 线圈：4-17-18-19-0
		KM₂ 三对主触点闭合	
		KM₂ 常开辅助触点【14-16】断开,电路互锁	
		KM₂ 常开辅助触点【3-13】闭合	
	KM₄	接触器 KM₄ 线圈通电	KM₄ 线圈：3-13-20-21-0
		KM₄ 三对主触点闭合	
		电动机 M₁ 定子绕组△联结	
		电动机 M₁ 反向低速连续运行	
		KM₄ 常闭辅助触点【22-23】断开,电路互锁	
		高速运行(需要时)	
	SQ₇	→SQ₇ 常开触点【11-12】闭合	
	KT	→KT 线圈通电	KT 线圈：4-9-10-11-12-0
		延时时间到,KT 常闭触点【13-20】断开	
		KM₄ 线圈失电	
		→KM₄ 三对主触点断开	
		解除 M₁ 定子绕组△联结	
		KT 常开触点【13-22】闭合	
	KM₅	→接触器 KM₅ 线圈通电	KM₅ 线圈：13-22-23-0
		KM₅ 三对主触点闭合、三对常开触点闭合	
		KM₅ 一对辅助常闭触点【20-21】断开,电路互锁	
		电动机 M₁ 定子绕组丫丫联结	
		电动机 M₁ 转入反向高速运行	

说明：主轴电动机 M₁ 连续运行时,需要切除定子绕组限流电阻 R。

表 4-2-11　主轴电动机 M_1 运行中的高、低速转换

原始状态	转入状态	实 现 过 程
低速运行	高速运行	SQ_7 由"低速"位转入"高速"位,其常开触点【11-12】闭合 →KT 线圈通电 ⎰延时时间到,KT 常闭触点【13-20】断开 ⎨KM$_4$ 线圈失电 ⎨解除 M_1 定子绕组△联结 ⎱KT 常开触点【13-22】闭合 →接触器 KM$_5$ 线圈通电 ⎰KM$_5$ 三对主触点闭合、两对常开触点闭合 ⎱电动机 M_1 定子绕组丫丫联结,转入高速运行
高速运行	低速运行	SQ_7 由"高速"位转入"低速"位,其常开触点【11-12】断开 →KT 线圈失电 →KT 常开触点【13-22】断开 →接触器 KM$_5$ 线圈失电 ⎰电动机 M_1 定子绕组解除丫丫联结 ⎱KT 常闭触点【13-20】闭合 →KM$_4$ 线圈通电 ⎰KM$_4$ 三对主触点闭合 ⎱电动机 M_1 定子绕组△联结,转入低速运行

（4）主轴电动机 M_1 停车制动控制

主轴电动机 M_1 的停车过程分为正常停车和反接制动停车两种情况。

主轴电动机 M_1 有 4 种连续运行方式：正、反向低速连续运行,正、反向高速连续运行。此外,主轴电动机 M_1 还包含 18 种转速可选。操作中可根据负载运行情况确定停车方案。

正常停车比较简单,请读者根据电路图自行分析。反接制动较为复杂,由于运行方式繁多,这里仅以低速连续运行为例,对反接制动停车方案进行详细说明。

主轴电动机 M_1 低速运行有正向低速连续运行和反向低速连续运行两种情况,其反接制动所用元件和电流路径有所不同,电路如图 4-2-7 所示,请读者仔细观察分析。

反接制动的实现需要与电动机 M_1 轴相连的速度继电器 KS 配合完成。表 4-2-12 详细给出了主轴电动机 M_1 低速运行时的反接制动过程。

主轴电动机 M_1
停车制动控制

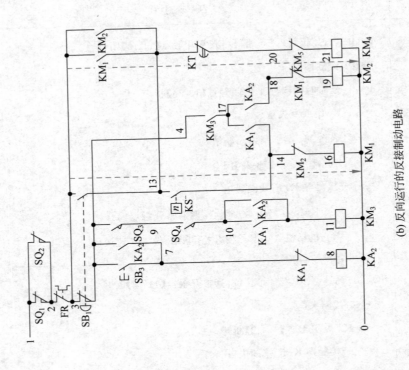

(b) 反向运行的反接制动电路

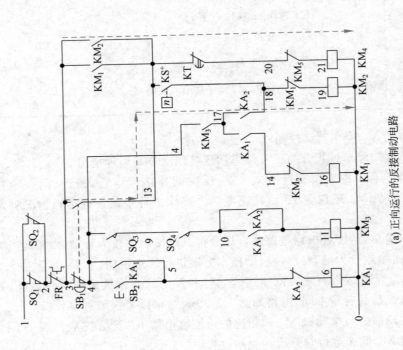

(a) 正向运行的反接制动电路

图 4-2-7 M₁ 低速连续运行反接制动电路

表 4-2-12　M_1 低速连续运行反接制动过程

正向运行	原始状态	KA_1 常开触点【10-11】闭合 KM_3 主触点闭合；KM_1 主触点闭合；KM_4 主触点闭合 速度继电器 KS 正向常开触点 KS^+【13-18】闭合
	反接制动实现过程	SB_1 深按到底 　→SB_1 常闭触点【3-4】打开 　　→$\{$ KA_1、KM_3、KM_1 线圈失电 　　　 KM_4 线圈短时失电 　　　→$\{$ 主轴电动机 M_1 断电后依靠惯性正向运转 　　　　 SB_1 常开触点【3-13】闭合 　　　　 KS^+【13-18】闭合 　　　　→KM_2、KM_4 线圈通电 　　　　　→$\{$ M_1 定子绕组产生反向旋转磁场 　　　　　　 M_1 绕组串入限流电阻 R,进行反接制动 　　　　　　→当 M_1 转速低于 120r/min 时,KS^+【13-18】断开 　　　　　　　→$\{$ KM_2、KM_4 线圈失电 　　　　　　　　 M_1 停止正向运行,制动结束
反向运行	原始状态	KA_2 常开触点【10-11】闭合 KM_3 主触点闭合；KM_2 主触点闭合；KM_4 主触点闭合 速度继电器 KS 反向常开触点 KS^-【13-14】闭合
	反接制动实现过程	SB_1 深按到底 　→SB_1 常闭触点【3-4】打开 　　→$\{$ KA_2、KM_3、KM_2 线圈失电 　　　 KM_4 线圈短时失电 　　　→$\{$ 主轴电动机 M_1 断电后依靠惯性反向运转 　　　　 SB_1 常开触点【3-13】闭合 　　　　 KS^-【13-14】闭合 　　　　→KM_1、KM_4 线圈通电 　　　　　→$\{$ M_1 定子绕组产生正向旋转磁场 　　　　　　 M_1 绕组串入限流电阻 R,进行反接制动 　　　　　　→当 M_1 转速低于 120r/min 时,KS^-【13-14】断开 　　　　　　　→$\{$ KM_1、KM_4 线圈失电 　　　　　　　　 M_1 停止反向运行,制动结束

　　主轴电动机 M_1 高速运行时的控制电气元器件不同,但是制动过程与上述方案类似。表 4-2-13 给出了低、高速运行与反接制动中的电气元器件,为便于自行分析,请读者仔细比较二者的异同。

　　(5) 主轴变速与进给变速控制

　　T68 型卧式镗床主轴或进给运动的变速是通过变速孔盘实现的。主轴变速与进给变速既可在停车状态进行调整,也可在运行状态进行调整。实际中,会出现 4 种变速方式:主轴停车变速、主轴运行变速、进给停车变速和进给运行变速。4 种变速过程有所不同,但大同小异。此处以主轴变速为例,按停车方式和运行方式详细介绍变速操作过程。

　　停车状态时的主轴变速电路如图 4-2-8 所示。

　　表 4-2-14 详细给出了主轴在停车状态时变速的实现过程。

主轴变速与进
给的变速控制

表 4-2-13　低、高速运行制动电气元器件比较

低 速 运 行				高 速 运 行		
正向	运行元件	制动元件	正向	运行元件	制动元件	
	KA_1；KM_1 KM_3；KM_4	KM_2；KM_4		KA_1；KM_1 KM_3；KM_5	KM_2；KM_4	
反向	运行元件	制动元件	反向	运行元件	制动元件	
	KA_2；KM_2 KM_3；KM_4	KM_1；KM_4		KA_2；KM_2 KM_3；KM_5	KM_1；KM_4	

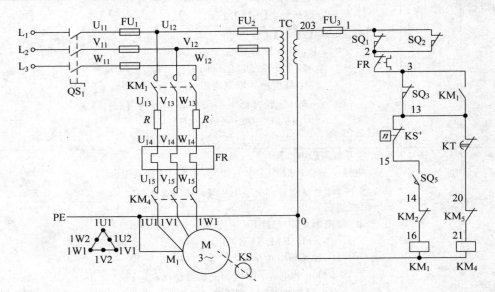

图 4-2-8　主轴停车状态变速电路

表 4-2-14　主轴在停车状态时变速的实现过程

操作元件	变速实现过程
SQ_3 SQ_5	将变速孔盘拉出,旋转变速孔盘,选好所需转速后,将孔盘推入,在此过程中,如果滑移齿轮的齿与固定齿轮的齿顶撞,则 → { 主轴变速位置开关 SQ_3【4-9】打开 主轴变速位置开关 SQ_3【3-13】闭合 主轴变速位置开关 SQ_5【15-14】闭合 → { KM_1 线圈通电【1-2-3-13-15-14-16-0】 KM_4 线圈通电【1-2-3-13-20-21-0】 ◄ → M_1 点动运行,M_1 转速超过 120r/min 后 → KS^+【13-15】断开 → KM_1、KM_4 线圈失电,M_1 依靠惯性正向运转 → M_1 转速低于 120r/min 后,KS^+【13-15】闭合 → { KM_1 线圈通电【1-2-3-13-15-14-16-0】 KM_4 线圈通电【1-2-3-13-20-21-0】

说明:变速过程按"起动-停车"循环方式做低速连续冲动运行。

　　运行中的变速比较复杂,这里以"正向低速连续运行"过程中的变速为例进行说明。
图 4-2-9 是主轴在运行状态时的变速电路。

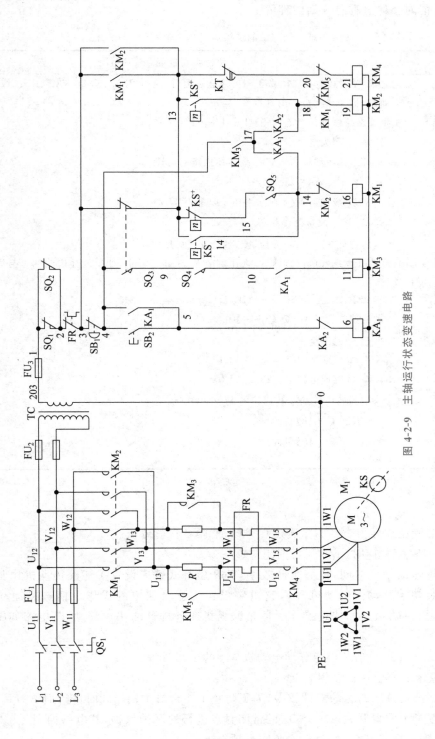

图 4-2-9 主轴运行状态变速电路

表 4-2-15 详细给出了主轴在运行状态时变速的实现过程,请读者仔细阅读,只有看懂每一步,才能对整体过程有全面的理解。

表 4-2-15　低速正向连续运行时主轴变速实现过程

操作元件	变速实现过程
SQ$_3$ SQ$_5$	变速之前,主轴电动机 M$_1$ 做正向低速连续运行,此时,KA$_1$、KM$_3$、KM$_1$、KM$_4$ 线圈通电,需要变速时,将变速孔盘拉出,则 　→主轴变速位置开关 SQ$_3$【4-9】打开,【3-13】闭合 　　　　{ KM$_3$ 线圈失电 　→{ KM$_1$、KM$_4$ 线圈失电,M$_1$ 依靠惯性正向运转 　　　　{ KS$^+$【13-18】闭合◄------ 　　　　　{ KM$_2$ 线圈通电【1-2-3-13-18-19-0】 　→{ M$_1$ 进入反接制动状态 　　　　　{ 转速低于 120r/min 后,KS$^+$【13-18】断开 　旋转变速孔盘选好所需转速后,将孔盘推入,在此过程中,如果滑移齿轮的齿与固定齿轮的齿顶撞,则 　　　　{ 主轴变速位置开关 SQ$_3$【3-13】闭合 　→{ 主轴变速位置开关 SQ$_5$【15-14】闭合 　　　　{ KS$^+$【13-15】闭合 　　　　　{ KM$_1$ 线圈通电【1-2-3-13-15-14-16-0】 　→{ KM$_4$ 线圈通电【1-2-3-13-20-21-0】 　→M$_1$ 起动运行,M$_1$ 转速超过 120r/min 后 　　　　{ KS$^+$【13-15】断开 　→{ KS$^+$【13-18】闭合------ 　　……

说明:变速过程按"停车-反接制动-起动"循环方式做低速连续冲动运行。变速完成后,主轴电动机 M$_1$ 在新的速度下重新运行。

快速移动及联锁
保护功能的实现

进给的变速过程与主轴的变速过程类似,请读者自行分析。

（6）快速移动电动机 M$_2$ 运行控制

为缩短辅助动作时间,提高生产效率,T68 型卧式镗床设置了能经传动机构驱动主轴箱和工作台快速移动的电动机 M$_2$,它由装设在工作台前方的操作手柄选择运动部件和运动方向,用主轴箱上的快速操作手柄来操纵机床各部件的快速移动,其电路如图 4-2-10 所示。

表 4-2-16 详细给出了快速移动电动机 M$_2$ 的工作过程。

（7）镗床的安全保护联锁装置

T68 型卧式镗床的运动部件较多,为了防止工作台或主轴箱同时进给损坏刀具,在控制电路中设置了由位置开关 SQ$_1$、SQ$_2$ 的常闭触点进行的联锁保护,其电路如图 4-2-11 所示。其中,SQ$_1$ 安装在工作台上,SQ$_2$ 安装在主轴箱上。

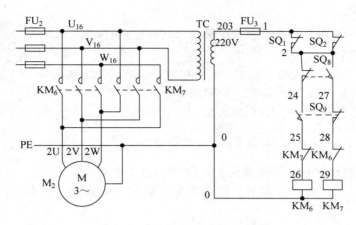

图 4-2-10　电动机 M_2 快速移动电路

表 4-2-16　快速移动电动机 M_2 的工作过程

驱动方向	操作元件	实　现　功　能
正向	SQ_9	把快速移动操作手柄推向"正向" 　→SQ_9【24-25】闭合 　　→KM_6 线圈得电【1-2-24-25-26-0】 　　　→KM_6 三对主触点闭合 　　　　→电动机 M_2 驱动运动部件做正向快速移动
反向	SQ_8	把快速移动操作手柄推向"反向" 　→SQ_8【2-27】闭合 　　→KM_7 线圈得电【1-2-27-28-29-0】 　　　→ KM_7 三对主触点闭合 　　　　→电动机 M_2 驱动运动部件做反向快速移动

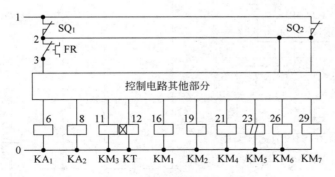

图 4-2-11　主轴与工作台联锁保护电路

当工作台进给时，SQ_1 被压动，其常闭触点【1-2】被打开；当主轴箱进给时，SQ_2 被压动，其常闭触点【1-2】被打开。若二者同时进给，则 SQ_1、SQ_1 均被压动，它们的常闭触点【1-2】均打开，切断控制回路电源，避免了刀具的损坏。

3）辅助电路分析

T68 型卧式镗床的辅助电路包含电源指示电路和照明电路，电路如图 4-2-12 所示。

控制变压器 TC 的二次侧有 6.3V 电源和 12V 电源。电源指示灯 HL 采用 6.3V 电源，熔断器 FU_5 做短路保护。照明灯 EL 采用 12V 电源，由组合开关 QS_2 控制，熔断器 FU_4 做短路保护。

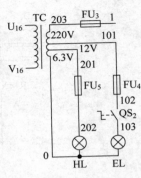

图 4-2-12　T68 型卧式镗床的辅助电路

4.2.3　T68 型卧式镗床典型故障检修案例

镗床电气控制系统常见故障类型很多，下面通过 2 个典型故障检修过程的流程，介绍 T68 型卧式镗床常见故障的一般检修方法。

检修案例 1：主轴电动机 M_1 转入高速时自动停转

1. 检修案例 1：主轴电动机 M_1 转入高速时自动停转

（1）故障调查：电动机 M_1 能低速起动运行，经延时后在转入高速运行时停转，说明继电器 $KA_1（KA_2）$、接触器 $KM_1（KM_2）$、KM_3 和 KM_4 动作正常；低速起动后有延时，说明时间继电器 KT 动作正常；延时后转入高速运行时停转，说明故障点在 KM_5 的线圈所在控制回路或其主触点所在的主电路。与此相关的电路如图 4-2-13 所示。

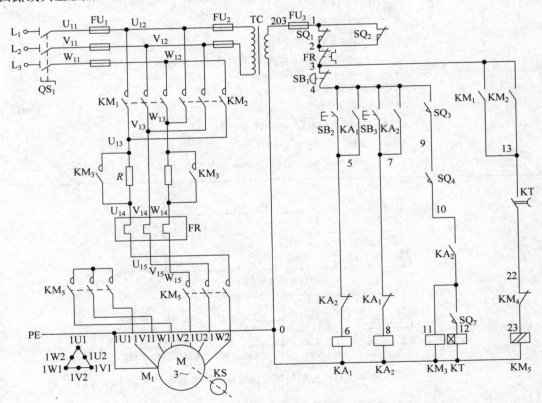

图 4-2-13　"主轴电动机 M_1 低速转高速"电路

（2）故障排除：故障点查找和检修集中在与 KM_5 的线圈和触点相关的回路。具体可参照图 4-2-14 所示步骤进行故障点的确定与检修。

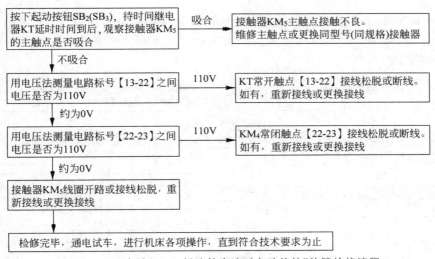

图 4-2-14 "电动机 M_1 低速转高速时自动停转"故障检修流程

2. 检修案例2：主轴电动机 M_1 不能反向运行

（1）故障现象：电动机 M_1 能正向点动、低高速运行，不能反向点动、连续运行。

（2）故障调查：电动机 M_1 能正向点动、低高速运行，说明电源电路、正转主电路、正转控制回路均正常。不能反向运行，说明故障范围在控制电动机 M_1 反转的 KM_5 所在的主电路或控制回路中。与此相关的电路如图 4-2-15 所示。

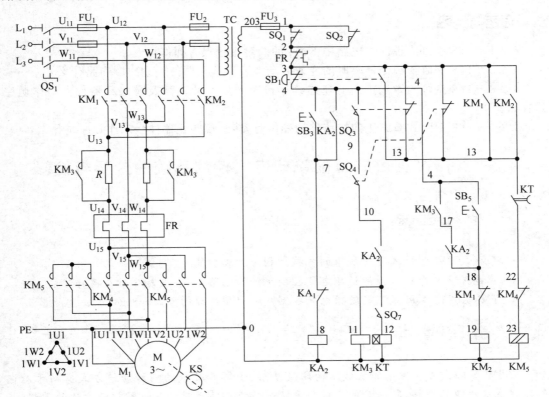

图 4-2-15 "主轴电动机 M_1 反向运行"电路

（3）故障排除：故障点查找和检修集中在控制电动机 M_1 反转的 KM_5 所在的主电路或控制回路中，根据故障现象，故障点可能不止一处。具体可参照流程图 4-2-16 所示步骤进行故障点的确定与检修。

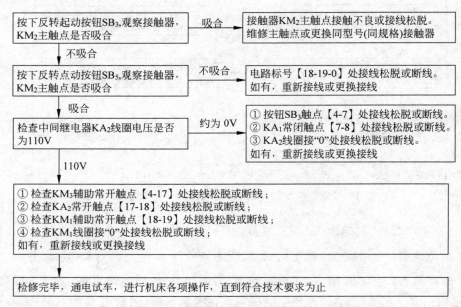

图 4-2-16 "电动机 M_1 不能反向运行"故障检修流程

 思考与练习

4-2-1 T68 型卧式镗床主电路中 KM_3 的两对主触点有何作用？

4-2-2 T68 型卧式镗床停车时的变速冲动涉及哪些元器件？动作顺序是什么？

4-2-3 T68 型卧式镗床正向低速连续运行时的变速冲动涉及哪些元器件？动作顺序是什么？

4-2-4 T68 型卧式镗床正向快速移动操作时，涉及哪些元器件？动作顺序是什么？

4.3 X62W 型卧式万能铣床电气控制系统的分析与检修

 学习目标

- 了解 X62W 型卧式万能铣床的机械结构与加工功能。
- 了解 X62W 型卧式万能铣床电气控制系统的电路组成、功能分析及操作方法。
- 了解 X62W 型卧式万能铣床电气控制系统典型故障的判断与检修方法。

学习指导

X62W 型卧式万能铣床的机械结构比较复杂，了解其机械结构和动作方式有助于对电气控制系统原理的理解，熟悉其电气控制系统的功能有助于对电气故障排除方法的掌握。

X62W 型卧式万能
铣床电路主要功能

4.3.1　X62W 型卧式万能铣床的结构与应用

1. 铣床简介

铣床(Milling Machine)是一种用途广泛的、用铣刀对工件进行铣削加工的机床。在铣床上可以加工平面(水平面、垂直面)、沟槽(键槽、T 形槽、燕尾槽等)、分齿零件(齿轮、花键轴、链轮)、螺旋形表面(螺纹、螺旋槽)及各种曲面。此外,还可用于对回转体表面、内孔进行加工及切断工作等。

铣床在工作时,工件装在工作台或分度头等附件上,以铣刀旋转为主运动,辅以工作台或铣头的进给运动,工件即可获得所需的加工表面。由于可多刃断续切削,生产率较高。

铣床的种类繁多,按加工方式可分为普通铣床和数控铣床。普通铣床又可分为卧式铣床、立式铣床、单柱铣床、龙门铣床等。随着数字技术的发展,数控铣床所占市场份额会越来越大。图 4-3-1 是几种常见的铣床。

(a) 卧式铣床　　(b) 立式铣床　　(c) 单柱铣床　　(d) 龙门铣床　　(e) 数控铣床

图 4-3-1　几种常见的铣床

本节以用途广泛的 X62W 型卧式万能铣床为例,介绍铣床的结构、电路组成、原理以及铣床电气控制系统的故障检修方法。

2. X62W 型卧式万能铣床的结构与功能

1) 型号含义

X62W 型卧式万能铣床的型号含义如下。

X：机床分类代号,表示铣床(汉语拼音"铣"的第一个字母)。

6：卧式。

2：2 号工作台(用 0、1、2、3、4 表示工作台台面的宽度)。

W：万能型(汉语拼音"万"的第一个字母)。

2) 基本结构

X62W 型卧式万能铣床的主要结构如图 4-3-2 所示。它主要由床身、升降台、横向溜板和工作台等部分组成。

X62W 型卧式万能铣床主要部件的作用如表 4-3-1 所示。

3) 运动形式及控制要求

在加工工件的过程中,X62W 型卧式万能铣床的运动形式为主运动、进给运动和辅助运动,简要说明如表 4-3-2 所示。

3. X62W 型卧式万能铣床的主要技术参数

X62W 型卧式万能铣床的主要技术参数如表 4-3-3 所示。

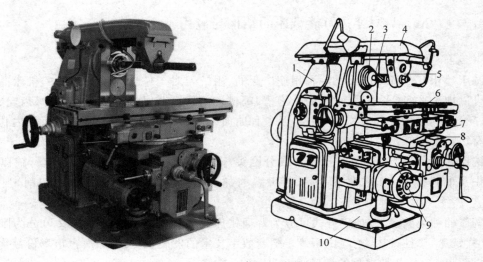

图 4-3-2 X62W 型卧式万能铣床外形和结构图

1—床身；2—主轴；3—刀架；4—悬梁；5—刀杆挂脚；6—工作台；7—回旋盘；8—横向溜板；9—升降台；10—底座

表 4-3-1 X62W 型卧式万能铣床主要部件的作用

部件名称	主 要 作 用
床身	床身内装有主轴传动和变速机构。床身前面的升降台可沿垂直导轨上下移动。支承铣刀心轴的刀杆支架在床身顶部的悬梁上，可沿导轨水平移动。悬梁又可在床身顶部导轨上做水平移动，以适应各种长度的心轴
升降台	进给系统的电动机和变速机构安装在升降台内部。依靠下面的丝杠，升降台可沿床身的导轨上下移动
横向溜板	装在升降台的水平导轨上，可沿导轨平行于主轴轴线方向做横向移动
工作台	装有夹具和工件的工作台，安装在横向溜板上的水平导轨上。工作台可沿导轨垂直于主轴轴线方向做纵向移动。万能铣床在横向溜板和工作台之间有回旋盘，可使工作台向左右做±45°旋转。工作台在水平面内除了可以纵向和横向进给外，还可以在倾斜方向进给，方便加工螺旋槽

表 4-3-2 X62W 型卧式万能铣床的运动形式与控制方案

运动种类	运动形式	控 制 方 案
主运动	主轴带动铣刀旋转	(1) 铣削加工有顺铣和逆铣两种，要求主轴电动机 M_1 能正、反转运行。X62W 型卧式万能铣床采用组合开关 SA_3 改变电源相序。 (2) 铣削加工是一种非连续加工方式，为减小振动，主轴上装有惯性轮，会造成停车困难，为此主轴电动机 M_1 配置了电磁离合器 YC_1 进行停车制动。 (3) 铣削加工过程中的主轴调速，电动机 M_1 转速不变，采用改变变速箱的齿轮传动比实现

续表

运动种类	运动形式	控 制 方 案
进给运动	工件随工作台作前、后、左、右、上、下移动	（1）工作台前、后、左、右、上、下 6 个方向的进给运动和快速移动，要通过进给电动机 M_2 的正、反转实现，可通过操作手柄和位置开关的配合，实现 6 个方向的运动与联锁。 （2）进给变速采用机械方式实现，电动机 M_2 转速不变。 （3）为防止刀具和机床的损坏，要求主轴电动机 M_1 起动后，进给电动机 M_2 才能起动。 （4）为了提高加工件的表面精度，要求进给电动机 M_2 停止后，主轴电动机 M_1 才能停止（或同时停止）
	圆工作台旋转	为了扩大加工能力，在工作台上配置了圆形工作台。圆形工作台的回转运动，由进给电动机 M_2 与传动机构的配合实现
辅助运动	工作台快速移动	通过电磁离合器 YC_3 和机械挡位改变的配合实现
	主轴变速冲动 进给变速冲动	主轴变速、进给变速后，为使调速时齿轮啮合良好，变速时设有瞬时冲动环节

表 4-3-3　X62W 型卧式万能铣床的主要技术参数

内 容	技 术 参 数
工作台面积/mm	320×1325
工作台最大纵向行程(手动/机动)/mm	700/680
工作台最大横向行程(手动/机动)/mm	255/240
工作台最大垂直行程(手动/机动)/mm	320/300
工作台最大回转角/(°)	±45
主轴中心线至工作台面距离/mm	30/350
主轴转速级数/级	18
主轴转速范围/(r/min)	30～1500
工作台进给量级数/级	18
主传动电动机功率/kW	7.5
进给电动机功率/kW	1.5
基础外形尺寸(长×宽×高)/mm	2294×1770×1610

4. X62W 型卧式万能铣床的基本操作

　　在充分了解 X62W 型卧式万能铣床基本结构的基础上，可参照表 4-3-4 尝试进行铣床的基本操作。只有通过反复操作，才能熟悉其加工功能。

表 4-3-4　X62W 型卧式万能铣床的基本操作

操 作 内 容	操 作 方 法 与 结 果
开车前检查	打开电气控制箱门，目测检查各电气元器件是否完好，接线有无松脱。检查各操作开关、手柄是否完好、是否在适当位置。检查各电动机是否正常
接通电源	合上电源开关 QS_1，再合上照明开关 SA_4 后，机床照明灯 EL 应该点亮
起动主轴电动机 M_1	把转换开关 SA_3 旋转到"顺铣(逆铣)"位，按下主轴电动机 M_1 起动按钮 SB_1/SB_2，仔细观察主轴电动机的运转情况；按下停车按钮 SB_5/SB_6，电动机 M_1 应能迅速制动停转
主轴电动机 M_1 换刀控制	把转换开关 SA_1 置于"换刀"位置，主轴被电磁离合器 YC_1 制动。此时，按下主轴电动机 M_1 起动按钮 SB_1/SB_2，M_1 不能起动

续表

操 作 内 容	操作方法与结果
主轴变速控制	将主轴变速手柄下压后向外拉出,选择所需转速后迅速推回变速手柄,观察主轴电动机 M_1 能否瞬间点动;当手柄推回原位后,主轴电动机 M_1 应能立即停止,主轴变速冲动过程结束
工作台6个方向进给运动	起动主轴电动机 M_1。 (1) 将左右进给手柄分别置于左、中、右各个位置,观察工作台能否向左、右运动; (2) 将前后进给手柄分别置于前、中、后各个位置,观察工作台能否向前、后运动; (3) 将上下进给手柄分别置于上、中、下各个位置,观察工作台能否向上、下运动
工作台快速移动	主轴电动机 M_1 未起动。 (1) 按下快速移动按钮 SB_3/SB_4,分别操作左、右进给手柄、前、后、上、下进给手柄,工作台应能分别快速向上、下、左、右、前、后方向运动; (2) 松开快速移动按钮 SB_3/SB_4,工作台上、下、左、右、前、后6个方向的快速运动移动应能立即停止
	起动主轴电动机 M_1。 (1) 按下快速移动按钮 SB_3/SB_4,分别操作左、右进给手柄、前、后、上、下进给手柄,工作台应能分别快速向上、下、左、右、前、后方向运动; (2) 松开快速移动按钮 SB_3/SB_4,工作台上、下、左、右、前、后6个方向由快速移动转为正常进给运动
进给变速控制	起动主轴电动机 M_1。 拉出进给电动机 M_2 的变速盘,选择好所需速度后迅速推回变速手柄,电动机 M_2 应能做变速冲动
圆工作台运转	起动主轴电动机 M_1。 (1) 将左、右进给手柄、前、后、上、下手柄均置于"中间(零)"位置,把转换开关 SA_2 旋转到"圆工作台"位置,圆工作台应能运转; (2) 圆工作台运转时,若将进给手柄向左、右、前、后、上、下任何一个方向,圆工作台应能立即停止运转; (3) 圆工作台运转时,将转换开关 SA_2 旋转到"非圆工作台"位置时,圆工作台应能立即停止运转
起动冷却泵电动机 M_3	起动主轴电动机 M_1,操作转换开关 QS_2,可起动冷却泵电动机 M_3
停车操作	为确保人身和设备安全,机床停运时,应先将6个方向进给运行操作手柄均置于"中间(零)"位置,按下主轴电动机停止按钮 SB_5/SB_6,待主轴电动机 M_1 停止运转后,切断电源开关 QS_1

说明:为保证整个铣床的运行安全,X62W型卧式万能铣床设置了如下3个电气联锁。

(1) 主轴电动机 M_1 和进给电动机 M_2 的顺序控制,通过控制电路实现。

(2) 主轴电动机 M_1 和冷却泵电动机 M_3 的顺序控制,通过主电路实现。

(3) 圆工作台与6个方向进给运动的联锁,通过6个方向操作手柄均置"中间"位置实现。

4.3.2 X62W 型卧式万能铣床的电气控制系统原理与功能分析

1. X62W 型卧式万能铣床电气控制系统原理图

X62W 型卧式万能铣床电气控制系统如图 4-3-3 所示,主要由电源电路、主电路、控制电路和辅助电路四部分组成。

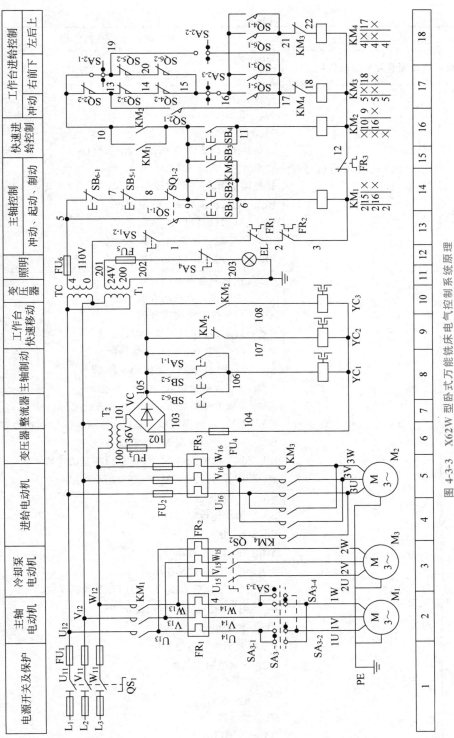

图 4-3-3 X62W 型卧式万能铣床电气控制系统原理

表 4-3-5 中对各部分电路的组成、功能与电路元器件作了简要说明。

表 4-3-5　各部分电路的主要功能与组成元器件

组成部分	实现功能	相关电路元器件及作用
电源电路	设备供电；电路保护	QS_1：电源总开关 FU_1：总电路短路保护熔断器
主电路	驱动电动机带动机械部件，实现工件加工	M_1：主轴电动机 M_2：进给电动机 M_3：冷却泵电动机 接触器 KM_1 主触点：控制 M_1 运行 转换开关 SA_3：控制 M_1 运行方向 接触器 KM_3/KM_4 主触点：控制 M_3 正/反转运行 FU_2：进给电动机 M_2 短路保护 FR_1：M_1 过载保护热元件 FR_2：M_3 过载保护热元件 FR_3：M_2 过载保护热元件
控制电路	控制电动机按照预设指令运行	YC_1：主轴制动电磁离合器 YC_2：正常进给电磁离合器 YC_2：快速进给电磁离合器 FR_1：M_1 过载保护的常闭辅助触点 FR_2：M_3 过载保护的常闭辅助触点 FR_3：M_2 过载保护的常闭辅助触点 KM_1 线圈及辅助触点：控制 M_1 运行 KM_2 线圈及辅助触点：控制快速进给运行 KM_3/KM_4 的线圈及辅助触点：控制 M_3 正/反向运转 SB_1/SB_2：两地控制 M_1 的起动按钮 SB_3/SB_4：两地控制 M_2 快速进给的起动按钮 SB_5/SB_6：两地控制 M_1 的停车制动按钮 SA_1：换刀开关 SA_2：圆工作台运行控制开关 SA_3：M_1 运行换向开关 SQ_1：主轴变速冲动控制开关 SQ_2：进给变速冲动控制开关 $SQ_3 \sim SQ_6$：工作台 6 个方向运行及联锁开关
辅助电路	变压、整流、照明等	FU_3/FU_4：整流电路短路保护 FU_5：控制电路短路保护 FU_6：照明电路短路保护 TC：控制电路变压器 T_1：照明变压器 T_2：整流电源 VC：整流器 SA_4：照明灯开关 EL：照明灯

2．X62W 型卧式万能铣床电气控制系统功能分析

1）主电路分析

X62W 型卧式万能铣床的主电路如图 4-3-4 所示。

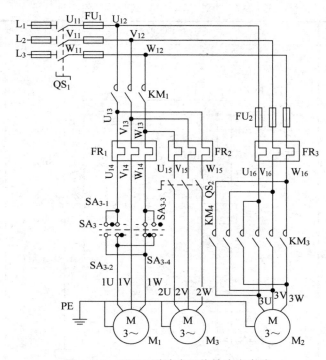

图 4-3-4　X62W 型卧式万能铣床主电路

主电路中共有 3 台电动机，分别是主轴电动机 M_1、进给电动机 M_2 和冷却泵电动机 M_3，具体说明详见表 4-3-6。

表 4-3-6　主电路功能分析

电器设备与元器件	相关电气控制元器件
主轴电动机 M_1	转换开关 SA_3 控制运行方向，KM_1 主触点控制运行
进给电动机 M_2	KM_3/KM_3 的主触点，控制 M_2 正/反向运转
冷却泵电动机 M_3	与主轴电动机 M_1 形成顺序控制
其他附件	QS_1：电源总开关 FU_1：总电路短路保护 FU_2：进给电动机 M_2 短路保护 FR_1、FR_2、FR_3：电动机 M_1、M_3、M_2 过载保护热元件

2）控制电路分析

X62W 型卧式万能铣床的控制电路比较复杂，为方便理解，下面按功能逐一展开，详细进行控制过程的说明。

（1）主轴电动机 M_1 运行控制

主轴电动机 M_1 的运行控制分为起动控制、制动控制、换刀控制和变速冲动四部分，具体实现过程详见表 4-3-7。

表 4-3-7　主轴电动机 M_1 运行控制的实现

操作内容	动作元件	实 现 过 程	线圈通电路径
起动运行	SB_1/SB_2 SA_3 KM_1 SQ_1	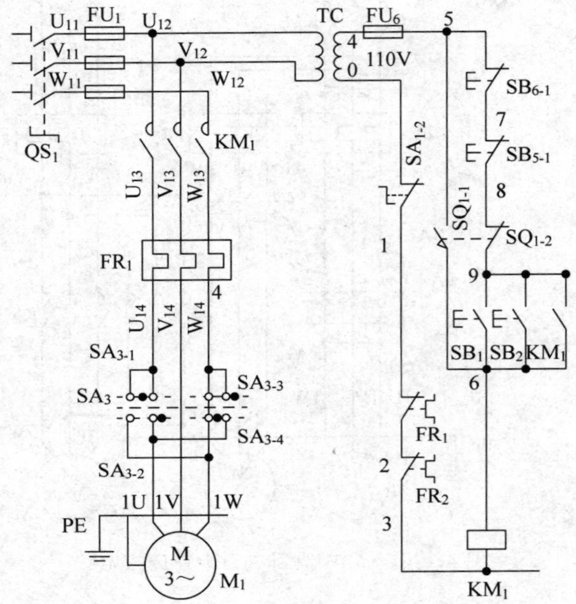 主轴起动运行电路 合上电源开关 QS_1 主轴方向开关 SA_3 旋转至所需方向 按下起动 SB_1/SB_2 　→接触器 KM_1 线圈通电 　→{ KM_1 三对主触点闭合 　　 KM_1 辅助常开触点【9-6】闭合，自锁 　→电动机 M_1 起动运行	KM_1 线圈： 4-5-7-8-9-6-3-2-1-0

续表

操作内容	动作元件	实 现 过 程	线圈通电路径
制动控制	SB$_5$/SB$_6$ KM$_1$ YC$_1$	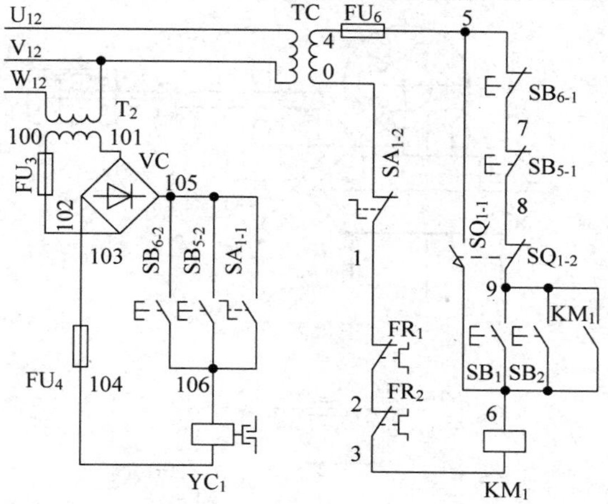 主轴制动电路 在起动运行状态下 按下停车按钮 SB$_5$/SB$_6$（深按到底） →接触器 KM$_1$ 线圈失电 →{KM$_1$ 三对主触点断开 M$_1$ 绕组失电 →按钮 SB$_5$/SB$_6$ 触点【105-106】闭合 →电磁离合器 YC$_1$ 线圈通电 →电动机 M$_1$ 制动后迅速停车	YC$_1$ 线圈： 105-106-104-102
换刀制动	SA$_1$ YC$_1$ KM$_1$	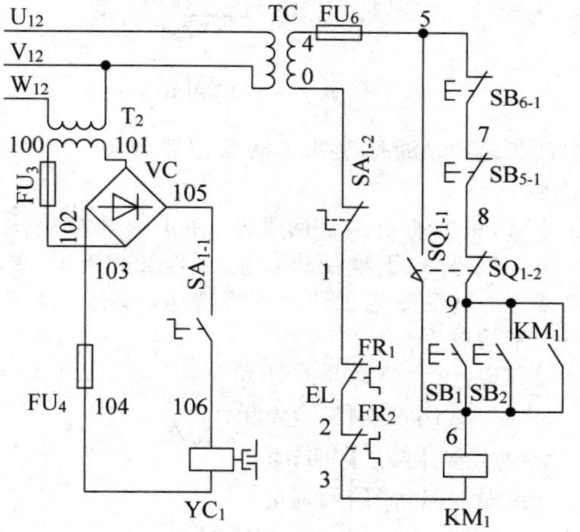 主轴换刀电路 换刀开关 SA$_1$ 置"换刀"位置 →常闭触点 SA$_{1-2}$【0-1】打开 →{切断控制回路电源,确保人身安全 KM$_1$ 线圈失电,电动机 M$_1$ 断电 →常开触点 SA$_{1-1}$【105-106】闭合 →电磁离合器 YC$_1$ 线圈通电 →电动机 M$_1$ 制动	YC$_1$ 线圈： 105-106-104-102

续表

操作内容	动作元件	实 现 过 程	线圈通电路径
变速冲动	SA_1 KM_1 SQ_1	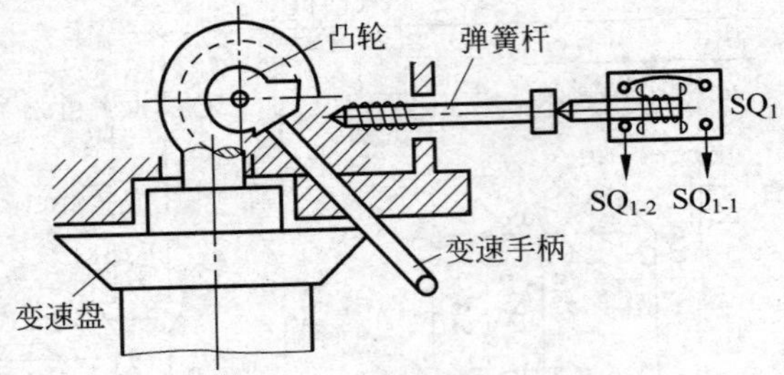 主轴变速机构 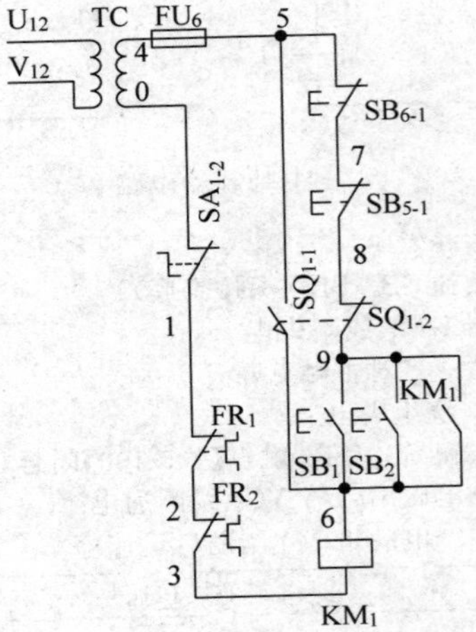 主轴变速冲动电路 主轴变速冲动通过变速手柄与位置开关 SQ_1 的机械联动实现。 变速时,将主轴变速手柄下压,使手柄的榫块从定位槽中脱出,之后外拉手柄使榫块落入第二道槽中,使齿轮组脱离啮合。转动变速盘选定所需转速后,把变速手柄快速推回原来的位置。 在此过程中,压合位置开关 SQ_1 → { SQ_{1-2} 常闭触点【8-9】分断 　　SQ_{1-1} 常开触点【5-6】闭合 　→接触器 KM_1 线圈通电 　　→ { 接触器 KM_1 主触点闭合 　　　　电动机 M_1 瞬时转动,便于齿轮啮合 当手柄推回原位后,SQ_1 复位 → { SQ_{1-1} 常开触点【5-6】分断 　　SQ_{1-2} 常闭触点【8-9】闭合 　→接触器 KM_1 线圈失电 　　→ { 接触器 KM_1 主触点断开 　　　　电动机 M_1 停止转动,变速冲动结束	KM_1 线圈: 4-5-6-3-2-1-0

（2）冷却泵电动机 M_3 的运行控制

冷却泵电动机 M_3 与主轴电动机之间是顺序控制。在主轴电动机 M_1 起动后，通过旋转转换开关 QS_2 实现控制。

（3）进给电动机 M_2 运行控制

X62W 型卧式万能铣床的进给是依靠电动机 M_2 带动工作台的运转来实现的，过程比较复杂。除了 6 个方向（通过方向操作手柄实现）的正常进给、变速冲动和快速移动外，还可带动圆工作台进行圆弧或凸轮的加工。表 4-3-8 详细给出了进给电动机 M_2 各种运行控制的实现过程。

工作台六方向
进给运行控制

工作台的其他
运行控制

表 4-3-8　进给电动机 M_2 运行控制的实现过程

操作内容	动作元件	实现过程	线圈通电路径
工作台向下（前）运动	KM_1 YC_2 SQ_3 KM_3 SA_2	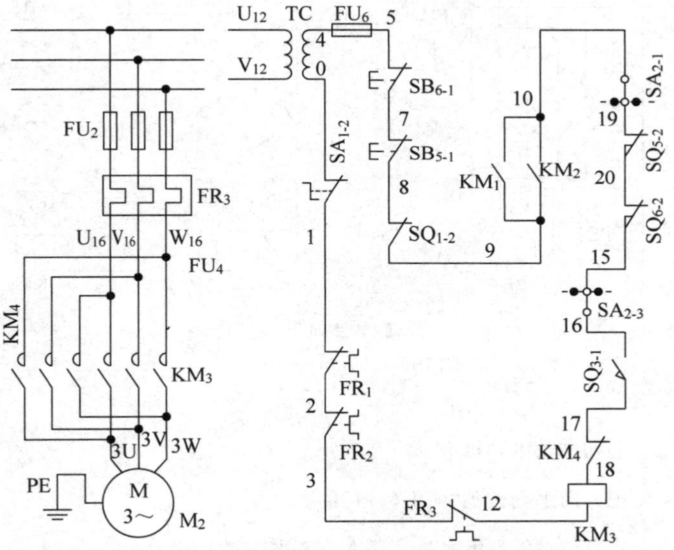 工作台向下（前）电路 起动主轴电动机 M_1 把方向手柄搬到"向下（前）"位 垂直传动丝杠电磁离合器 YC_2 线圈通电 位置开关 SA_{2-1} 触点【10-19】闭合 位置开关 SA_{2-3} 触点【15-16】闭合 位置开关 SQ_{3-1} 常开触点【16-17】闭合 　→接触器 KM_3 线圈通电 　　→KM_3 辅助常闭触点【21-22】断开，联锁 　　→KM_3 三对主触点闭合 　　→M_2 正向旋转，工作台向下（前）运行	KM_3 线圈： 5-7-8-9-10-19-20-15-16-17-18-12-3-2-1-0

操作内容	动作元件	实 现 过 程	线圈通电路径
工作台向上(后)运动	KM$_1$ YC$_2$ SQ$_4$ KM$_4$ SA$_2$	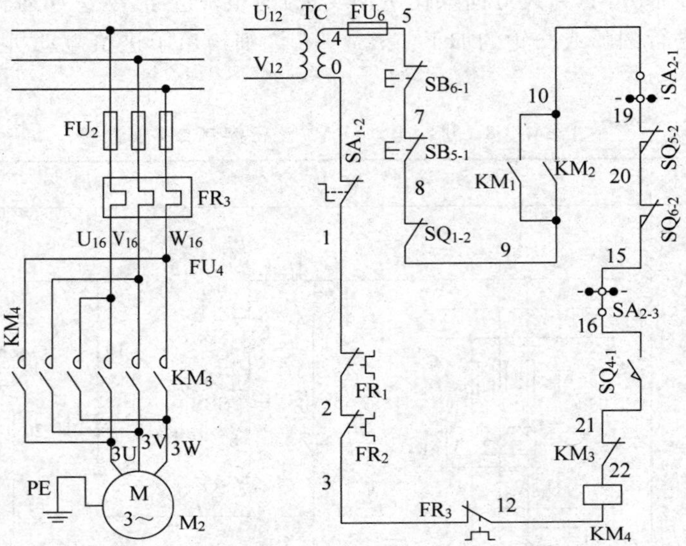 工作台向上(后)电路 起动主轴电动机 M$_1$ 把方向手柄搬到"向上(后)"位 垂直传动丝杠电磁离合器 YC$_2$ 线圈通电 位置开关 SA$_{2-1}$ 触点【10-19】闭合 位置开关 SA$_{2-3}$ 触点【15-16】闭合 位置开关 SQ$_{4-1}$ 常开触点【16-21】闭合 →接触器 KM$_4$ 线圈通电 → { KM$_4$ 辅助常闭触点【17-18】断开,联锁 KM$_4$ 三对主触点闭合 →M$_2$ 反向旋转,工作台向上(后)运行	KM$_4$ 线圈: 5-7-8-9-10-19- 20-15-16-21- 22-12-3-2-1-0

续表

操作内容	动作元件	实 现 过 程	线圈通电路径
工作台 向左运动	KM₁ SQ₅ KM₃ SA₂	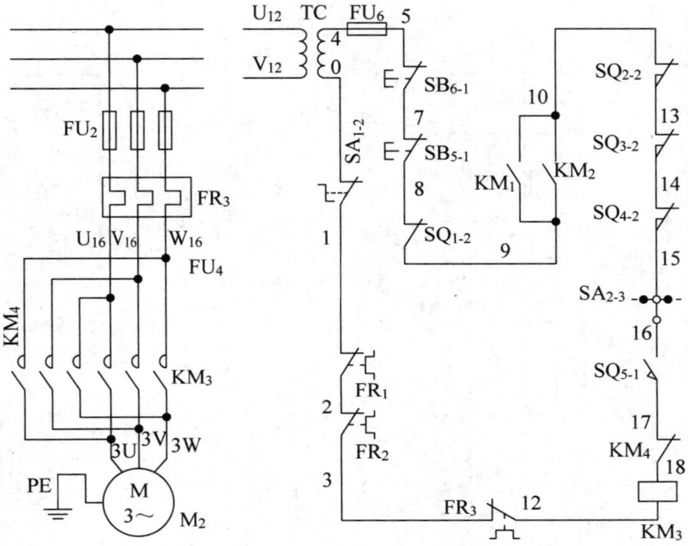 起动主轴电动机 M₁ 把方向手柄搬到"向左"位 位置开关 SA₂₋₃ 触点【15-16】闭合 位置开关 SQ₅₋₁ 常开触点【16-17】闭合 →接触器 KM₃ 线圈通电 KM₃ 辅助常闭触点【21-22】断开,联锁 KM₃ 三对主触点闭合 →M₂ 正向旋转,工作台向左运行	KM₃ 线圈: 5-7-8-9-10-13- 14-15-16-17- 18-12-3-2-1-0

工作台向左电路

续表

操作内容	动作元件	实 现 过 程	线圈通电路径
工作台 向右运动	KM₁ SQ₆ KM₄ SA₂	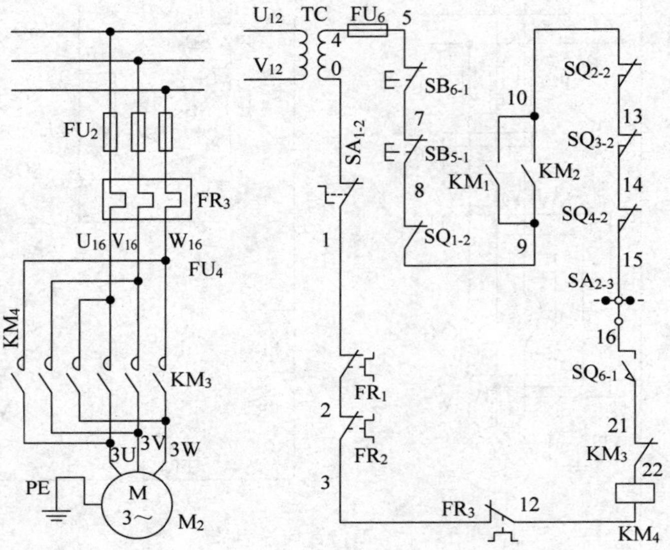 工作台向右电路 起动主轴电动机 M₁ 把方向手柄搬到"向右"位 位置开关 SA₂₋₃ 触点【15-16】闭合 位置开关 SQ₆₋₁ 常开触点【16-21】闭合 →接触器 KM₄ 线圈通电 →{KM₄ 辅助常闭触点【17-18】断开,联锁 KM₄ 三对主触点闭合 →M₂ 反向旋转,工作台向右运行	KM₄ 线圈: 5-7-8-9-10-13- 14-15-16-21- 22-12-3-2-1-0

续表

操作内容	动作元件	实 现 过 程	线圈通电路径
工作台 进给 变速冲动	SQ$_2$ KM$_3$ SA$_2$	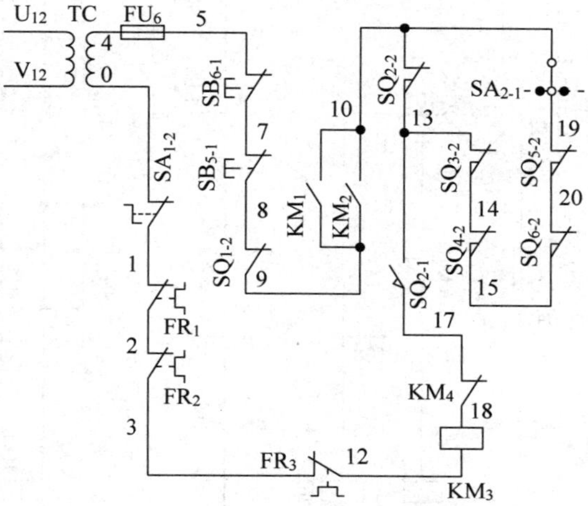 工作台进给变速冲动电路 把所有的进给变速手柄置于"零"位。 　　变速时,将进给变速盘向外拉出,使进给齿轮松开,转动变速盘选定进给速度后,再把变速手柄快速推回原来的位置。 在此过程中,压合位置开关 SQ$_2$ → { SQ$_{2-2}$ 常闭触点【10-13】分断 　 SQ$_{2-1}$ 常开触点【13-17】闭合 →接触器 KM$_3$ 线圈通电 → { 接触器 KM$_3$ 主触点闭合 　 电动机 M$_2$ 瞬时转动,便于齿轮啮合 当手柄推回原位后,SQ$_2$ 复位 → { SQ$_{2-1}$ 常开触点【13-17】分断 　 SQ$_{2-2}$ 常闭触点【10-13】闭合 →接触器 KM$_3$ 线圈失电 → { 接触器 KM$_3$ 主触点断开 　 电动机 M$_2$ 停止转动,变速冲动结束	KM$_3$ 线圈: 5-7-8-9-10- 19-20-15- 14-13-17- 18-12-3-2-1-0

操作内容	动作元件	实现过程	线圈通电路径
工作台快速移动	SB_3/SB_4 KM_3 (KM_4) YC_2 YC_3	工作台快速移动电路 工作台的快速移动需要通过各个方向的操作手柄、快速移动按钮 SB_3/SB_4、快速进给电磁离合器 YC_3 和进给电动机 M_2 的配合共同实现。 把操作手柄扳到所需快速移动方向,按下快速移动按钮 SB_3/SB_4 →接触器 KM_2 线圈通电 →KM_2 辅助常闭触点【105-107】断开 →电磁离合器 YC_2 线圈失电 →齿轮传动链与进给丝杠分离 →KM_2 辅助常开触点【105-108】闭合 →电磁离合器 YC_3 线圈通电 →进给电动机与丝杠直接搭合 →KM_2 辅助常开触点【9-10】闭合 →接触器 KM_3(KM_4)线圈通电 →电动机 M_2 正转(反转) →工作台沿选定方向快速移动 放开快速移动按钮 SB_3/SB_4 →工作台快速移动停止	KM_2 线圈: 5-7-8-9-11- 12-3-2-1-0 YC_3 线圈: 105-108- 104-102

续表

操作内容	动作元件	实现过程	线圈通电路径

圆工作台运动	SA$_2$
	SB$_1$/SB$_2$
	KM$_1$
	KM$_3$
		
		圆工作台运动控制电路
		
		将 4 个进给操作手柄置"零"位,位置开关 SQ$_3$～SQ$_6$ 均置正常(不动作)位。
		转换开关 SA$_2$ 旋转到"接通"位
		  SA$_{2-1}$ 触点【10-19】断开
		  SA$_{2-3}$ 触点【15-16】断开
		  SQ$_{1-2}$ 触点【8-9】闭合
		  SQ$_{2-2}$ 触点【10-13】闭合
		→ SQ$_{3-2}$ 触点【13-14】闭合
		  SQ$_{1-2}$ 触点【14-15】闭合
		  SQ$_{6-2}$ 触点【15-20】闭合
		  SQ$_{5-2}$ 触点【20-19】闭合
		  SA$_{2-2}$ 触点【19-17】闭合
		→按下 SB$_1$/SB$_2$
		  →接触器 KM$_1$ 线圈通电
		    KM$_1$ 三对主触点闭合
		    主轴电动机 M$_1$ 起动运行
		→ KM$_1$ 辅助常开触点【9-10】闭合
		    接触器 KM$_3$ 线圈通电
		    KM$_3$ 三对主触点闭合
		→ 进给电动机 M$_2$ 起动运行
		    圆工作台按选定方向运行
			KM$_1$ 线圈:
			5-7-8-9-6-3-2-1-0
			
			KM$_3$ 线圈:
			5-7-8-9-10-13-14-15-20-19-17-18-12-3-2-1-0

3)照明电路分析

铣床照明灯 EL 的 24V 电源由控制变压器 T$_1$ 供给。EL 由组合开关 SA$_4$ 控制,熔断器 FU$_5$ 做短路保护。

4.3.3 X62W 型卧式万能铣床典型故障检修案例

铣床电气控制系统常见的故障类型很多,下面通过两个典型故障检修过程的流程,介绍

X62W 型卧式万能铣床常见故障的一般检修方法。

1. 检修案例 1: 主轴不能运转

（1）故障调查：X62W 型卧式万能铣床的主轴由电动机 M_1 驱动，若主轴不能运转，排除机械原因之外，要围绕电动机 M_1 是否能够正常起动和运转所在的电路进行检修。与此相关的电路如图 4-3-5 所示。

检修案例 1:
主轴不能运转

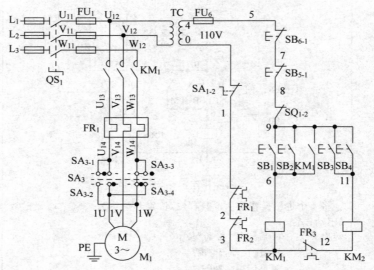

图 4-3-5　主轴运转电路

（2）故障排除：故障点的查找和检修，集中在控制 M_1 运行的电气元器件所在回路。可按照图 4-3-6 所示流程步骤，进行故障点的确定与检修。

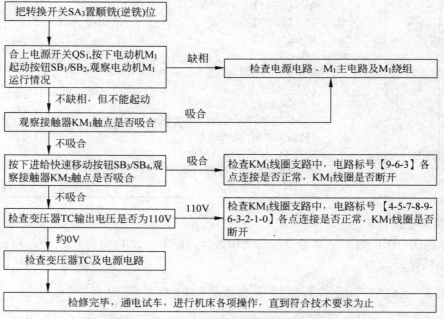

图 4-3-6　"主轴不能运转"故障检修流程

2. 检修案例 2：主轴电动机 M_1 停车时无制动

（1）故障调查：X62W 型卧式万能铣床在主轴电动机 M_1 停车或换刀时，需要使用 YC_1 进行制动。如果无法制动，排除机械原因之外，故障可能的范围在电磁离合器 YC_1、整流电路和相关的控制电路中。与此相关的电路如图 4-3-7 所示。

检修案例 2：
主轴电动机 M_1
停车时无制动

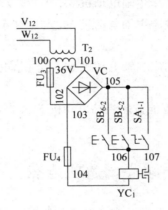

图 4-3-7 主轴电动机 M_1 停车制动电路

（2）故障排除：故障点的查找和检修，集中在电磁离合器 YC_1、整流电路和相关的控制电路中。按照图 4-3-8 所示流程步骤，进行故障点的确定与检修。

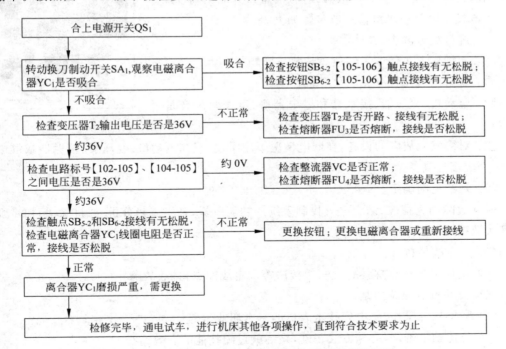

图 4-3-8 "主轴电动机 M_1 停车无制动"故障检修流程

机电设备的种类繁多，电气控制系统的种类成千上万。本章从 3 个典型机床出发，详细介绍了机床的结构、功能和电气控制系统，并由简到繁、由易到难，循序渐进地介绍了机电设备常见电气故障的检修方法。

实际电路的故障千变万化,希望读者能够不拘一格,不限一法,灵活运用各种方法。

 思考与练习

4-3-1　X62W 型卧式万能铣床主轴电动机 M_1 的正/反转是如何实现的?

4-3-2　X62W 型卧式万能铣床主轴电动机 M_1 与冷却泵电动机 M_3 之间的顺序控制是如何实现的?

4-3-3　X62W 型卧式万能铣床主轴电动机 M_1 与进给电动机 M_2 之间的起动顺序是如何设置的?

4-3-4　比较 X62W 型卧式万能铣床主轴电动机 M_1 与 T68 型卧式镗床主轴电动机 M_1 的制动过程有何异同。

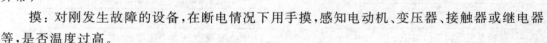细语润心田:规范操作,铸就匠心

机电设备运行出现故障不可避免。掌握电气故障的判断与检修方法,是电气工程技术人员的基本技能。

机床设备出现电气控制系统故障时,电气维修人员应能采取正确的检修步骤,及时查出故障线路(设备),并能正确排除。

机电设备电气故障维修一般步骤如下。

(1) 进行故障调查,具体如下。

问:向操作人员仔细了解故障现象与问题;

看:观察电气元件有无明显异常;

听:电动机、变压器、接触器和继电器等,工作时声音是否异常;

摸:对刚发生故障的设备,在断电情况下用手摸,感知电动机、变压器、接触器或继电器等,是否温度过高。

(2) 判断范围确定。

根据故障调查情况,结合电气控制系统的功能分析,采用逻辑分析(或排除法)初步判断故障大致范围。

(3) 进行故障排除。

采取电压测量法、电阻测量法、短接法等确定故障点,排故故障。

这里需要重点强调的是:

(1) 坚持规范操作,是电气技术人员的基本职业素养;

(2) 坚持勤学苦练,确保方法正确,是练就过硬技能的有效途径;

(3) 坚持严谨细致,一丝不苟,才能铸就匠心,达到事半功倍的效果。

本 章 小 结

1. 识读电气控制系统图的基本方法

区域	功 能 说 明
上部	文字标注：按实现功能划分,用文字标注各区域的电路功能。如"电源保护""电源开关""主轴电动机"等
中部	电路原理图：主要由触点和线圈的连接组成,是电气控制系统的逻辑关系。 (1) 根据触点查找线圈位置：在触点位置标注线圈所在区域,如"$\frac{KA_1}{10}$",表示 KA_1 的线圈在电路图的 10 区。 (2) 根据线圈查找触点位置：在接触器(继电器)线圈的下方,标注该元件各个触点对应的位置,如 KM 下方的"$\begin{smallmatrix}2&8&\times\\2&10&\times\\2&&\end{smallmatrix}$",表示 KM 的三对主触点在 2 区,两对常开辅助触点分别在 8 区和 10 区,两对辅助触点备而未用
下部	数字标注：按一个回路或一条支路为单位进行划分,并从左至右用数字标注编号

2. 电气设备故障检修的一般步骤

步 骤	检修(操作)说明
故障调查	通过"问、看、听、摸"等方式,仔细了解故障现象与问题
故障范围确定	根据故障调查情况,结合电气控制系统的功能分析,采用逻辑分析(或排除法)初步判断故障的大致范围
故障排除	通过断电检查和通电检查,对故障点(设备)进行检修或替换
善后工作	与操作工配合完成试运行,确保故障排除,能正常运行；为方便后续维护,需要做好故障维修记录

3. 电气设备故障检修的一般方法

故障检修方法	功 能 说 明
电压测量法	阶梯电压测量法、分段电压测量法(需借助万用表)
电阻测量法	阶梯电阻测量法、分段电阻测量法(需借助万用表)
短路接线法	局部短接法、长短接法(需借助万用表和导线)

习 题 4

4-1 CA6140 型卧式车床主轴电动机 M_1 在电气上仅能正向运转,它是如何实现机械反转的？

4-2　简述 CA6140 型卧式车床主轴电动机 M_1 的起动运行过程。

4-3　简述 CA6140 型卧式车床冷却泵电动机 M_2 的起动运行过程。

4-4　用电阻法判断故障范围时,为什么一定要把支路(或回路)之间进行分离?

4-5　用电压法判断控制回路的故障点时,如果测量到线圈之外的两点之间有全额工作电压,说明什么问题?

4-6　用短路法确定控制回路的故障范围时,如果用短路线把两点之间搭接后故障消失,说明什么问题?

4-7　简述 T68 型卧式镗床主轴电动机 M_1 正向点动运行的起动过程。

4-8　简述 T68 型卧式镗床主轴电动机 M_1 反向低速连续运行的起动运行过程。

4-9　简述 T68 型卧式镗床主轴电动机 M_1 正向由低速转高速的起动运行过程。

4-10　简述 T68 型卧式镗床主轴电动机 M_1 由正向低速连续运行到制动停止的操作与实现过程。

4-11　为防止工作台或主轴箱同时进给损坏刀具,T68 型镗床是如何设置联锁保护的?

4-12　简述 X62W 型卧式万能铣床主轴电动机 M_1 反向连续运行的起动运行过程。

4-13　简述 X62W 型卧式万能铣床主轴电动机 M_1 的停车制动过程。

4-14　简述 X62W 型卧式万能铣床主轴电动机 M_1 的换刀操作过程。

4-15　简述 X62W 型卧式万能铣床主轴电动机 M_1 的变速冲动操作过程。

4-16　X62W 型卧式万能铣床工作台向下运行时,涉及哪些元器件? 动作顺序如何?

4-17　X62W 型卧式万能铣床工作台向后运行时,涉及哪些元器件? 动作顺序如何?

4-18　X62W 型卧式万能铣床工作台向左运行时,涉及哪些元器件? 动作顺序如何?

4-19　X62W 型卧式万能铣床工作台进给变速冲动时,涉及哪些元器件? 动作顺序如何?

4-20　X62W 型卧式万能铣床圆工作台运动时,涉及哪些元器件? 动作顺序如何?

第5章

单相异步电动机及应用

单相电机一般是指单相异步电动机,是一种用单相交流电源(～220V)供电的小功率电动机,容量一般在几瓦到几百瓦。单相异步电动机具有结构简单、成本低廉、运行可靠、噪声小、维修方便等特点,在功能简单的小功率电气产品中得到了广泛的应用。下图是一些单相异步电动机在生活和办公场所使用的案例。

(a) 电风扇　　(b) 空调外机　　(c) 洗衣机　　(d) 油烟机　　(e) 鼓风机

单相异步电动机应用案例

本章以生活和办公场所常用的单相异步电动机为例,介绍其结构、工作原理、机械特性、运行控制、选择和检修方法。

5.1　单相异步电动机的结构与工作原理

学习目标

- 了解单相异步电动机的结构。
- 熟悉单相异步电动机的工作原理。
- 熟悉单相异步电动机的分相与起动形式。

学习指导

单相异步电动机与三相异步电动机的内部结构不同,工作原理大致相同。了解单相异步电动机的结构、工作原理和分相形式,有助于对其运行和控制方案的理解和掌握。

单相异步电动机
的结构与型号

5.1.1 单相异步电动机的结构

不同类型的单相异步电动机结构略有不同。这里以最普通的 YL 系列单相异步电动机为例进行说明。从外观上看,单相异步电动机体积较小,与三相异步电动机相比,外观上多了一个电容盒。把单相异步电动机拆开来看,其主要结构有定子、转子、电容器及其他附件,如图 5-1-1 所示。

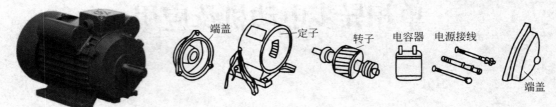

图 5-1-1　单相异步电动机的结构

单相异步电动机各主要部件的作用如表 5-1-1 所示。

表 5-1-1　单相异步电动机各主要部件的作用

主要部件	结构与作用
定子部分	铁心:由 0.35～0.5mm 厚、相互绝缘的硅钢片叠成,其内圆有均匀分布的槽。 作用:嵌放定子线圈,为磁通提供有效路径
	绕组:用两组漆包线按一定规律绕制,在空间呈 90°电角度分布于定子铁心槽内。 作用:通入单相交流电,在定子中产生旋转磁场
转子部分	铁心:由 0.35～0.5mm 厚、相互绝缘的硅钢片叠成,其外圆上有均匀分布的槽。 作用:用于嵌放转子绕组
	绕组:由铜或铝浇注而成。 作用:通过在转子线圈中产生感应电流,进而形成电磁力矩带动转子旋转
电容器	结构:耐压较高的聚丙烯电容器、油浸式纸介电容器、密封式蜡浸纸介电容器。 作用:移相电容,用于两个定子绕组中产生相位差,通电后产生旋转磁场
其他附件	端盖:用于固定和支承电动机转轴。 风扇:用于电动机冷却。 接线端:用于连接外部电源与定子绕组

5.1.2 单相异步电动机的型号

国产单相异步电动机的型号由产品代号、规格代号、特殊环境代号和补充代号等部分组成,型号编制遵循《旋转电机产品型号编制方法》(GB/T 4831—2016)。图 5-1-2 是一个具体的电动机型号及其符号含义。

如遇其他型号的电动机,可结合《旋转电机产品型号编制方法》(GB/T 4831—2016),参考图 5-1-2 的文字符号含义理解。

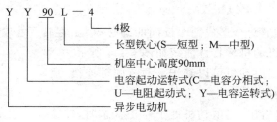

图 5-1-2 电动机型号的含义

5.1.3 单相异步电动机的机械特性

单相异步电动机
的机械特性

1. 单相交流电产生的脉动磁场

在第 2 章中详细介绍了三相交流异步电动机的工作原理。三相交流异步电动机之所以能够带动设备旋转,是因为在空间对称的三相定子绕组中通入相位对称的三相交流电,能产生一个旋转磁场。

如果对单相异步电动机定子绕组中通入单相交流电,结果会怎样呢?

设绕组中的电流为

$$i = I_m \sin\omega t$$

由此产生的磁通势为

$$f = F_m \sin\omega t$$

从上式可以看出,定子中的磁通势是一个交变脉动的量,而非一个旋转的量。

根据电磁理论可知,一个交变脉动的磁通势可以分解为两个幅值相等($0.5F$)、转速相等、反向旋转的磁通势。用相量表示的磁通势关系为

$$\dot{F} = 0.5\dot{F}_+ + 0.5\dot{F}_-$$

交流脉动磁势及分解式的图解过程如图 5-1-3 所示。图中的 $\dot{F}_+$ 逆时针旋转,$\dot{F}_-$ 顺时针旋转。

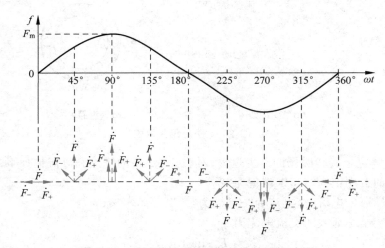

图 5-1-3 交流脉动磁势及分解式的图解过程

2. 单相异步电动机的机械特性

两个反向旋转的磁通势会形成两个反向的旋转磁场,在转子中会形成两个对称于原点的曲线,单相异步电动机的机械特性曲线如图 5-1-4 所示。

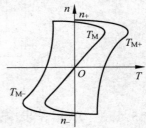

因此,一台单相异步电动机可以看作是两台同轴连接、反向运行的三相异步电动机。

从这个曲线中可以看出,当电动机处于停止状态时,转速 $n=0$。此时的合成转矩 $T_M = T_{M+} + T_{M-} = 0$。即使外加足够大的电压,电动机也无法起动。

一旦电动机有某一方向的初速度后,如轻轻正向拨动转子,则 $n_+ > 0$,此时电动机的合成转矩 $T_M = T_{M+} + T_{M-} > 0$,电动机将正向旋转,电动机工作在机械特性曲线的第一象限。

图 5-1-4　单相异步电动机的机械特性曲线

反之,如 $n_- < 0$,此时电动机的合成转矩 $T_{M+} + T_{M-} < 0$,电动机将反向旋转,电动机工作在机械特性曲线的第三象限。

对于一些通电不能起动的单相异步电动机(或三相异步电动机),有经验的技术人员常常在通电的同时,拨动电动机的转子。如果电动机能沿着拨动的方向旋转,就说明电动机的合成磁场存在问题(三相电动机可能是缺相所致),并据此进行后续的故障检修。

5.1.4　单相异步电动机的工作原理

实际中,单相异步电动机的定子绕组分为起动绕组(S)和工作绕组(W),二者在空间按对称的方式嵌入定子铁心,其作用是绕组通电后产生旋转磁场。

单相异步电动机的工作原理

图 5-1-5(a)是一个定子绕组剖面图,图 5-1-5(b)是一个简化定子绕组模型,图中仅用两根导线代替定子中的两个绕组。图中的定子铁心中有 4 个槽,两个绕组按空间对称的方式依次嵌入,两个绕组的 4 个引线端在空间呈 90°布置,两个首端(或末端)依次相差 90°。

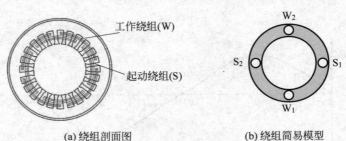

(a) 绕组剖面图　　　　　　(b) 绕组简易模型

图 5-1-5　定子绕组简易模型

为帮助理解定子旋转磁场的产生过程,对表 5-1-2 中的绕组和电流作如下规定:

(1) 绕组的首端记为"1",末端记为"2"。

(2) 绕组端通入电流时,电流为"+"标为"×";为"−"标为"●"。

(3) 两个绕组中通入的交流电流为

$$\begin{cases} i_S = I_m \sin\omega t \\ i_W = I_m \sin(\omega t - 90°) \end{cases}$$

在表 5-1-2 中,详细给出了电动机定子旋转磁场的产生过程。

表 5-1-2　定子旋转磁场的产生过程

时间节点	输入电流/A	旋转磁场产生过程	合成磁场方向
$\omega t = 0°$	$i_S = 0$ $i_W = -I_m$		磁极 S 在 0° 方向
$\omega t = 90°$	$i_S = I_m$ $i_W = 0$		磁极 S 顺时针旋转至 90°
$\omega t = 180°$	$i_S = 0$ $i_W = I_m$		磁极 S 顺时针旋转至 180°
$\omega t = 270°$	$i_S = -I_m$ $i_W = 0$		磁极 S 顺时针旋转至 270°
$\omega t = 360°$	$i_S = 0$ $i_W = -I_m$		磁极 S 顺时针旋转至 360°

结论:在空间相差 90° 的两个绕组中,通入相位相差为 90° 的两个交流电流,在定子绕组中会产生一个旋转磁场;旋转磁场的方向与两个绕组电流的相序一致;运行中可通过调整两个绕组电流相序的方式调整磁场的旋转方向。

实际上,只要在定子铁心中布置的两个绕组中,通入的交流电流有一定的相位差,都能在定子中形成圆形(或椭圆形)的旋转磁场。

但是,单相异步电动机仅仅接入一个单相交流电源,它是怎样解决两个绕组中的电流相位差问题呢?下面要介绍的是电动机定子绕组中电流的分相问题。

5.1.5 单相异步电动机的起动分相方式

单相异步电动机两个定子绕组中电流的分相方式不同,电动机的起动和运行特性就不同。实际中常用的起动分相方式分为三大类:电阻起动分相式、电容起动分相式和罩极式。

1. 电阻起动分相式

电阻起动分相式的电路图和电流相量关系如图 5-1-6 所示。定子中的工作绕组(W)按运行需求设计;起动绕组(S)按短时工作设计,匝数少,导线截面积小,特点是导线电抗小,电阻大。

这样设计的两个绕组在施加同一个交流电压时,在两个绕组中产生的电流就会产生一定的相位差。由于这个相位差不足 90°,会在起动时形成一个椭圆形的定子旋转磁场。

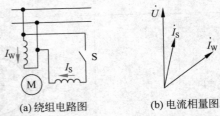

(a)绕组电路图　　(b)电流相量图

图 5-1-6　电阻分相式电路图和电流相量图

起动绕组仅在电动机起动时起作用,待电动机进入正常运转后,起动绕组即可通过开关 S 切除。

电阻起动分相式单相异步电动机的结构简单,价格低廉,起动性能一般,起动过程消耗电能。常用于多级电风扇等产品。

2. 电容起动分相式

根据起动和运行的不同,电容起动分相式可分为电容起动式、电容运行式和电容起动运行式。

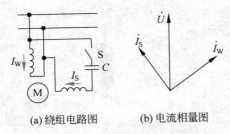

(a)绕组电路图　　(b)电流相量图

图 5-1-7　电容起动式电路图和
电流相量图

1)电容起动式

电容起动式电动机在电路设计时,把一个起动电容串接在起动绕组中,如图 5-1-7 所示。

由于在起动绕组中串联接入了起动电容,起动绕组的电流相位超前电压,工作绕组的电流相位滞后电压,如果参数搭配得当,可以使二者的相位相差 90°。这样,当定子绕组通入交流电后,起动时就可以在定子中形成一个圆形的旋转磁场。

起动电容仅在电动机起动时起作用,待电动机进入正常运转后,电容即可通过开关 S 切除。

电容起动式单相异步电动机的起动转矩大,起动性能好,但需要起动开关,结构较为复杂。可用于电风扇、洗衣机等电器产品。

2)电容运行式

电容运行式电动机的起动绕组按长时工作设计。与电容起动式相比,是把一个电容固定串接在起动绕组中,如图 5-1-8 所示。

由于在起动绕组中固定接入了电容器,起动绕组的电流相位超前电压,工作绕组的电流相位滞后电压,如果参数搭配得当,可以使二者的相位相差 90°。这样,当定子绕组通入交流电后,不论是起动还是运转过程中,都可以在定子中形成一个圆形的旋转磁场,电动机的效率较高。

电容运行式单相异步电动机不需要起动开关,结构简单,价格比较便宜。多用于电风扇、洗衣机等电器产品。

3) 电容起动运行式

电容起动运行式电动机的起动绕组中有两个电容。起动时两个电容共同起作用,运行时保留一个电容,如图 5-1-9 所示。

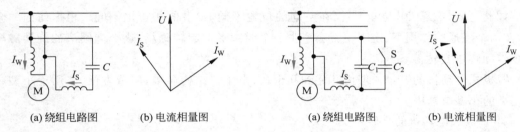

(a) 绕组电路图　　(b) 电流相量图　　　　　　(a) 绕组电路图　　(b) 电流相量图

图 5-1-8　电容运行式电路图和电流相量图　　　图 5-1-9　电容起动运行式电路图和电流相量图

起动时两个电容(C_1、C_2)都接入,保证电动机有良好的起动性能;待转速上升到设定转速后,通过开关 S 切除起动电容 C_2 脱离电源,保证电动机有良好的运转性能。

电容起动运行式单相异步电动机具有起动转矩大,起动电流小,功率因数高,运行效率高等优点,但结构复杂,成本较高,多用于空调、小型空压机和电冰箱等电器产品。

3. 罩极式

前面介绍的各种单相异步电动机都是通过分相的方式解决定子绕组旋转磁场的建立。罩极式单相异步电动机比较特别,它使用短路环的方式产生两个相位不同的磁通,解决了旋转磁场的建立问题。

罩极式单相异步电动机的转子仍为笼型,其定子的结构不同于普通的单相异步电动机,有凸极式和隐极式两种。这里以凸极式为例,说明罩极式单相异步电动机的工作原理。

1) 罩极式电动机的原理结构

凸极式罩极电动机的磁极极身装有集中的绕组,在磁极极靴表面一侧约占 1/3 的部分开一个凹槽,凹槽将磁极分成大小两部分,在较小的部分套装一个短路环,如图 5-1-10(a) 所示。

凸极式罩极电动机的绕组接通单相交流电源后,产生的脉动磁势分为两部分。Φ_1 直接进入定、转子之间的空气隙,Φ_2 则经过短路环后,再进入定、转子之间的空气隙。

当 Φ_2 在短路环中脉动时,在短路环中会产生感应电动势 E_k,进而会产生感应电流 I_k,短路环电流 I_k 又会产生磁通 Φ_k。这样,在短路环中的磁通是 Φ_2 与 Φ_k 的合成,即 $\Phi_2' = \Phi_2 + \Phi_k$,且在相位上 Φ_1 超前于 Φ_2',结果如图 5-1-10(b) 所示。

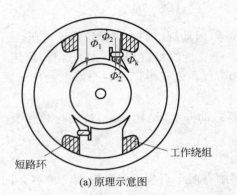
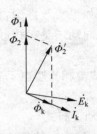

短路环　　工作绕组

(a) 原理示意图　　　　　　　　(b) 磁通(电流)相量图

图 5-1-10　凸极式罩极电动机原理示意图与相量图

如此一来,磁通 Φ_1 与 Φ_2' 不仅在空间的位置不同,二者的相位也不同。根据前面的介绍,在两个磁通的作用下,定子中就会产生一个椭圆形的旋转磁场,这个椭圆形的旋转磁场将会带动转子旋转。

罩极式电动机的容量一般为几瓦到几十瓦,由于其结构简单,制造方便,多用于小型风扇之类的小型电器中。

2) 罩极式电动机的反转

罩极式电动机旋转的方向是从未装短路环部分转向有短路环部分,其转向由电动机的结构决定,运行时无法改变,在购买时需要特别注意。

如果工作中确实需要反方向运转的电动机,有两种解决方案。

(1) 把定子铁心和绕组一起拆开,180°转向之后再装进定子机座中。

(2) 在定子槽中增加一套反向绕组,通过控制两个绕组的工作进行正/反转运行。

*4. 起动辅助电器

上面介绍的各种起动分相电动机中,除了电容运行式和罩极式外,其他电动机一般在转子转速上升到 75% 额定转速后,需要借助辅助电器把起动绕组切除,表 5-1-3 对这类常用辅助电器的工作过程做了详细说明。

表 5-1-3　电动机起动辅助电器

电器名称	工作过程
离心开关	组成:离心器;拉紧弹簧;开关触点。 安装:离心器压装在转子轴上;开关触点安装在起动绕组中。 作用: (1) 转子未旋转时,开关触点接通。 (2) 转子转速达到设定速度时,离心器在离心力作用下被甩开,开关触点断开,切除起动绕组。 (3) 转速下降后,在拉紧弹簧作用下,离心器复位,开关触点复位

续表

电 器 名 称	工 作 过 程
起动继电器 	有些单相异步电动机(如冰箱类)放置在密封的容器内,不适合装离心开关,可用重锤式继电器替代。 组成:吸铁线圈;重锤(衔铁);反作用弹簧;开关触点。 安装:吸铁线圈串联在工作绕组;开关触点安装在起动绕组中。 作用: (1)起动时,工作绕组电流大,在吸铁线圈中产生的电磁力使重锤动作、串联在起动绕组中的常开触点闭合,起动过程两个绕组均工作。 (2)随着转子转速的上升,吸铁线圈的电流在下降;当转速达到设定速度时,电磁铁吸力小于反作用弹簧的拉力,开关触点断开,切除起动绕组。 (3)转速下降后,在拉紧弹簧作用下,离心器复位,开关触点复位
PTC 	PTC(Positive Temperature Coefficient)是一种热敏电阻,超过一定的温度(居里温度)时,它的电阻值随着温度的升高呈阶跃性的增高,可起到"断开"电路的作用。 组成:热敏电阻。 安装:串联在起动绕组中。 作用: (1)起动时PTC尚未发热,呈低阻态,相当于"短路",起动绕组运行。 (2)随着时间的推移,转子转速上升,PTC温度也在上升,超过居里温度点后,它的阻值随着温度出现高阻态,相当于起动绕组"断开"。 (3)电动机停止后,PTC逐渐冷却(一般需要2～3min),再次恢复低阻态,为下次起动做好准备

 思考与练习

5-1-1　单相交流电形成的磁场是什么磁场?

5-1-2　单相异步电动机的机械特性有什么特点?

5-1-3　单相异步电动机的定子绕组分相有什么作用?

5-1-4　罩极式单相异步电动机是如何起动的?

5.2　单相异步电动机的运行与控制

学 习 目 标

- 掌握单相异步电动机反转运行的控制方案。
- 熟悉单相异步电动机的调速方法。

单相异步电动机的运行与控制比较简单,主要有正/反转和运行调速。熟悉正/反转和运行调速电路,为将来进行小电器的设计与选型奠定基础。

5.2.1 单相异步电动机的正/反转控制

大部分电动机在运行中需要正/反转运行,单相异步电动机也不例外。单相异步电动机需要正/反转运行的场合很多,这里以最常见的波轮洗衣机(图 5-2-1)为例进行说明。

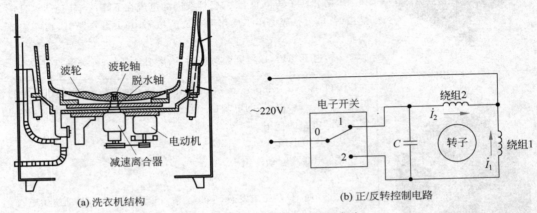

(a) 洗衣机结构 (b) 正/反转控制电路

图 5-2-1 洗衣机结构与控制电路

图 5-2-1(a)是一个全自动波轮洗衣机结构示意图。该洗衣机为立式,底部装有圆盘波轮,上有凸出的筋。波轮轴在电动机的驱动下高速正/反转,带动衣服和水流在桶内旋转并上下翻滚,使衣服、水流和桶壁互相摩擦,达到洗涤效果。

洗衣机是重载起动,且频繁的正/反转运行。对电动机的要求是:起动转矩大,起动运转性能好,耗电少,温升低,噪声低等。

为满足上述条件,洗衣机采用电容运行式单相异步电动机驱动,绕组没有工作绕组与起动绕组之分,正/反转电路工作条件相同。

图 5-2-1(b)是正/反转控制电路图。图中电子开关的触点可根据设定的运转方案,按照时间原则在"1""2"之间切换。

当 0-1 接通时,绕组 1 与运转电容 C 串联,电流 $\dot{I}_1$ 在相位上超前 $\dot{I}_2$;电动机正转;

当 0-2 接通时,绕组 2 与运转电容 C 串联,电流 $\dot{I}_1$ 在相位滞后 $\dot{I}_2$;电动机反转。

5.2.2 单相异步电动机的调速控制

单相异步电动机可通过改变电源电压或电动机结构参数的方法进行调速。常用的调速方法有两种:①改变定子绕组电压调速;②改变定子绕组匝数调速。

1. 改变定子绕组电压调速

通过改变定子绕组电压有三种方案:①定子绕组串电抗调速;②定子绕组串 PTC 调

速；③晶闸管调压调速。

1）定子绕组串电抗调速

定子绕组串电抗常用于吊扇的调速，一般的吊扇有 3～5 挡速度可调。下面以一个 3 挡调速吊扇为例（图 5-2-2）进行说明。

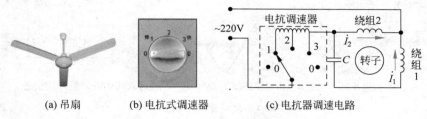

(a) 吊扇　　　　(b) 电抗式调速器　　　　(c) 电抗器调速电路

图 5-2-2　定子绕组串电抗调速电路

把电风扇的工作绕组和起动绕组并联，再与电抗调速开关串联。这样，串联的电抗器与电动机整体形成串联分压的关系。电抗器的绕组串联的越多，电动机绕组中的电压就越低。

图 5-2-2 中，选择挡位"1"时，电抗全部串入，电动机绕组上电压最低，速度最慢；选择挡位"3"时，电抗全部切除，电动机绕组上电压最高，速度最快。

2）定子绕组串 PTC 调速

一些具有微风功能的电风扇，要求在 500r/min 以下的速度送风。如采用一般的调速方法，电动机在这样的低速情况下就很难起动。

在图 5-2-3 所示的电路中，当调速开关置于"1""2""3"挡时，与定子绕组串电抗调速相同，这里不再赘述。

当调速开关置于"微风"挡时，把 PTC 串入。利用常温时 PTC 的低阻态，电动机在微风挡可正常起动。运行后，随着 PTC 的温度上升，达到居里温度点时，PTC 呈高阻态，电动机的转速随着绕组电压的降低进入"微风"运行状态。

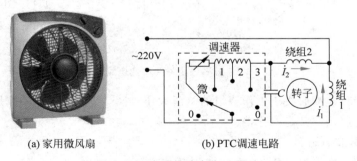

(a) 家用微风扇　　　　　　(b) PTC调速电路

图 5-2-3　定子绕组串 PTC 调速

3）晶闸管调压调速

随着电子调压器件的成熟与普及，一种通过晶闸管调压调速的无级调速开关应用越来越广泛。

晶闸管调压调速是通过改变晶闸管的导通角（α）来改变电动机定子绕组的电压波形，进而改变电动机绕组电压的有效值，实现无级调速的。

图 5-2-4 是一个双向晶闸管调压调速电路。该电路中，电动机与晶闸管调速装置串联。

通过改变变阻器(R_P)滑动触点的位置,调整晶闸管的导通角,在电源电压保持不变的情况下,调节电动机两端的电压,达到调速目的。

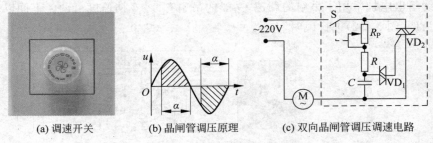

(a) 调速开关　　　(b) 晶闸管调压原理　　　(c) 双向晶闸管调压调速电路

图 5-2-4　晶闸管调压调速电路

2. 改变定子绕组匝数调速

改变定子绕组匝数调速又称绕组抽头法调速。绕组抽头调速法调速实际上是把电抗器嵌入定子槽中,通过改变中间绕组与工作绕组、起动绕组的连接方式,调整旋转磁场的大小和椭圆度,实现调速的目的。采用这种方法调速节省了外加的电抗器,具有成本低、功耗小、性能好的优点,但是工艺相对复杂。

绕组抽头法调速有两种方案:①L 形绕组抽头调速;②T 形绕组抽头调速。

1) L 形绕组抽头调速

L 形绕组抽头是指起动绕组与中间绕组和工作绕组之间成 L 形关系,通过改变匝数实现工作绕组电压的调节。连接形式多样,图 5-2-5 中给出了两种连接方式。

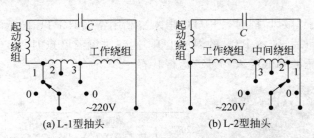

(a) L-1型抽头　　　　　　(b) L-2型抽头

图 5-2-5　L 形绕组抽头调速电路原理

电动机的旋转速度取决于工作绕组的电压大小。图 5-2-5 电路中,"1"是低速挡,"2"是中速挡,"3"是高速挡,"0"是停止挡。

2) T 形绕组抽头调速

T 形绕组抽头是指起动绕组、中间绕组和工作绕组之间成 T 形关系,通过改变匝数实现工作绕组和起动绕组电压的调节,如图 5-2-6 所示。

T 形绕组抽头调速电路中,起动绕组和工作绕组并联,之后再与中间绕组串联。中间绕组的调节,对电动机的起动性能和运转性能都有影响。

图 5-2-6 电路中,"1"是低速挡,"2"是中速挡,"3"是高速挡,"0"是停止挡。

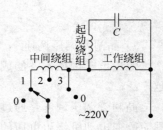

图 5-2-6　T 形绕组抽头调速电路

思考与练习

5-2-1　单相异步电动机一个绕组开路时,能起动吗?

5-2-2　洗衣机电机是如何调整运行方向的?

5-2-3　吊扇串电抗调速是如何实现的?

5-2-4　晶闸管调压调速是如何实现的?

5-2-5　T形绕组抽头调速是如何实现的?

5.3　单相异步电动机的选择与故障检修

学习目标

- 了解单相异步电动机的选择方法。
- 熟悉单相异步电动机的故障判断与检修方法。

学习指导

单相异步电动机容量小,用量大,故障率高。熟悉其故障判断与检修方法,为将来从事该类设备的维护检修打好基础。

5.3.1　单相异步电动机的选择

单相异步电动机主要用于家庭、办公室等无三相交流电源的工作场所。单相异步电动机种类繁多,性能各异。在实际工作中如何进行合理的选择十分重要。下面简要介绍单相异步电动机的特点与一般选择方法。

对于一般的没有特殊性能结构要求的场合,尽量选用基本系列的单相异步电动机。如电阻起动式的 YU 系列、电容起动式的 YC 系列、电容运行式的 YY 系列和电容起动运行式的 YL 系列。只有基本系列不满足要求时,才考虑特殊用途的单相异步电动机。

表 5-3-1 是四种基本型单相异步电动机的特点对照表。

表 5-3-1　四种基本型单相异步电动机的特点对照表

电动机类型	特点与适用场合
YU 系列	起动方式：电阻起动式。
	运行特点：温升低,噪声小,起动转矩小,起动电流大,起动过程功耗大。
	适用场合：电风扇
YC 系列	起动方式：电容起动式。
	运行特点：温升低,噪声低,过载能力强,起动电流大。
	适用场合：空气压缩机、水泵等

续表

电动机类型	特点与适用场合
YY 系列	起动方式：电容运行式。 运行特点：效率高,功率因数高、起动电流小,噪声小,振动小。 适用场合：小型机床、鼓风机、抛光机、工业排气扇、小型水泵
YL 系列	起动方式：电容起动运行式。 运行特点：起动转矩大、效率高,功率因数高、起动电流小。 适用场合：风机、水泵、制冷(空气压缩机)、医疗器械等

表 5-3-2 是四种不同类型(型号),但功率均为 370W 的四级单相异步电动机的性能对比,可作为选择电动机时的参考。

表 5-3-2　不同类型(型号)单相异步电动机的性能对比

电动机型号	起动方式	效率/%	功率因数	起动转矩倍数	起动电流/A
YU7132	电阻起动式	65	0.77	≥1.1	≤30
YC8012	电容起动式	65	0.77	≥1.8	≤21
YY7122	电容运行式	67	0.92	≥1.7	≤10
YL7132	电容起动运行式	67	0.92	≥1.8	≤10

单相电动机选择需要考虑的因素很多,如容量、使用场合、功率、效率及特殊要求等。一般情况下,按容量选择单相异步电动机时可参考表 5-3-3。

表 5-3-3　按容量选择单相异步电动机的参考方案

电机容量/W	选择方案
≤10	对起动转矩要求不高时,可选择罩极式电动机。 这种电机的结构简单,制作容易,价格低廉,运行可靠。 可用于风扇、抽油烟机、家用鼓风机、电吹风、复印机等
10～60	有一定起动转矩要求,可选择噪声低、可靠性高的电容运行式电动机。 这类电机的起动和运行性能都比较理想。 可用于功率稍大的电风扇、洗衣机等
60～250	优先选用电容运行式电动机。 当起动性能不满足要求时,可采用电容起动运行(双电容)式电动机
≥250	尽量不采用起动电流大的电阻起动式电动机,而选择电容起动运行(双电容)式电动机,同时还要考虑价格因素

5.3.2　单相异步电动机常见故障的检修

单相异步电动机在运行中会产生各种各样的故障。产生故障的原因不同,表现形式各异,这里仅对单相异步电动机本体常见故障及产生原因进行梳理(表 5-3-4),作为实际工作中检修电动机的参考。

表 5-3-4 单相异步电动机常见故障现象及可能的故障原因

故 障 现 象	产 生 原 因
电源电压正常,电动机不能起动	(1) 电源引线断开。 (2) 电源开关触点接触电阻偏大。 (3) 工作绕组或起动绕组开路。 (4) 起动电容开路或干涸。 (5) 定子、转子相碰。 (6) 轴承损坏、轴承内进入杂物或润滑油干涸。 (7) 负载被卡死或电动机严重过载
可空载起动,或在外力帮助下能起动,但起动缓慢且转速较低	(1) 电源开关触点电阻偏大。 (2) 起动绕组开路。 (3) 起动电容开路或干涸
电动机可起动,但运行中电动机发热很快,甚至冒烟	(1) 工作绕组短路或接地。 (2) 工作绕组/起动绕组短路。 (3) 起动绕组不能及时脱离,工作时间过长。 (4) 工作绕组、起动绕组接反。 (5) 电压过低或过高
电动机运转噪声过大	(1) 工作绕组短路或接地。 (2) 电源开关损坏。 (3) 轴承损坏或轴向间隙过大。 (4) 电动机内进入杂物
电动机运转中振动异常	(1) 转子不平衡。 (2) 传动带盘不平衡。 (3) 轴承伸出端弯曲
电动机运转后熔丝熔断或开关跳闸	(1) 熔丝快速熔断,绕组严重短路或接地。 (2) 熔丝运行一段时间后熔断,绕组匝间短路或漏电

本章仅介绍了一些单相异步电动机的基本知识,有兴趣的读者可参阅相关专业书籍进一步学习。

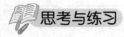 **思考与练习**

5-3-1 比较 YU 系列与 YC 系列单相异步电动机的起动运行异同。

5-3-2 比较 YY 系列与 YL 系列单相异步电动机的起动运行异同。

5-3-3 比较电容分相式单相异步电动机与三相异步电动机定子绕组的异同。

5-3-4 简述凸极式罩极电动机旋转磁场的形成,并说明其旋转磁场的形状。

5-3-5 单相异步电动机通电后无法起动,用手轻轻一转,就跟着转起来了,是什么原因?

细语润心田：珍爱生命，安全用电

电能作为最方便的清洁能源，可大幅提高工农业生产的自动化程度，提高劳动生产率，还能极大的方便人们的生活。当电器设备长期运行，其导电部分由于绝缘损坏出现漏电时，与之接触的工作人员就有"触电"的危险。

由于电力设施的大量使用和家用电器的普及，我国每年因触电死亡人数均超过 8000 人。这些触电事故大多数发生在用电设备和配电装置上。

事故分析表明，在所有触电事故中，无法预料和不可抗拒的事故所占比重极少，大量的触电事故可以通过采取合理有效的措施进行预防，即便发生触电事故，绝大多数的触电者施救及时都可以挽回生命。

每个人的生命只有一次，每个人的身后又影响着一个家庭。只有安全、健康地工作，才能建立幸福美满的小家庭，也才能为社会大家庭做出积极的贡献。

作为一名自动化类专业的学生，通过本章内容的学习和技能训练，把安全用电操作规范融入到个人素养中，为未来的职业生涯奠定良好的基础。

此外，作为一名未来的电气技术工作者，还需掌握必要的触电急救技能，在争分夺秒的关键时刻，进行有效的触电急救，挽回触电者的生命。

本 章 小 结

1. 单相交流电动机基本知识

知识点	知识点说明
脉动磁场	一个交变脉动的磁通势，可以分解为两个幅值相等（$0.5F$）、转速相等、反向旋转的磁通势。其相量关系为 $\dot{F} = 0.5\dot{F}_+ + 0.5\dot{F}_-$
机械特性	两个方向反向的旋转磁场，在转子中会形成两个以原点对称的机械特性曲线。 当电动机处于停止状态时，转速 $n=0$，合成转矩 $T_M=0$，电动机无法起动运行。 一旦电动机有某一方向的初速度后，即 $n \neq 0$，此时电动机的合成转矩 $T_M \neq 0$，电动机将沿着初速度方向旋转

续表

知识点	知识点说明
旋转磁场	在空间相差90°的两个绕组中,通入相位相差90°的两个交流电流,在定子绕组中会产生一个旋转磁场;旋转磁场的方向与两个绕组电流的相序一致;运行中可通过调整两个绕组电流相序的方式调整磁场的旋转方向。 实际上,只要在定子铁心中布置的两个绕组中,通入的交流电有一定的相位差,都能在定子中形成圆形(或椭圆形)的旋转磁场

2. 单相交流电动机的分相与起动方式

起动分相方式	知识点解释说明
电阻起动分相式	工作绕组和起动绕组的参数配置不同,用于产生两个绕组电流的相位差。起动绕组仅在电动机起动时起作用,待电动机进入正常运转后,起动绕组即可通过开关切除
电容起动分相式	(1)电容起动式:把一个起动电容串接在起动绕组中,通过参数配置使起动绕组和工作绕组的电流相位相差90°。起动时在定子中形成圆形旋转磁场。起动电容仅在电动机起动时起作用,待电动机进入正常运转后,电容即可通过开关切除。 (2)电容运行式:把一个起动电容串接在起动绕组中,起动绕组按长时工作设计。当定子绕组通入交流电后,不论是起动还是运转过程中,都可以在定子中形成一个圆形的旋转磁场,电动机的效率较高。 (3)电容起动运行式电动机的起动绕组中有两个电容。起动时两个电容共同起作用,运行时保留一个电容。起动时两个电容都接入,保证电动机有良好的起动性能;待转速上升到设定转速后,通过开关切除起动电容,保证电动机有良好的运转性能
罩极式电动机	根据结构不同,可分为凸极式罩极电动机和隐极式罩极电动机。 凸极式罩极电动机在磁极极靴表面一侧约占1/3的部分开一个凹槽,凹槽将磁极分成大小两部分,在较小的部分套装一个短路环。绕组接通单相交流电源后,产生的脉动磁势分为两部分。在两个磁通的作用下,定子中产生椭圆形旋转磁场带动转子旋转

3. 单相交流电动机的反转方式

电机结构	反 转 方 式
起动电容式	通过改变电容在起动绕组和工作绕组中的位置,改变两个绕组中电流的相位,进而改变旋转磁场的方向,实现电动机旋转方向的改变
罩极式	一般做成单方向运行的电动机,如要改变运行方向,需要改变设备结构

4. 单相交流电动机的调速方式

调速方式	实现过程
定子绕组串电抗(串电阻)	定子绕组中串联的电抗器(电阻)与电动机整体形成串联分压的关系。电抗器串联的越多,电动机绕组中的电压就越低
定子绕组串 PTC	利用常温时 PTC 的低阻态,运行过程中的高阻态,实现电动机的起动、运行,最后进入"微风"运行状态
晶闸管调压	通过改变晶闸管的导通角(α)改变电动机的电压波形,进而改变电动机绕组电压的有效值,实现无级调速
L 形绕组抽头	起动绕组与中间绕组和工作绕组之间成 L 形关系,通过改变匝数实现工作绕组电压的调节
T 形绕组抽头	起动绕组、中间绕组和工作绕组之间成 T 形关系,通过改变匝数实现起动绕组和工作绕组电压的调节

习 题 5

5-1 简述单相异步电动机与三相异步电动机在结构上的异同。

5-2 简述单相异步电动机定子旋转磁场的形成过程。

5-3 简述电容分相式单相异步电动机起动绕组的作用。

5-4 简述 YC 系列单相异步电动机的结构特点与起动方式。

5-5 简述 YL 系列单相异步电动机的结构特点与起动方式。

5-6 简述微风扇定子绕组串 PTC 调速的实现过程。

第6章

直流电动机及应用

　　直流电机(Direct Current Machine)是指能将直流电能转换成机械能(直流电动机)或将机械能转换成直流电能(直流发电机)的旋转电机。直流电机具有可逆性,当它作为电动机运行时能将电能转换为机械能;作为发电机运行时可将机械能转换为电能。

　　与交流电动机相比,直流电动机以其宽广的调速范围、平滑的调速特性、较高的过载能力和较大的起动转矩等优点,广泛应用于对起动和调速要求较高的生产机械上,如大型轧钢机、精密车床、造纸设备等,除此之外,直流电动机还以其方便移动广泛应用于汽车、轮船、飞机和地铁上。下图是一些生活中常见的直流电动机应用案例。

(a) 电动剃须刀　　　　(b) 电动自行车　　　　(c) 汽车

(d) 轮船　　　　(e) 飞机　　　　(f) 地铁

直流电动机应用案例

　　本章以工业生产中常用的直流电动机为例,介绍其结构、工作原理、机械特性、运行控制方案和检修方法。

6.1 直流电动机的工作原理及类型

- 了解直流电动机的工作原理。
- 熟悉直流电动机的励磁方式。

直流电动机与交流电动机的结构和工作原理大不相同。了解直流电动机的工作原理与励磁方式,有助于后续对直流电动机运行方式和控制方案的理解和掌握。

6.1.1 直流电动机的工作原理

1. 直流电动机模型

图 6-1-1 是一个直流电动机原理示意图模型。图中,N、S 是一对固定的磁极,可以是永久磁铁,也可以是电磁铁。在磁极之间,是一个可以旋转的电枢绕组(线圈 e-f-g-h),绕组的两端各与一个弧形的铜片(换向器 C-D)相连。与换向器滑动接触的是一对电刷(碳刷 A-B),电刷通过导线与直流电源相连接。

直流电动机的
工作原理

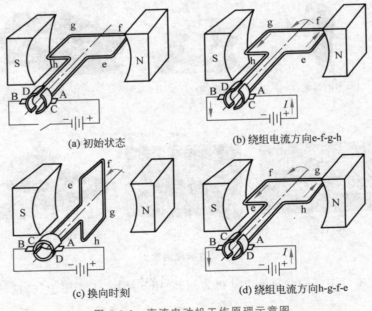

(a) 初始状态　　　　　　　　(b) 绕组电流方向e-f-g-h

(c) 换向时刻　　　　　　　　(d) 绕组电流方向h-g-f-e

图 6-1-1　直流电动机工作原理示意图

2. 直流电动机的工作过程

直流电动机通电的电枢绕组处于磁场中,根据安培定则,会受到电磁力的作用。具体过程如表 6-1-1 所示。

表 6-1-1 直流电动机的工作原理

初始状态 图 6-1-1(a)	假设直流电动机的电枢绕组起始时刻处于水平位置
通入电流 图 6-1-1(b)	给直流电动机的电枢绕组中通入直流电流,电流的路径为: 电源正极→电刷 A→换向器 C→电枢绕组(e-f-g-h)→换向器 D→电刷 B→电源负极。 通电的电枢绕组在磁场中受到磁场力的作用,可根据左手定则判断力的方向。伸开左手,使拇指与其余四根手指垂直,并且都与手掌在同一平面内;让磁感线(N-S)从掌心进入,并使四指指向电流的方向,这时拇指所指的方向就是通电导线在磁场中所受安培力的方向。 根据左手定则,电枢绕组的 e-f 一边受力向上,g-h 一边受力向下,电枢绕组 e-f-g-h 受力形成一对逆时针方向的转矩,促使电枢绕组向逆时针方向旋转
换向时刻 图 6-1-1(c)	当电枢绕组旋转至 90°位置时,由于换向器 C-D 与电刷 A-B 不接触,线圈中没有电流流过,但在惯性的作用下仍能继续旋转
换向之后 图 6-1-1(d)	当电枢绕组转过 90°位置后,电枢绕组中的电流方向已经发生变化,不再是原来的方向,此时电流的路径为: 电源正极→电刷 A→换向器 D→转子绕组(h-g-f-e)→换向器 C→电刷 B→电源负极。 根据左手定则,电枢绕组的 h-g 一边受力向上,f-e 一边受力向下,电枢绕组 h-g-f-e 受力形成的仍是一对逆时针方向的转矩,促使电枢绕组继续沿逆时针方向旋转

说明:在电枢绕组转过 90°位置后,电枢绕组中的电流发生了换向,这个换向是通过换向器和电刷共同实现的。在换向的过程中,由于电流的方向强制发生了反转,会在换向片上产生火花,这是直流电动机不能避免的问题。为了减小电火花,直流电动机专门设置了换向磁极。

实际上直流电动机的电枢绕组是嵌放在一个由硅钢片叠成的、外围有槽的圆柱形转子铁心上。相应地,换向器也由许多个换向片组成,使电枢绕组能产生均匀的、足够大的电磁转矩。

3. 直流电动机的能量转换过程

直流电动机的能量转换过程如下:

　　直流电流通过电刷、换向器进入电枢绕组

　　　　→电枢绕组中的电流在磁场的作用下产生电磁转矩

　　　　　　→该电磁转矩带动电枢绕组旋转

　　　　　　　　→通过电枢绕组的旋转,实现电能与机械能的转换

4. 直流电机的可逆性

直流电机的工作状态是可逆的。如果通过施加外力使电枢绕组旋转,则可通过换向器和电刷向外输出电压,这时的直流电机,其作用就变成直流发电机了。

直流发电机不在本书的讨论范围,有兴趣的读者可参阅相关资料进行学习。

6.1.2　直流电动机的类型(励磁方式)

直流电动机的运转需要一对固定的磁极 N-S。绝大部分直流电动机的磁极是由电磁铁产生的,电磁铁的励磁绕组需要电源供电。

可以看出,直流电动机与三相交流异步电动机不同,它的运转需要两个电源:一个给励

直流电动机的类型
(励磁方式)

磁绕组供电,一个给电枢绕组供电。根据励磁绕组和电枢绕组的电源接线方式不同,直流电动机分为四种类型,如图 6-1-2 所示。

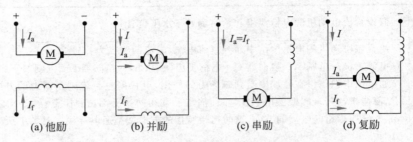

(a) 他励　　(b) 并励　　(c) 串励　　(d) 复励

图 6-1-2　直流电动机的四种励磁方式

直流电动机励磁方式不同,电动机的特点和适用场合也不同。各种励磁方式直流电动机的特点和适用场合如表 6-1-2 所示。

表 6-1-2　直流电动机类型(励磁方式)

励磁方式	说　明
他励	电源接线:励磁绕组的电源和电枢绕组的电源各自有独立电源供电;励磁电路与电枢电路互不影响。 运行特点:起动转矩与电枢电流成正比,机械特性硬。 适用场合:需要较宽调速范围的负载,如精密加工机床
并励	电源接线:励磁绕组的电源和电枢绕组的电源由同一个电源供电。电源电压变化时,对电枢绕组和励磁绕组都有影响。 运行特点:起动转矩与电枢电流成正比,机械特性硬。 适用场合:转速基本恒定,用于转速变化较小的负载
串励	电源接线:励磁绕组与电枢绕组串联;励磁电流和电枢电流相等,励磁绕组的匝数粗且较少;电源电压变化时,对电枢绕组和励磁绕组都有影响。 运行特点:起动转矩可达额定转矩 5 倍以上,短时过载转矩可达额定转矩 4 倍以上。 适用场合:起动转矩大、对转速稳定要求不高的负载,如汽车发动机
复励	电源接线:励磁绕组一部分与电枢绕组串联,另一部分与电枢绕组并联。并励绕组匝数多、线径细,串励绕组匝数少、线径粗。 运行特点:起动转矩为额定转矩的 4 倍左右,短时间过载转矩为额定转矩的 3.5 倍左右。转速变化率为 25%~30%(与串联绕组有关)。 适用场合:以并励为主的复励电机转矩较大,调速范围小,多用于机床等;以串励为主的复励电机接近串励电动机特性,但无"飞车"危险

📖 思考与练习

6-1-1　直流电动机电枢绕组旋转一周,通过其中的电流是直流电流还是交变电流?

6-1-2　直流电动机的换相是如何实现的?

6-1-3　为什么说直流电机的运行是可逆的?

6.2　直流电动机的结构与铭牌

- 了解直流电动机定子各部件的结构和作用。
- 了解直流电动机转子(电枢)各部件的结构和作用。
- 了解直流电动机型号中各文字符号的含义。
- 了解直流电动机重要的技术参数。

　　直流电动机的结构与交流电动机的结构相差较大。了解直流电动机的定子、转子(电枢)各部件的结构,有助于对直流电动机工作原理的理解和直流电动机的选用。

　　直流电动机的总体结构如图 6-2-1 所示。直流电动机主要由定子部分和转子部分构成。

直流电动机的结构

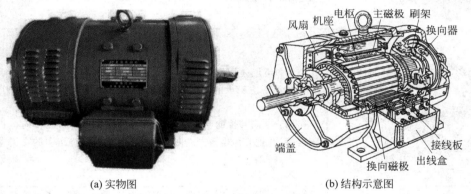

(a) 实物图　　　　　　　　(b) 结构示意图

图 6-2-1　直流电动机结构图

6.2.1　定子(励磁)的结构与作用

　　定子部分包含主磁极、换向极、电刷、机座等,主磁极由铁心及励磁绕组组成,换向磁极由铁心及换向磁极绕组组成,其结构与作用如图 6-2-2 所示。

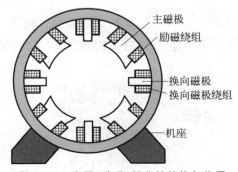

图 6-2-2　定子(励磁)部分的结构与作用

表 6-2-1 给出了定子主要部件的简要说明。

表 6-2-1 定子主要部件的结构与作用

定子部件	结构与作用
主磁极	结构:主磁极包含铁心和励磁绕组两部分。铁心由厚度1.0~1.5mm的低碳钢板冲片叠压而成,包括极身和极靴两部分。极靴做成圆弧形,可保证磁极下的气隙磁通分布比较均匀。整个磁极用螺钉固定在机座上。极身上套有用漆包线绕制的励磁绕组。 作用:绕组中通入直流电流后产生磁通,与铁心一起形成主磁极
换向磁极	结构:换向磁极同样由铁心和绕组构成,数目与主磁极相等。它安装在两个主磁极之间,其绕组与电枢绕组串联,绕组中流过的是电枢电流。换向极铁心一般可用整块钢制成,如换向要求较高,可选用1.0~1.5mm厚的钢板叠压而成。 作用:减小电刷与换向器之间的火花
电刷	结构:电刷是固定件与运动件作滑动接触的一种导电部件。电刷的个数等于主磁极的个数,电刷的材料有石墨、焦炭、金属或它们的混合体。 作用:电刷与换向器配合,能把静止的外电路和旋转的电枢绕组相连接,并把直流电通过电刷装置,转变成电枢绕组中的交流电
机座	结构:机座一般用铸钢或厚钢板焊接而成,具有良好的导磁性能和机械强度。 作用:机座是电机磁路的一部分,同时用于固定主磁极、换向极、端盖等

6.2.2 转子(电枢)的结构与作用

直流电动机的转子是能量转换的枢纽,所以又称电枢。电枢上有转子铁心、电枢绕组、换向器等,这些部件都装配在转轴上。直流电动机的转子(电枢)如图 6-2-3 所示。

图 6-2-3 直流电动机的转子(电枢)

表 6-2-2 给出了转子(电枢)主要部件的简要说明。

表 6-2-2 转子(电枢)主要部件的作用

转 子 部 件	结构与作用
电枢铁心 	结构:电枢铁心外圆周开槽,用与嵌放电枢绕组。电枢铁心用 0.5mm 厚、两边涂有绝缘漆的硅钢片冲片叠压而成。电枢铁心固定在转轴或转子支架上。铁心较长时,为加强冷却,可把铁心沿轴向分成数段,段与段之间留有通风孔。 作用:电枢铁心是电机磁路的一部分,是磁通通行的有效路径
电枢绕组 	结构:电枢绕组处于励磁绕组的磁极下,按一定规律嵌放在电枢铁心外槽中。 作用:电枢绕组中通入直流电流后,在绕组中产生电磁力矩,带动电枢(转子)旋转。电枢旋转后,又在电枢绕组中产生感应电流,与励磁磁通进行电枢反应
换向器 	结构:换向器由多个紧压在一起的梯形铜片构成一个圆筒,片与片之间用一层薄云母绝缘。电枢绕组与换向片按一定规律连接,换向器与转轴固定在一起。 作用:把电源的直流电转换为电枢绕组的交流电
转轴 	结构:用于承载电枢铁心、电枢绕组、换向器等。 作用:把直流电源的电能,通过转轴转变为机械能

6.2.3 直流电动机的铭牌与技术参数

国产直流电动机一般采用汉语拼音字母和数字表示其结构和使用特点。表 6-2-3 是一个型号 Z2-56/4-2、额定功率 22kW、额定转速 1500r/min 的直流电动机的铭牌,从中可以了解国产直流电动机铭牌和技术参数的标注方法。

直流电动机的铭牌
与技术参数

表 6-2-3 国产直流电动机铭牌示例

直流电动机			
型号	Z2-56/4-2	励磁方式	并励
额定功率/kW	22	励磁电压/V	220
额定电压/V	220	励磁电流/A	2.06
额定电流/A	110	定额	连续
额定转速/(r/min)	1500	温升/℃	80
出厂编号	××××××××	出厂日期	××××年××月
××××电机厂			

由文字符号表示的直流电动机型号如图 6-2-4 所示,各字符或数字具体含义如下。

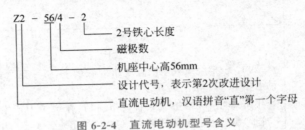

图 6-2-4 直流电动机型号含义

除此以外,直流电动机还有一些在选择和使用时十分重要的技术参数,具体如表 6-2-4 所示。

表 6-2-4 直流电动机的技术参数

额定功率 P_N/kW	额定情况下,电动机轴上输出的机械功率				
额定电压 U_N/V	额定情况下,电动机施加的直流电压				
额定电流 I_N/A	额定情况下,电动机长期运行允许的直流电流				
额定转速 n_N/(r/min)	额定运行情况下,电动机轴上的转速				
励磁方式	电动机的励磁方式,包含他励、并励、串励、复励				
额定励磁电压 U_f/V	励磁绕组两端所加电压				
额定励磁电流 I_f/A	电动机产生主磁通所需的励磁电流				
定额	指电动机在额定状态下可以持续运行的时间。 例如标有"连续"表示电机允许长时连续运行;标有"25%"表示电机在一个周期内运行时间占 25%,停歇时间 75%				
额定温升 t_N	表示电机的允许发热限度,取决于电机所使用的绝缘材料				
绝缘等级	直流电机制造时所用绝缘材料的耐热等级,具体如下:				
	绝缘等级	A	E	B	F	H
	绕组承受温度/℃	105	120	130	155	180
	环境温度/℃	40	40	40	40	40(55)
	温升限值/℃	60	75	80	100	125

【例 6-2-1】 一台他励直流电动机额定参数为: $P_N=13\text{kW}, U_N=220\text{V}, n_N=1500\text{r/min}$, $\eta_N=87.6\%$,试求该电动机在额定状态下的输入功率 P_{1N}、输入电流 I_N 和输出转矩 T_N。

【解】 通过本例学习直流电动机基本参数的计算。

(1) 额定输入功率 P_{1N} 是电动机的输入电功率：

$$P_{1N} = \frac{P_N}{\eta_N} = \frac{13}{87.6\%} \approx 14.84(\text{kW})$$

(2) 额定输入电流 I_N 是电动机的输入电流：

$$I_N = \frac{P_{1N}}{U_N} = \frac{14.84 \times 10^3}{220} \approx 67.45(\text{A})$$

(3) 额定输出转矩 T_N 是电动机轴上的输出机械转矩：

$$T_N = 9550 \times \frac{P_N}{n_N} = 9550 \times \frac{13}{1500} \approx 82.77(\text{N} \cdot \text{m})$$

【例 6-2-2】 一台并励电动机参数如下：$P_N = 25\text{kW}$，$U_N = 110\text{V}$，$\eta = 86\%$，$n_N = 1200\text{r/min}$，$R_a = 0.04\Omega$，$R_f = 46.5\Omega$。试求以下参数：(1)额定励磁电流和额定电枢电流；(2)额定转矩；(3)额定状态时的电枢回路感应电动势。

【解】 通过本例掌握并励直流电动机基本参数的计算。

(1) 额定励磁电流 I_{fN}、额定电枢电流 I_{aN} 的计算。

额定功率是指电动机的输出功率 P_N，电动机的输入功率 P_1 为

$$P_1 = \frac{P_N}{\eta} = \frac{25}{0.86} = 29.1(\text{kW})$$

并励电动机的额定输入电流为

$$I_N = \frac{P_1}{U_N} = \frac{29.1 \times 10^3}{110} \approx 265(\text{A})$$

额定励磁电流由励磁绕组的参数决定，可计算为

$$I_{fN} = \frac{U_N}{R_f} = \frac{110}{46.5} \approx 2.37(\text{A})$$

从额定电流中减去额定励磁电流，即为额定电枢电流：

$$I_{aN} = I_N - I_{fN} = 265 - 2.37 = 262.63(\text{A})$$

(2) 额定转矩 T_N：

$$T_N = 9550 \times \frac{P_N}{n_N} = 9550 \times \frac{25}{1200} \approx 199(\text{N} \cdot \text{m})$$

(3) 额定状态下，电枢回路感应电动势 E_a 计算如下：

因为，$\qquad U_N = E_a + I_{aN}R_a$

所以有 $\qquad E_a = U_N - I_{aN}R_a = 110 - 262.63 \times 0.04 \approx 99.49(\text{V})$

从例 6-2-1 和例 6-2-2 可以看出，他励电动机和并励电动机的励磁绕组供电方式不同，二者在进行电路参数计算时，需要考虑它们之间的差异。

在市场上，还能看到很多种型号的国产直流电动机，在其型号中，最前面的文字符号往往能看出该产品的核心含义。开头 1~3 个字符代表的含义如下。

Z：一般用途直流电动机。

ZJ：精密机床用直流电动机。

ZT：广调速用直流电动机。

ZQ：牵引用直流电动机。

ZH：船用直流电动机。

ZA：防爆安全型直流电动机。

KJ：挖掘机用直流电动机。

ZZJ：冶金起重机用直流电动机。

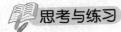 **思考与练习**

6-2-1　直流电动机为什么设置换向极？

6-2-2　直流电动机的额定功率是输出机械功率，还是输入电功率？

6-2-3　并励电动机的输入功率和他励电动机的输入功率概念相同吗？

6.3　直流电动机的机械特性与工作特性

 **学 习 目 标**

- 掌握直流电动机的机械特性。
- 了解直流电动机的工作特性。
- 了解直流电动机运行时的功率关系。

 **学 习 指 导**

直流电动机的工作特性和机械特性是分析直流电动机运行的理论基础，是本章的重点与难点。准确理解其工作特性和机械特性需要较好的数学基础。读者不妨试着从影响电磁转矩的相关因素出发，定性了解工作特性和机械特性的内涵，为后续学习直流电动机的起动、调速、反转和制动打好基础。

直流电动机的工作有赖于其机械特性。直流电动机有四种类型，每种类型电动机的机械特性都不相同。他励直流电动机的应用最为广泛，此处以他励直流电动机为例，介绍直流电动机的机械特性。其他励磁方式的直流电动机的机械特性，请读者参阅相关资料学习。

6.3.1　直流电动机的机械特性

他励直流电动机的机械特性是指电动机的转子转速 n 与机械转矩 T 之间的关系。

直流电动机输入的是电量（U、I），输出的是机械量（n、T），电量与机械量之间通过能量转换，存在一种对应关系。下面就从直流电动机的电路方程出发，寻找二者之间的对应关系。

1. 电动机的固有机械特性

图 6-3-1 是一个分析他励直流电动机的电路方程示意图。

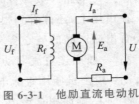

图 6-3-1　他励直流电动机
电路模型

直流电动机的
机械特性

为描述直流电动机的回路方程,图中各物理量特作如下设定。

U:电枢电压。

I_a:电枢绕组的电流。

R_a:电枢绕组的直流电阻。

E_a:电枢绕组的感应电动势。

U_f:励磁电压。

I_f:励磁绕组的电流。

R_f:励磁绕组的直流电阻。

电枢绕组的电压方程为

$$U = E_a + I_a R_a \tag{6-3-1}$$

电枢绕组中感应电动势 E_a 的方向与电流方向相反,其大小与电动机的结构、电机转速、主磁极磁通相关,其关系为

$$E_a = C_e n \Phi \tag{6-3-2}$$

式中:C_e 为与电动机结构有关的电磁常数;n 为电动机转子(电枢)转速;Φ 为励磁绕组在主磁极产生的主磁通。

把式(6-3-2)代入式(6-3-1)可得:

$$U = E_a + I_a R_a = C_e n \Phi + I_a R_a \tag{6-3-3}$$

设 C_T 是与电动机结构有关的转矩常数,电动机电磁转矩 T 与电枢电流 I_a 的关系为

$$T = C_T \Phi I_a \tag{6-3-4}$$

由此可推得:

$$I_a = \frac{T}{C_T \Phi} \tag{6-3-5}$$

把式(6-3-5)代入式(6-3-3)可得:

$$U = E_a + I_a R_a = C_e n \Phi + \frac{R_a T}{C_T \Phi} \tag{6-3-6}$$

通过推导,可得到直流电动机的机械特性(n-T)方程:

$$n = \frac{U}{C_e \Phi} - \frac{R_a T}{C_e C_T \Phi^2} \tag{6-3-7}$$

式(6-3-7)中,如果电枢电压和励磁电压保持不变,$\dfrac{U}{C_e \Phi}$ 就是一个常数,这个值正是直流电动机的理想空载转速 n_0。

同样,如果电动机的机械结构和励磁电压保持不变,则 $\dfrac{R_a}{C_e C_T \Phi^2}$ 是一个与电动机结构和励磁有关的常数,它是转速 n 随转矩 T 变化的斜率,用 β 表示,则

$$n = \frac{U}{C_e \Phi} - \frac{R_a T}{C_e C_T \Phi^2} = n_0 - \beta T \tag{6-3-8}$$

式(6-3-8)中的 βT 就是电动机转矩 T 变化后速度的变化量,设 $\Delta n = \beta T$,则有:

$$n = n_0 - \beta T = n_0 - \Delta n \tag{6-3-9}$$

把式(6-3-8)绘制成曲线,就成为图 6-3-2 所示的电动机的机械特性曲线。

由于他励直流电动机的 β 值很小,所以,电动机从空载到额定负载时(T_N)的速度下降值 Δn 很小,具有很硬的机械特性,这正是他励直流电动机优于交流电动机和其他直流电动机的地方。

从他励直流电动机的机械特性曲线上,显示出如下特点。

(1) 机械特性曲线是一条从 n_0 开始,略为向下倾斜的直线。

(2) 随着转矩 T 的增大,转速 n 稍有降低,从空载到满载,转速降低 $3\%\sim8\%$。

(3) 机械特性曲线斜率小,曲线较平,机械特性硬。

(4) 当 $T=0$、$n=n_0$ 时,电动机处于理想空载状态。

(5) 当 $T=T_N$、$n=n_N$ 时,电动机处于额定工作点。

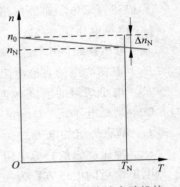

图 6-3-2 他励直流电动机的
机械特性曲线

2. 电动机的人为机械特性

他励直流电动机的固有机械特性,可经过运行参数的调整变为人为机械特性。运行中,可通过改变电枢绕组电阻、改变电枢绕组电压、改变励磁磁通等方式,人为改变其机械特性。

1) 改变电枢绕组电阻

保持电枢电压不变、励磁磁通不变,通过改变电枢绕组电阻的机械特性如图 6-3-3 所示。

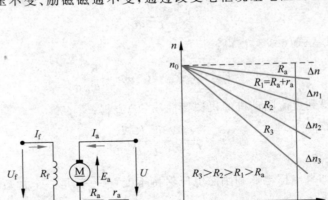

图 6-3-3 改变电枢绕组电阻后的机械特性曲线

可以看出,随着电枢绕组电阻的增加,他励直流电动机的机械特性呈现如下特点。

(1) 电枢绕组电压、励磁磁通和机械常数未变,故机械特性中转速的起点 $n_0=\dfrac{U}{C_e\Phi}$ 未变。

(2) 机械特性曲线的斜率 $\beta=\dfrac{R_a}{C_eC_T\Phi^2}$ 增大,机械特性变软。可以看出,在负载转矩

（T_L）一定的情况下，增大电枢绕组电阻会使电动机的转速下降。

2）改变电枢绕组电压

保持电枢绕组电阻不变、励磁磁通不变，通过改变电枢绕组电压的机械特性如图 6-3-4 所示。

可以看出，随着电枢绕组电压的减小，他励直流电动机的机械特性呈现如下特点。

（1）机械特性曲线中转速的起点 $n_0 = \dfrac{U}{C_e \Phi}$ 随电压的减小而减小。

（2）电枢绕组电阻、励磁磁通和机械常数未变，机械特性曲线的斜率 $\beta = \dfrac{R_a}{C_e C_T \Phi^2}$ 不变。

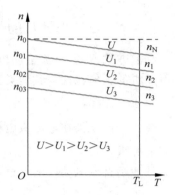

图 6-3-4 改变电枢绕组电压的机械特性曲线

随着电枢绕组电压的降低，机械特性曲线是一组平行下移的直线。可以看出，在负载转矩（T_L）一定的情况下，降低电压会使电动机的转速下降。

3）改变励磁绕组电阻

保持电枢绕组电压、电枢绕组电阻不变，通过改变励磁磁通的机械特性如图 6-3-5 所示。

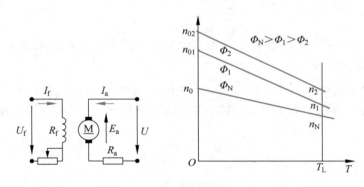

图 6-3-5 改变励磁磁通（弱磁）的机械特性曲线

改变励磁磁通，通常是保持励磁电压不变，通过改变励磁绕组的电阻改变励磁电流，从而改变励磁磁通。由于励磁电阻只能增加，所以励磁电流只能变小，进而导致励磁磁通减小，故又称为弱磁机械特性。

可以看出，弱磁状态下的机械特性呈现如下特点。

（1）机械特性曲线中转速的起点 $n_0 = \dfrac{U}{C_e \Phi}$ 随励磁磁通 Φ 的减小而增大。

（2）电枢绕组电压、电枢绕组电阻和机械常数未变，机械特性曲线的斜率 $\beta = \dfrac{R_a}{C_e C_T \Phi^2}$ 随励磁磁通 Φ 的减小而急剧增大，机械特性变软。在负载转矩（T_L）一定的情况下，减小励磁会使电动机的转速上升。

直流电动机的
工作特性

6.3.2　直流电动机的工作特性

励磁方式不同,直流电动机的工作特性就不同。此处仍以他励直流电动机为例,介绍直流电动机的工作特性。其他类型励磁方式的工作特性,请读者参阅相关资料学习。

1. 转速特性

转速特性是指在电动机电枢电压 U 和励磁磁通 Φ 不变时,电枢转速 n 与电枢电流 I_a 之间的关系,即: $n=f(I_a)$ 。

从他励直流电动机的电枢绕组电压方程式(6-3-1)和式(6-3-2)可知:

$$n=\frac{U}{C_e\Phi}-\frac{R_a}{C_e\Phi}I_a \tag{6-3-10}$$

式中: $n_0=\dfrac{U}{C_e\Phi}$ 为电动机的理想空载转速; $\Delta n=\dfrac{R_a}{C_e\Phi}I_a$ 为由负载转矩引起的转速下降。

根据式(6-3-10)绘制的曲线就是电动机的转速特性曲线,如图6-3-6所示。

仔细比较会发现,根据式(6-3-10)绘制的曲线与图6-3-2所示的直流电动机的机械特性曲线十分相似。实际上,由电磁转矩的表达式 $T=C_T\Phi I_a$ 可知,电磁转矩与电枢电流成正比。因此,这两个曲线本质上是一致的。

从图6-3-6可以看出,在电动机运行中,随着负载电流(转矩)的增加,电动机的转速呈下降趋势。

2. 转矩特性

转矩特性是指保持电动机电枢电压为 U_N 、励磁磁通为 Φ_N 不变,电磁转矩 T 与电枢电流 I_a 之间的关系,即: $T=f(I_a)$ 。

从电磁转矩与电枢电流的关系式 $T=C_T\Phi I_a$ 看,转矩特性曲线应该是一条过原点的直线(如图6-3-7中的曲线①),实际上的转矩特性曲线如图6-3-7中的虚线②所示。

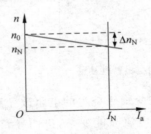

图6-3-6　转速特性曲线

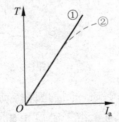

图6-3-7　转矩特性曲线

由于直流电动机中的电枢反应,在负载电流增大时磁通 Φ 稍有减小,转矩也稍有减小,使得转矩特性曲线稍微偏离直线(如图6-3-7中的曲线②)。一般情况下,他励直流电动机的转矩特性曲线仍十分接近直线。

3. 效率特性

效率特性是指保持电动机电枢电压为 U_N 、励磁磁通为 Φ_N 不变,电动机的效率 η 与输出功率 P 之间的关系,即: $\eta=f(P)$ 。

他励直流电动机的效率表达式为

$$\eta = \frac{P}{P_1} \times 100\% = \frac{P_1 - \sum P}{P_1} \times 100\% = \left(1 - \frac{P_0 + I_a^2 R_a}{U_N I_N}\right) \times 100\% \qquad (6\text{-}3\text{-}11)$$

式中：P_0 表示电动机的空载损耗，其余各物理量含义与之前相同。

由于空载损耗功率 P_0 不随负载变化，当负载电流较小时，效率较低，输入功率大部分消耗在空载损耗上；当负载电流较大时，效率提高，输入功率大部分消耗在负载上；当负载电流增加到一定程度时，电枢绕组的铜损（$I_a^2 R_a$）快速增大，使得效率再次下降，其曲线如图 6-3-8 所示。

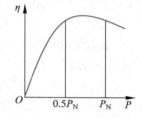

图 6-3-8　效率特性曲线

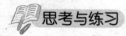
思考与练习

6-3-1　并励（他励）直流电动机的固有机械特性有什么特点？

6-3-2　并励（他励）直流电动机的三种人为机械特性各有什么特点？

6-3-3　为什么并励（他励）直流电动机的效率在（$50\% \sim 100\%$）P_N 时较高，轻载或过载时较低？

6.4　直流电动机的运行与控制

- 了解直流电动机的起动特性，掌握常用的起动方案。
- 掌握直流电动机的调速原理，掌握常用的调速方案。
- 了解直流电动机的反转原理，掌握常用的反转方案。
- 了解直流电动机的制动原理，熟悉常用的制动方案。

直流电动机的运行包括起动、调速、反转和制动，这是本章的重点，也是直流电动机工作原理和机械特性的具体应用。只有充分了解直流电动机的起动特性、调速原理、反转原理和制动原理，才能在实际工作中根据直流电动机的类型与使用场合，正确选择合适的起动、调速、反转和制动方案。

6.4.1　直流电动机的起动与控制

直流电动机的电枢绕组方程式如下：
$$U = E_a + I_a R_a = C_e n \Phi + I_a R_a$$
在电动机起动瞬间，$n = 0$，电枢绕组感应电动势 $E_a = 0$，把起动电流计作 I_{st}，则

直流电动机的
起动与控制

$$I_{st} = \frac{U - E_a}{R_a} = \frac{U}{R_a} \approx (10 \sim 20) I_N \tag{6-4-1}$$

由于电枢绕组的固有电阻很小,因此在起动瞬间电枢绕组会出现很大的起动电流,对电动机本身的换向器形成很大的冲击。实际中,除了功率很小的直流电动机,如小型电动工具和玩具电动机外,一般工业用的直流电动机都不允许直接起动。

直流电动机要想平稳起动,需要满足以下三个条件。

(1) 有足够大的起动转矩,能够带额定负载起动。

(2) 起动电流应控制在一定的范围内($I_{st} < 2.5 I_N$),减少对电机本身的冲击。

(3) 起动设备应尽可能简单、可靠。

从起动电路的式(6-4-1)可以看出,限制起动电流有两种方案可选(表6-4-1)。

表 6-4-1 直流电动机起动方案比较

起 动 方 案	起 动 过 程	起 动 条 件
降低电源电压	起动时降低起动电压。 待电动机转速 n 升高、反电动势 E_a 增大后,再逐渐提高电枢绕组的外加电压	需电压可调的直流电源
电枢绕组串电阻($R_a + r$)	电枢绕组可串多级电阻。 在起动的过程中,待电动机转速 n 升高、反电动势 E_a 增大后,可逐级切除电阻	配备起动电阻器,起动过程电阻消耗电能

【例 6-4-1】 一台他励直流电动机 $P_N = 60\text{kW}$,$U_N = 440\text{V}$,$I_N = 150\text{A}$,$R_a = 0.156\Omega$,$n_N = 1000\text{r/min}$。试计算以下参数:

(1) 直接起动时的电流 I_{st} 是多少?

(2) 采用降压起动,要求 $I_{st} \leqslant 2I_N$,此时的起动电压 U_{st} 应为多少?

(3) 采用电枢绕组串电阻起动,要求 $I_{st} \leqslant 2I_N$,此时的附加电阻 R_{st} 应为多少?

【解】 通过本例学习直流电动机起动参数的计算。

(1) 起动瞬间,$n = 0$,电动机没有感应电动势,起动电流 I_{st} 为

$$I_{st} = \frac{U_N - E_a}{R_a} = \frac{440}{0.156} \approx 2821 (\text{A})$$

(2) 采用降压起动,要求 $I_{st} \leqslant 2I_N$,起动电压 U_{st} 计算过程如下:

因为 $\qquad\qquad I_{st} \leqslant 2I_N = 2 \times 150 = 300 (\text{A})$

所以 $\qquad\qquad U_{st} \leqslant I_{st} \times R_a = 300 \times 0.156 = 46.8 (\text{V})$

(3) 采用电枢绕组串电阻起动,要求 $I_{st} \leqslant 2I_N$,附加电阻 R_{st} 的计算过程如下:

因为 $\qquad\qquad I_{st} = \frac{U_N}{R_a + R_{st}} \leqslant 300 (\text{A})$

所以 $\qquad\qquad R_{st} \geqslant \frac{U_N}{I_{st}} - R_a = \frac{440}{300} - 0.156 \approx 1.31 (\Omega)$

从计算结果看出,不论是降压起动,还是电枢回路串电阻起动,均可以大大降低电机的起动电流。

上面介绍了两种起动方法,下面介绍实际工作中直流电动机起动的控制方案。由于不同类型的直流电动机起动方案有很大的不同,这里仍以最常用的他励(或并励)直流电动机为例,介绍两种电枢绕组串电阻的起动方案。

1. 手动控制起动方案(电枢绕组串电阻)

BQ3 型直流电动机起动变阻器(RS)是专门为小容量且电压低于 220V 的直流电动机起动设计的一款起动变阻器,接线简单,操作方便。这里以该款设备为例,说明手动控制并励直流电动机起动(电枢绕组串电阻)方案的实施过程。该控制电路如图 6-4-1 所示。

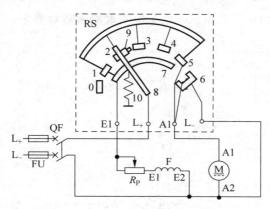

图 6-4-1　BQ3 型手动控制起动(电枢绕组串电阻)电路图

0~5—分断静触点;6—电磁铁;7—弧形铜条;8—手轮;9—衔铁;10—复位弹簧

使用 BQ3 型直流起动变阻器的控制过程比较复杂,具体说明如表 6-4-2 所示。

表 6-4-2　使用 BQ3 型直流起动变阻器的起动控制过程

电路组成	BQ3 型变阻器四个接线端与电路的连接方式分别如下。 E1:励磁绕组正极。 E2:励磁绕组负极。 A1:电枢绕组正极。 A2:电枢绕组负极。 L_+:电源正极。 L_-:电枢绕组负极(电源负极"—")。 手轮 8 上附有衔铁 9 和复位弹簧 10。 弧形铜条 7 的一端接通励磁绕组,并经过全部电阻后,接通电枢绕组
起动过程	(1) 起动前,起动手轮 8 置"0"位。 (2) 起动时,合上电源开关 QF,缓慢转动手轮 8,使手轮 8 从"0"位转动到静触点"1"位,接通励磁绕组,同时串联接入变阻器 R_P 的全部起动电阻,电动机起动旋转。 (3) 随着转速的升高,手轮 8 依次缓慢转动到"2""3""4"等位,起动电阻逐级切除,当手轮 8 转到静触点 5 时,电磁铁 6 吸住手轮衔铁 9,此时将起动电阻全部切除,直流电动机起动完毕,进入正常运行状态
停止过程	切断电源开关 QF,电磁铁 6 失电后电磁力消失,在复位弹簧 10 的牵引下,手轮 8 自动返回"0"位,以备下次起动。 电磁铁 6 还具有失压(欠压)保护功能

续表

* 放电过程	直流电动机的励磁绕组和电枢绕组有很大的电感,当手轮 8 复位到"0"位时,电路突然断开,瞬间会在绕组两端产生很大的自感电动势,可能会击穿绕组的绝缘材料;同时在手轮 8 和铜条 7 之间还会产生火花,烧毁触点。 　　为防止此类情况出现,该款起动器将铜条 7 和静触点 1 直接相连,当手轮 8 复位到"0"位时,保证励磁绕组、电枢绕组与起动电阻组成一闭合回路,作为绕组的放电回路

2. 自动控制起动方案(电枢绕组串电阻)

自动控制的并励直流电动机电枢绕组串电阻起动电路如图 6-4-2 所示。

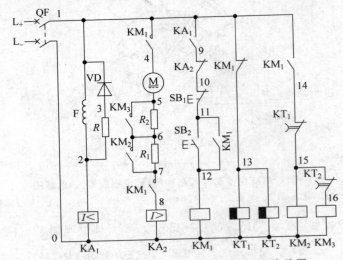

图 6-4-2　自动控制起动(电枢绕组串电阻)电路图

自动控制的并励直流电动机电枢绕组串电阻起动过程,详细说明如表 6-4-3 所示。

表 6-4-3　自动控制的并励直流电动机起动过程

电路组成	M:直流电动机。 F:励磁绕组。 QF:电源总开关。 SB_1:停止按钮。 SB_2:起动按钮。 KA_1:欠电流继电器,对励磁绕组进行失磁保护。 KA_2:过电流继电器,对电枢绕组进行过流(过载)保护。 KM_1:直流接触器,对电动机进行起动。 KM_2:直流接触器,对电阻 R_1 实施切除。 KM_3:直流接触器,对电阻 R_2 实施切除。 KT_1:时间继电器,起动接触器 KM_2 实施切除 R_1。 KT_2:时间继电器,起动接触器 KM_3 实施切除 R_2。 VD:续流二极管,电源开关 QF 断开时,为励磁绕组提供续流回路。 R:断电后,把励磁绕组的续流电流转变为电阻上的热能消耗殆尽

续表

起动过程	(1) 起动准备 合上电源开关 QF,励磁绕组 F 通电,建立磁场 → { 欠电流继电器 KA$_1$ 线圈通电,KA$_1$ 常开触点【1-9】闭合 　　时间继电器 KT$_1$、KT$_2$ 线圈通电 → { KT$_1$ 常闭触点【14-15】打开 　　KT$_2$ 常闭触点【15-16】打开 　　→ 做好起动准备
	(2) 开始起动 按下起动按钮 SB$_2$ → 接触器 KM$_1$ 线圈通电 → { KM$_1$ 主触点【1-4;7-8】闭合,电枢绕组接入电阻 (R_1+R_2) 起动 　　KM$_1$ 常闭辅助触点【1-13】断开,KT$_1$、KT$_2$ 线圈失电 　　KM$_1$ 常开辅助触点【1-14】闭合,为切除 R_1、R_2 做好准备
	(3) 切除电阻 R_1 KT$_1$ 断电延时时间到(KT$_1$ 定时时间短于 KT$_2$) → KT$_1$ 常闭辅助触点【14-15】闭合 　→ KM$_2$ 线圈通电 　　→ KM$_2$ 常开触点【6-7】闭合 　　　→ 切除电阻 R_1,电枢绕组保留电阻 R_2 继续运行
	(4) 切除电阻 R_2 KT$_2$ 断电延时时间到(KT$_2$ 定时时间长于 KT$_1$) → KT$_2$ 常闭辅助触点【15-16】闭合 　→ KM$_3$ 线圈通电 　　→ KM$_3$ 常开触点【5-6】闭合 　　　→ 切除电阻 R_2,电动机结束起动过程,进入正常运行
停止过程	按下停车按钮 SB$_1$ → KM$_1$ 线圈失电 　→ KM$_1$ 两对主触点【1-4;7-8】断开,其他触点复位 　　→ { 电动机 M 失电 　　　　励磁绕组经过 VD-R 释放磁能 　　→ 断开电源开关 QF
保护措施	(1) 弱磁或失磁造成"飞车"时,KA$_1$ 常开触点【1-9】打开,断开起动回路。 (2) 电动机严重过载时,KA$_2$ 常闭触点【9-10】断开,断开起动回路

6.4.2 直流电动机的调速与控制

直流电动机由于调速性能优越、调速范围广泛应用于对调速要求高的场合,如大型可逆轧钢机、矿井卷扬机、电力机车、地铁和船舶机械等。

从直流电动机的机械特性表达式 $n=\dfrac{U}{C_e\Phi}-\dfrac{R_aT}{C_eC_T\Phi^2}$ 可以看出,除了与电动机结构有关

直流电动机的
调速与控制

的电磁常数 C_e 和转矩常数 C_T 外,调速有如下三种方法。

(1) 电枢绕组串电阻 r 调速。

(2) 降低电枢电压 U 调速。

(3) 减小励磁磁通 Φ 调速。

实际上,直流电动机的调速方案就是其机械特性的具体应用。这里仍以应用广泛的他励(并励)直流电动机为例,一一介绍各种调速方法及控制方案。

1. 电枢绕组串电阻 r 调速

电枢绕组串电阻调速是指保持他励直流电动机的电枢电压(U)不变、励磁磁通(Φ)不变,仅通过调整电枢绕组电阻改变电动机转速的方式。可实现两级调速的原理电路和速度变化过程如图 6-4-3 所示。

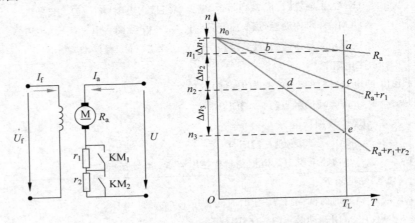

图 6-4-3   电枢绕组串电阻调速(他励直流电动机)

从机械特性曲线上可以看出,在负载转矩(T_L)一定的情况下,调速过程按 a-b-c-d-e 的速度路径变化。串联的电阻越大,机械特性越软,负载转矩相同时,电动机的速度就越低。

进一步分析发现,电动机的静差率 $\delta(\delta = \Delta n / n_0)$ 变大,导致电动机运行的稳定性变差。

综合以上分析,可得出电枢绕组串电阻调速特点如下:

(1) 空载转速 n_0 不变,只能从额定转速向下调。

(2) 串联电阻 r 越大,斜率越大,机械特性越软。

(3) 转速越低,负载波动时转速的稳定性越差。

(4) 串入的电阻越大,电能损耗越大,运行经济性差。

(5) 调速方式为有级调速,串联电阻级数越多,调速过程越平滑。

(6) 调速范围小,电动机空载时几乎无调速作用。

(7) 在各种转速下,能输出相同的转矩,为恒转矩调速。

适用场合:对调速性能要求不高的生产机械(起重机类)。

2. 降低电枢电压 U 调速

降低电枢电压调速是指保持电枢绕组电阻(R_a)不变、励磁磁通(Φ)不变,仅通过调整电枢绕组电压(U)改变电动机转速的方式。调速原理电路和速度变化过程如图 6-4-4 所示。

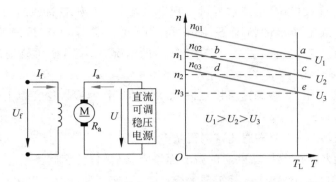

图 6-4-4 降低电枢电压调速(他励直流电动机)

由于有电压连续可调的直流电源,调速过程可实现平滑调节。从机械特性曲线上可以看出,在负载转矩(T_L)一定的情况下,调速过程按 a-b-c-d-e 的速度路径变化。负载转矩相同时,随着电枢电压的降低,电动机的速度就会降低。

与电枢绕组串电阻调速方案相比,电动机的静差率 $\delta(\delta = \Delta n/n_0)$ 保持不变,电动机运行具有良好的稳定性。

综合以上分析,可得出降低电枢电压调速特点如下:

(1)转速只能从额定转速向下调。

(2)改变电枢电压,机械特性曲线斜率不变,机械特性硬。

(3)速度稳定性好,调速范围广,最高转速与最低转速之比可达 10 倍以上。

(4)当电压连续可调时,转速也连续可调,实现无级调速。

(5)降压调速通过减小输入功率降低转速,调速时损耗小,调速经济性好。

(6)在各种转速下,能输出相同的转矩,为恒转矩调速。

(7)需要电压可调的直流电源,设备复杂,初次投资大。

适用场合:调速性能要求较高的生产机械(精密加工机床类)。

3. 减小励磁磁通 Φ 调速

减小励磁磁通调速也称弱磁调速,它是指保持电枢绕组电压(U)不变、电枢绕组电阻(R_a)不变,仅通过调整励磁磁通(Φ)改变电动机转速的方式。调速原理电路和速度变化过程如图 6-4-5 所示。

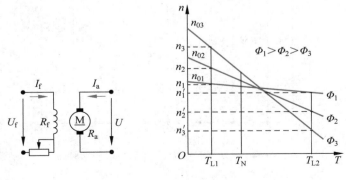

图 6-4-5 弱磁调速(他励直流电动机)

由于励磁电阻连续可调,调速过程可实现平滑调节。从机械特性曲线上可以看出,在负载转矩(T_{L1})小于额定转矩的情况下,随着励磁磁通的减弱,电动机的速度会上升($n_1 < n_2 < n_3$);反之,在负载转矩(T_{L2})大于额定转矩的情况下,随着励磁磁通的减弱,电动机的速度可能会下降($n_1' > n_2' > n_3'$)。

与前两种方案相比,弱磁调速可以提高电动机的运行速度。综合以上分析,可得出弱磁调速特点如下:

(1) 理想空载转速 n_0 随磁通的减弱而上升。

(2) 机械特性曲线的斜率随磁通的减弱而增大,机械特性变软。

(3) 磁通(电阻)能连续调节,可实现无级调速,调速平滑。

(4) 励磁电流小,能量损耗少,调速前后电动机效率基本不变,经济性较好。

(5) 在各种转速下,能输出相同的功率,为恒功率调速。

适用场合:适用于驱动恒功率性质的负载,如用于机床切削工件时的调速。粗加工时,切削量大,用低速;精加工时,切削量小,用高速。

6.4.3 直流电动机的反转与控制

直流电动机实现正/反转有电枢绕组反接法和励磁绕组反接法两种方式。

由于励磁绕组匝数多、电感量大,在进行反接时因电流突变会产生很大的自感电动势,危及设备及人身的安全。另外励磁绕组在断开瞬间,电枢绕组因失磁会形成很大的电枢电流,极易引起"飞车"事故。因此,一般的直流电动机都采用电枢绕组反接法实现电动机的转向调整。

需要注意的是,在将电枢绕组反接的同时,必须连同换向极绕组一起反接,以达到改善换向的目的。图 6-4-6 是并励直流电动机正/反转控制的电路图。

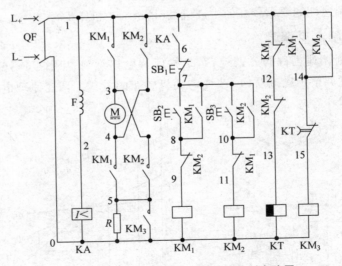

图 6-4-6　并励直流电动机正/反转控制电路图

并励直流电动机正/反转控制的详细实现过程,如表 6-4-4 所示。

表 6-4-4 并励直流电动机正/反转控制实现过程

电路组成	M:直流电动机。 F:励磁绕组。 QF:电源总开关。 SB_1:停止按钮。 SB_2:正向运行起动按钮。 SB_3:反向运行起动按钮。 KA:欠电流继电器,对励磁绕组进行失磁保护。 KM_1:控制正转运行的直流接触器。 KM_2:控制反转运行的直流接触器。 KM_3:对电阻 R 实施切除的直流接触器。 KT:时间继电器,控制接触器 KM_3 切除电枢绕组中的电阻 R
起动准备	合上电源开关 QF,励磁绕组 F 通电,建立磁场 　→欠电流继电器 KA 线圈通电 　　　┌KA 常开触点【1-6】闭合 　→　┤时间继电器 KT 线圈通电 　　　└KT 常闭触点【14-15】打开,为起动做好准备
正向运行	(1) 正转起动运行 按下正转起动按钮 SB_2 　→接触器 KM_1 线圈通电 　　　┌KM_1 两对主触点【1-3;4-5】闭合 　→　┤KM_1 辅助常开触点【7-8】闭合,自锁 　　　└KM_1 辅助常闭触点【10-11】断开,互锁 　　　┌电动机 M 正向起动(电枢绕组串电阻 R) 　→　┤KM_1 常闭辅助触点【1-12】断开 　　→KT 线圈失电,断电延时开始计时 　　　→KT 定时时间到 　　　　┌KT 常闭触点【14-15】闭合 　　→　┤接触器 KM_3 线圈通电 　　　→接触器 KM_3 常开触点【5-0】闭合 　　　　→切除电阻 R,电动机进入正常运行 (2) 正转停止 按下停车按钮 SB_1 　→接触器 KM_1 线圈失电 　　　┌KM_1 两对主触点【1-3;4-5】断开 　→　┤KM_1 辅助常开触点【7-8】断开,解除自锁 　　　└KM_1 辅助常闭触点【10-11】闭合,解除互锁 　　　┌电动机 M 失电,停止运转 　→　┤其他接触器(继电器)状态复位

续表

反向运行	(1) 反转起动运行
	按下反转起动按钮 SB_3
	  →接触器 KM_2 线圈通电
	    →KM_2 两对主触点【1-4；3-5】闭合
	      $\{$$KM_2$ 辅助常开触点【7-10】闭合,自锁
	      $\{$$KM_2$ 辅助常闭触点【8-9】断开,互锁
	      $\{$电动机 M 反向起动(电枢绕组串电阻 R)
	      $\{$$KM_2$ 常闭辅助触点【12-13】断开
	      →KT 线圈失电,断电延时开始计时
	        →KT 定时时间到
	        $\{$KT 常闭触点【14-15】闭合
	        $\{$接触器 KM_3 线圈通电
	          $\{$接触器 KM_3 常开触点【5-0】闭合
	          $\{$切除电阻 R,电动机进入正常运行

	(2) 反转停止
	按下停车按钮 SB_1
	  →接触器 KM_2 线圈失电
	    →KM_2 两对主触点【1-4；3-5】断开
	      $\{$$KM_2$ 辅助常开触点【7-10】断开,解除自锁
	      $\{$$KM_2$ 辅助常闭触点【8-9】闭合,解除互锁
	      $\{$电动机 M 失电,停止运转
	      $\{$其他接触器(继电器)状态复位

保护措施	弱磁或失磁造成"飞车"时,KA 常开触点【1-6】打开,切断起动回路电源

6.4.4　直流电动机的制动与控制

为使直流电动机能迅速停车,需要采取必要的制动措施。直流电动机对制动的要求如下。

(1) 制动过程要有足够大的制动转矩。

(2) 制动电流不应大于额定电流的 2.5 倍。

(3) 不应对电动机造成明显的机械冲击。

(4) 制动时间尽可能短。

与三相交流电动机相同,直流电动机的制动也分为能耗制动、反接制动和回馈制动三种方式。

1. 能耗制动

这里以他励直流电动机为例进行能耗制动过程的说明。能耗制动的电路原理及接线如图 6-4-7 所示。

他励直流电动机从电动运行状态到能耗制动状态,过程如下。

(1) 在电动运行状态时,转子的转速 n 和电磁转矩 T 的方向一致。

(2) 电枢绕组断电后,电动机转子由于惯性作用,仍按原来方向旋转;由于励磁磁通方向未变,电枢绕组中感应电动势 E_a 的方向未变,此时电动机作发电机运行。

(3) 电枢电流 I_a、电磁转矩 T 方向已发生改变,此时电磁转矩 T 成为制动转矩。

(4) 作发电机运行的直流电动机,把储存在电机转子中的动能转换为电能,消耗到制动

直流电动机的
能耗制动

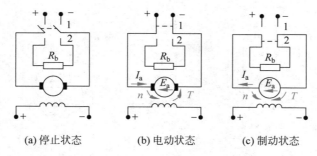

（a）停止状态　　　（b）电动状态　　　（c）制动状态

图 6-4-7　能耗制动电路原理及接线图

电阻 R_b 上。

（5）待直流电动机转子中的动能消耗殆尽，电机停止运转。

【例 6-4-2】　一台他励直流电动机参数为 $P_N = 40\text{kW}, n_N = 1000\text{r/min}, U_N = 220\text{V},$ $I_N = 210\text{A}, R_a = 0.07\Omega$。试进行以下计算：（1）不接制动电阻时，制动起始时的制动电流 I_b 是多少？（2）要求制动电流 $I_b \leqslant 2I_N$，电枢回路至少应接入多大的制动电阻 R_b？

【解】　通过本例学习直流电动机制动参数的计算。

（1）不接制动电阻时，制动起始电流 I_b 的计算如下。

电枢回路断电后，制动起始时的感应电动势为

$$E_a \approx U_N - I_a R_a = 220 - 210 \times 0.07 = 205.3(\text{V})$$

制动起始电流 I_b 为

$$E_a \approx I_b = \frac{E_a}{R_a} = \frac{205.3}{0.07} \approx 2933(\text{A})$$

（2）为限制制动电流 $I_b \leqslant 2I_N$，接入制动电阻 R_b 的计算如下。

$$I_b \leqslant 2 \times I_N = 2 \times 210 = 420(\text{A})$$

因为

$$I_b \leqslant \frac{E_a}{R_a + R_b}$$

所以

$$R_b \geqslant \frac{E_a}{I_b} - R_a = \frac{205.3}{420} - 0.07 \approx 0.42(\Omega)$$

2. 反接制动

反接制动有电源反接和倒拉反接两种方式。这里均以他励直流电动机为例进行电源反接制动过程的说明。

1）电源反接制动

电源反接制动是指在电动机停车时，给电枢回路施加一个反向电压，通过反向转矩的介入加速停车的过程。其电路原理及接线如图 6-4-8 所示。

电源反接制动过程如下。

正常运行时，电枢电流（I_a）、电枢电压（U）的关系为

$$I_a = \frac{U - E_a}{R_a}$$

反接制动时，由于电枢电压反接，此时的电枢电流即为制动电流（I_b），二者关系为

$$I_b = \frac{U + E_a}{R_a} \tag{6-4-2}$$

直流电动机的
反接制动

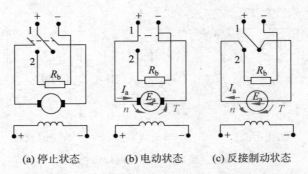

(a) 停止状态　　(b) 电动状态　　(c) 反接制动状态

图 6-4-8　反接制动电路原理及接线图

从式(6-4-2)可以看出,反接制动时的制动电流(I_b)大大高于正常的工作电流。为减少电动机的冲击,需要附加制动电阻(R_b)以限制制动电流,即

$$I_b = \frac{U + E_a}{R_a + R_b} \tag{6-4-3}$$

实际中,可根据制动电流的要求选择制动电阻(R_b)的大小。

【例 6-4-3】　例 6-4-2 中,如果采用反接制动,要求制动电流 $I_b \leqslant 2I_N$,则电枢回路至少应接入多大的制动电阻 R_b?

【解】　通过本例学习直流电动机反接制动电路参数的计算。

根据上例的计算结果以及反接制动时的制动电流和电枢电压的关系,计算附加电阻的过程如下。

因为　　　　$I_b = \dfrac{U + E_a}{R_a + R_b} \leqslant 420(\text{A})$

所以　　　　$R_b \geqslant \dfrac{U + E_a}{I_b} - R_a = \dfrac{220 + 205.3}{420} - 0.07 \approx 0.943(\Omega)$

各种直流电动机的反接制动控制方案不尽相同,下面通过一个他励电动机双向运行反接制动的案例进行说明,电路如图 6-4-9 所示。

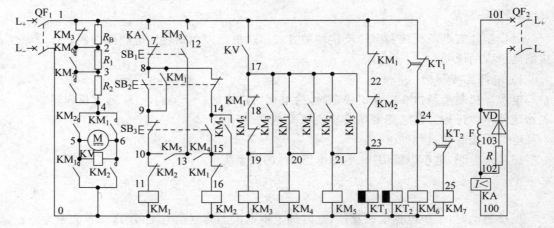

图 6-4-9　他励电动机双向运行反接制动电路原理图

　　电动机双向运行的反接制动有两种情况,表 6-4-5 以正向起动运行的反接制动为例,详细介绍他励电动机反接制动的具体实现过程。

表 6-4-5　他励电动机双向运行反接制动过程

电路组成	M：直流电动机。 F：励磁绕组。 QF：电源总开关。 SB_1：停止按钮(反接制动)。 SB_2：正向运行起动按钮。 SB_3：反向运行起动按钮。 KA：欠电流继电器,对励磁绕组进行失磁保护。 KV：欠压继电器,防止电动机反接制动后反转。 KM_1：控制正转运行的直流接触器。 KM_2：控制反转运行的直流接触器。 KM_3：控制反接制动电阻 R_b 的直流接触器。 KM_4：正向运行时的反接制动接触器。 KM_5：反向运行时的反接制动接触器。 KM_6：对起动电阻 R_1 实施切除的直流接触器。 KM_7：对起动电阻 R_2 实施切除的直流接触器。 KT_1：断电延时时间继电器,起动接触器 KM_6 实施切除起动电阻 R_1。 KT_2：断电延时时间继电器,起动接触器 KM_7 实施切除起动电阻 R_2。 VD：续流二极管,电源开关 QF 断开时,为励磁绕组提供续流回路。 R：断电后,把励磁绕组的续流电流转变为电阻上的热能消耗殆尽
正向起动运行	(1) 起动准备 合上电源开关 QF,励磁绕组 F 通电,建立磁场 　　→欠电流继电器 KA 线圈通电 　　　　┌KA 常开触点【1-7】闭合 　　→┤ 　　　　└时间继电器 KT_1、KT_2 线圈通电 　　　　　→KT_1 常闭触点【1-24】、KT_2 常闭触点【24-25】打开 (2) 开始起动 按下起动按钮 SB_2 　　→接触器 KM_1 线圈通电 　　　　┌KM_1 两对主触点【4-6；5-0】闭合,电枢绕组接入(R_1+R_2)起动 　　　　│KM_1 辅助常开触点【8-9】闭合,自锁 　　→┤KM_1 常闭辅助触点【1-22】断开,KT_1、KT_2 线圈失电,开始计时 　　　　│KM_1 常闭辅助触点【15-16；17-18】断开,对 KM_2、KM_3 联锁 　　　　└KM_1 常开辅助触点【17-20】闭合,为起动 KM_4 做好准备

正向起动运行	(3) 切除起动电阻 R_1、R_2 KT_1 定时时间到(KT_1 定时时间短于 KT_2) 　→KT_1 常闭辅助触点【1-24】闭合 　　→KM_6 线圈通电 　　　→KM_6 常开触点【2-3】闭合 　　　　→切除电阻 R_1,电枢绕组保留电阻 R_2 继续运行 KT_2 定时时间到 　→KT_2 常闭辅助触点【24-25】闭合 　　→KM_7 线圈通电 　　　→KM_7 常开触点【3-4】闭合 　　　　→切除电阻 R_2,电动机结束起动过程,进入正常运行
反接制动准备	电动机进入正常运行状态后 　→欠电压继电器 KV 线圈通电 　　$\begin{cases} KV \text{ 常开触点【1-17】闭合} \\ \text{接触器 } KM_4 \text{ 线圈通电} \end{cases}$ 　　→KM_4 常开触点【13-15】闭合 　　　→为反接制动起动 KM_2 做好准备
反接制动停车	按下停车按钮 SB_1 　→按钮 SB_1 常闭触点【7-8】断开 　　$\begin{cases} \text{接触器 } KM_1 \text{ 线圈失电,各触点复位} \\ \text{按钮 } SB_1 \text{ 常开触点【12-13】闭合} \end{cases}$ 　　→KV 常开触点【1-17】保持闭合(电动机仍在高速运转) 　　　$\begin{cases} \text{接触器 } KM_3 \text{ 线圈通电} \\ KM_3 \text{ 常开触点【17-19】闭合,自锁} \\ KM_3 \text{ 常闭触点【1-2】打开} \\ KM_3 \text{ 常开触点【1-12】闭合} \end{cases}$ 　　　→接触器 KM_2 线圈通电 　　　　$\begin{cases} KM_2 \text{ 常开触点【14-15】闭合,自锁} \\ KM_2 \text{ 常开触点【4-5；6-0】闭合} \end{cases}$ 　　　　→电动机 M 电枢绕组串联电阻 R_b 进入制动状态 　　　　　→电动机 M 转速接近于 0 　　　　　　→KV 欠压,线圈失电 　　　　　　　→KV 常开触点【1-17】打开 　　　　　　　　→KM_3、KM_4、KM_2 线圈失电,各触点复位 　　　　　　　　　→制动过程结束
保护措施	(1) 弱磁或失磁造成"飞车"时,KA 常开触点【1-7】断开,断开起动回路。 (2) 制动过程中,当电动机转速下降、电枢绕组电压过低时,KV 常开触点【1-17】断开, 　　切除制动回路电源,防止电动机反转

说明:反向起动运行的反接制动过程与上表类似,请读者自行分析。

2) 倒拉反接制动

倒拉反接制动专门用于起重装置类。其电路原理与机械特性如图 6-4-10 所示。

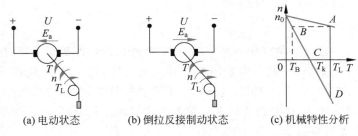

(a) 电动状态　　　(b) 倒拉反接制动状态　　　(c) 机械特性分析

图 6-4-10　倒拉反接制动电路原理与机械特性

起重机带着货物提升时,电动机的电磁力矩(T)方向和电动机的转速(n)方向相同;起重机带着货物下放时,由于货物自重(T_L)的作用,电动机的电磁力矩和电动机的转速方向相反,此时的电动机就处于典型的倒拉制动状态。

起重机的倒拉制动与其他机电设备的制动目的不同。普通机电设备的制动是为了迅速停车,起重机的倒拉制动是为了限制货物下行的速度。

起重机从货物提升的电动机过程到货物下放的倒拉制动运行过程,可参考表 6-4-6 的详细说明。

表 6-4-6　起重机的运行过程

运行状态	具体说明
电动机运行	运行示意图如图 6-4-10(a)所示。 起重机进行货物的提升,设备处于电动机运行状态。 电动机运行在固有机械特性曲线上,图 6-4-10(c)中第一象限 A 点
倒拉制动	运行示意图如图 6-4-10(b)所示。 此时起重机进行货物的下放,设备处于电动机倒拉制动状态。 电动机运行在有制动电阻 R_b 的人为机械特性曲线上。 电动机由运行转入倒拉制动的详细过程如下: (1) 货物下放开始前,负载转矩 T_L 运行在固有机械特性的 A 点。 (2) 货物下放开始时,负载转矩 T_L 运行转换到人为机械特性的 B 点。 (3) B 点对应的电磁转矩 $T_B < T_L$,电动机沿着人为机械特性开始减速。 (4) 到达 C 点时,转速 $n=0$。 (5) C 点对应的电磁转矩 $T_K < T_L$,电动机继续减速,此时 $n<0$。 (6) 由于励磁磁通未变,电枢绕组的感应电动势($E_a = C_e n \Phi$)方向发生改变。 (7) 随之,电磁转矩($T = C_T \Phi I_a$)变为制动转矩。 (8) 随着反向运转速度 n 增大,E_a 在增大,电磁转矩 T 也在增大。 (9) 到达 D 点时,制动电磁转矩与负载转矩平衡($T = T_L$)。 (10) 电动机以新的稳定运行速度匀速下放重物

电枢回路串入较大电阻后,电动机能出现反转制动运行,是位能性负载的倒拉作用所致。倒拉反接制动时,电动机工作在机械特性曲线第四象限的延伸部分。通过调节制动电阻 R_b,可调节倒拉制动的稳定运行速度。

直流电动机的
回馈制动

3. 回馈制动

电动状态运行的直流电动机在某种情况下(如电动机拖动的机车下坡时)会出现运行转速高于理想空载转速的情况,此时电枢绕组的感应电动势 E_a 大于电源电压 U_N,电枢电流就会反向流动,电磁转矩的方向也随之反向,由驱动转矩转为制动转矩,起到了制动的作用。

从能量关系的角度看,电动机将机车下坡时的位能回馈到电网中,电动机已变为发电机运行,这种状态称为回馈制动状态。

由于负载类型不同,回馈制动实际上有四种方式,分别是:

(1) 机车类负载下坡时的回馈制动。

(2) 起重类负载下放重物时的回馈制动。

(3) 降压调速过程的回馈制动。

(4) 增磁调速过程的回馈制动。

不同类型负载回馈制动的机械特性如图 6-4-11 所示。回馈制动时的机械特性方程式与电动机状态时相同,区别在于运行在特性曲线上的不同区段。

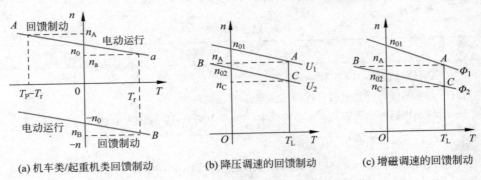

(a) 机车类/起重机类回馈制动　　(b) 降压调速的回馈制动　　(c) 增磁调速的回馈制动

图 6-4-11　回馈制动时的机械特性

在表 6-4-7 中,给出了不同类型负载回馈制动过程的详细说明。

表 6-4-7　不同类型负载回馈制动过程详细说明

负载类型	具体说明
机车类负载下坡	电动机拖动机车下坡,当机车速度 n 高于电动机的空载转速 n_0 时,出现回馈制动。 回馈制动位于机械特性曲线的第二象限,图 6-4-11(a)图中的 $n_0 \sim A$ 段。 到达正向回馈制动稳定运行的 A 点后,机车以稳定的速度下坡运行
起重类负载下放重物	电动机拖动起重机下放重物,当起重机速度 n 高于电动机的空载转速 n_0 时,出现回馈制动。 回馈制动位于机械特性曲线的第四象限,图 6-4-11(a)图中的 $-n_0 \sim B$ 段。 到达反向回馈制动稳定运行的 B 点后,起重机以稳定的速度下放重物

续表

负载类型	具 体 说 明
降压调速	负载转矩（T_L）不变的情况下,电压 U_1 对应的速度为 n_A。 当电压从 U_1 变为 U_2 时,电动机机械特性转到人为特性曲线 BC 上。 因为转速不能突变,转子转速高于电动机机械特性曲线 BC 上的转速,电动机运行工作点由 A 点平移到 B 点。 此后电动机工作在机械特性曲线的 $B\sim n_{02}$ 上,进入回馈制动状态。 当转速下降到 n_{02} 点时,回馈制动过程结束。 接着,电动机继续沿曲线 BC,从 n_{02} 降到 C 点,电动机在新的工作点 C 点稳定运行
增磁调速	在弱磁状态下增磁过程中,当磁通从 $\varPhi_1$ 变为 $\varPhi_2$ 时,电动机机械特性转到人为特性曲线 BC 上。 因为转速不能突变,转子转速高于电动机机械特性曲线 BC 上的转速,电动机运行工作点由 A 点平移到 B 点。 此后电动机工作在机械特性曲线的 $B\sim n_{02}$ 上,进入回馈制动状态。 当转速下降到 n_{02} 点时,回馈制动过程结束。 接着,电动机继续沿曲线 BC,从 n_{02} 降到 C 点,电动机在新的工作点 C 点稳定运行

思考与练习

6-4-1 为什么直流电动机一般都采用电枢绕组反接实现电动机的转向调整?

6-4-2 并励(他励)直流电动机降低电源电压起动有何特点?

6-4-3 并励(他励)直流电动机电枢绕组串电阻起动有何特点?

6-4-4 并励(他励)直流电动机电枢绕组串电阻调速为什么会造成"飞车"?

6-4-5 能耗制动和反接制动时,电枢回路的制动电阻有何作用?

6-4-6 并励(他励)直流电动机的回馈制动,适合什么负载?

6.5 直流电动机的常见故障与检修

直流电动机运行中发生故障时,可判断是控制电路故障还是电动机本身故障。如果是控制电路故障,可采用本书第 4 章介绍过的方法进行故障的判断和检修。这里仅介绍直流电动机本身故障的检修方法。

6.5.1 直流电动机常见故障的检修方法

直流电动机在运行中会产生各种各样的故障。产生的原因不同,表现形式各异,检修方法也不一样。这里仅对直流电动机本体常见故障的处理方法进行梳理(表 6-5-1),作为实际工作中检修电动机的参考。

表 6-5-1 直流电动机本体常见故障检修方法

故障现象	故障原因	检修思路与方法
不能起动	电源无电压	检查电源是否完好,起动器连接是否正常,熔丝是否熔断
	有电压但电枢不能转动	负载过重、电枢被卡死或起动设备不合要求
	励磁绕组断路	变阻器及励磁绕组是否断开
	电刷回路断路	刷握是否松弛或接触不良
	起动电流太小	起动器是否合适
不正常运转	转速过高,火花较大	检查电压是否过高,励磁绕组与起动器(调速器)连接是否良好、接错,内部是否有断开
	电刷不在正常位置	调整刷杆座位置
	电枢绕组/励磁绕组短路	用专用方法检查短路位置
	串励电动机轻载或空转	调整合适的负载大小
	励磁绕组电流过大	检查磁场变阻器或励磁绕组电阻的接触状况
电刷火花过大	电刷不在中性线上	调整刷杆位置到中性线上
	电刷压力不当、与换向器接触不良、磨损严重、规格不对	调整电刷压力,研磨电刷与换向器接触面,更换电刷
	换向器表面粗糙或云母片凸出	研磨换向器接触面,下刻云母槽或刮削云母片
	电动机过载或电源电压高	降低电动机负载,调节电源电压
	电枢绕组、励磁绕组或换向器故障	分别检查电枢绕组、励磁绕组或换向器的电阻值,排除故障
外壳漏电	各绕组绝缘水平降低、绝缘层开裂	各绕组重新烘干或浸漆
	出线端与机座相接触	修复出线端接线或绝缘
	绕组绝缘损坏造成接地	修改绕组绝缘损坏处
运行过热冒烟	电动机长期过载	更换功率较大的电动机或减小负载
	电源电压长期过高/过低	检查电源电压,恢复正常状态
	电枢、磁极、换向极绕组故障	检查电枢、磁极、换向极绕组,排除故障
	起动或正/反转频繁	减少起动次数,避免不必要的正/反转
	定子、转子铁心摩擦	检查电动机气隙是否均匀,轴承磨损情况
机械振动大	基础不坚固/安装不牢固	夯实基础,牢固固定电动机
	机组轴线不同心	调整机组轴线同心度
	电枢不平衡	校正电枢平衡
	过载或过速	减小负载或降低转速

6.5.2 直流电动机常见故障检修案例

直流电动机本体的常见故障主要表现在电枢绕组、换向器和电刷等部位。下面通过几个典型案例,分类进行详细说明。

1. 电枢绕组(换向器)故障检修

电枢绕组与换向片相连,环绕一周的换向片构成换向器。因此,电枢绕组的故障现象常与换向器的故障现象相似。当发生电枢绕组故障时,要经过仔细检查,确定是电枢绕组故障还是换向器故障,之后再按工艺要求进行维修和处理。

1）案例 1：电枢绕组（换向器）接地

电枢绕组接地是直流电动机的常见故障之一。这类故障多发生于槽口处和槽内底部，可用绝缘电阻法或校验灯法，结合毫伏表法进行故障部位的检查。故障检修方法可参阅图 6-5-1。

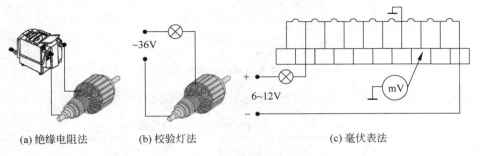

(a) 绝缘电阻法　　(b) 校验灯法　　(c) 毫伏表法

图 6-5-1　电枢绕组接地故障的检修

电枢绕组接地故障具体的检查内容、检修方法、检修步骤与过程，可参阅表 6-5-2。

表 6-5-2　电枢绕组接地故障的检修过程

检查内容	检修方法	检修步骤与过程
判断是否接地	绝缘电阻法	用兆欧表(摇表)测量电枢绕组与电动机轴之间的绝缘电阻值。 正常情况下，电枢绕组与电动机轴之间的绝缘电阻几乎是∞。 如果绝缘电阻测量值接近于 0Ω，表明有接地故障
	校验灯法	如图 6-5-1 中(a)所示，把一个 36V 的照明灯通过换向片与电动机的轴相连，接在 36V 的交流电源上。 如果灯泡发亮，说明电枢绕组存在接地故障
接地点寻找	毫伏表法	（1）如图 6-5-1 中(c)所示，用一个 6～12V 的直流电源，其两端分别接到相隔 $K/2$ 或 $K/4$ 的两个换向片上（K 为换向片个数）。 （2）用毫伏表的两支表笔分别搭接到电动机轴和换向片上，依次测量每个换向片与电动机轴之间的电压值。 （3）如果被测换向片与电动机轴之间有一定的电压，说明无接地故障；如果测量电压为 0V，说明有接地故障。 （4）把该组元件从换向片取下，进一步判断是绕组元件故障，还是换向片故障

说明：找到故障点后，还需根据工艺要求对故障位置进行维修和处理。

2）案例 2：电枢绕组（换向器）短路

电枢绕组短路也是直流电动机的常见故障之一。电枢绕组短路的原因有绝缘损坏、换向片之间有积炭或灰垢。电枢绕组短路严重会烧坏电动机，若只有个别绕组发生短路，电动机仍可运行，但是换向器火花变大，电动机发热加重，需及时进行检修。

这类故障可用专门检查直流电动机电枢绕组的电枢感应仪［图 6-5-2(a)］或毫伏表进行故障部位的检查［图 6-5-2(b)］。

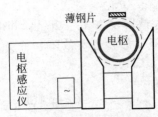

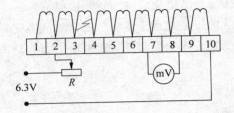

(a) 用电枢感应仪判断故障点　　　　　　(b) 用毫伏表判断故障点

图 6-5-2　电枢绕组短路故障的检修方法

电枢绕组短路故障具体的检查内容、检修方法、检修步骤与过程,可参阅表 6-5-3。

表 6-5-3　电枢绕组短路故障的检修过程

判断故障点	检修步骤与过程
电枢感应仪	(1) 将待检查电枢放在感应仪的 V 形槽架内,接通电源。 (2) 把一薄钢片轴向放置在电枢上面,慢慢转动电枢。 (3) 如果薄钢片在某个铁心槽上"嗒嗒"跳动,说明该槽内的线圈或相应的两换向片之间有短路。再慢慢继续转动电枢,然后将薄钢片依次跨接相邻的换向片,此时,均应有火花产生。 (4) 如果电枢绕组为叠绕法时,一个匝间短路会在两个线槽上都出现钢片振动的现象。 (5) 清除换向片间积垢后钢片仍跳动,表明绕组有匝间短路
毫伏表法	(1) 用一个 6.3V 的电源,其两端分别接到相隔 $K/2$ 或 $K/4$ 的两个换向片上(K 为换向片个数)。 (2) 用毫伏表的两支表笔分别搭接到换向器的相邻两片上,依次测量每两个换向片之间的电压值。 (3) 在测量过程中,各被测换向片之间的电压值相等,说明没有短路故障;如果某两片之间的电压突然变小,说明该两个换向片之间有匝间短路。 (4) 把该组元件从换向片取下,进一步判断是绕组元件故障,还是换向片之间短路

说明:找到故障点后,还需根据工艺要求对故障位置进行维修和处理。

3) 案例 3:电枢绕组(换向器)断路

电枢绕组断路也是直流电动机的常见故障之一。电枢绕组断路点一般发生在绕组元件引出线和换向片的焊接处。其原因主要是由于焊接质量不好或电动机经常过载运行、电流过大造成脱焊所致。这种故障一般通过目测或用镊子拨动焊接点就能发现。

如果断路点发生在电枢铁心槽内部或者不易发现的部位,可用毫伏表法进行故障点的检查。故障检修方法可参阅图 6-5-3。

电枢绕组短路故障具体的检修方法、检修步骤与过程,可参阅表 6-5-4。

检修案例 3:
电枢绕组断路

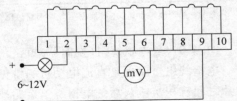

图 6-5-3　电枢绕组断路故障的检修方法

表 6-5-4 电枢绕组断路故障的检修过程

检修方法	检修步骤与过程
毫伏表法	(1) 用一个 6~12V 的直流电源,其两端分别接到相隔 $K/2$ 或 $K/4$ 的两个换向片上(K 为换向片个数)。 (2) 用毫伏表的两支表笔分别搭接到换向器的相邻两片上,依次测量每两个换向片之间的电压值。 (3) 在测量过程中,如果测量过程指针无读数,说明没有断路故障;如果某两片之间突然有读数,指针剧烈摆动,说明该两个换向片之间有断路故障。 (4) 把该组元件从换向片取下,进一步判断是绕组元件断路,还是换向片焊接造成的短路故障

说明:找到故障点后,还需根据工艺要求对故障位置进行维修和处理。

2. 其他故障检修

直流电动机本体除了电枢绕组(换向器)故障外,与励磁绕组相连的电刷、云母片也是故障多发部位。这里仅给出了电刷中性线偏移、更新电刷研磨和云母片凸起故障的检修方法,具体见表 6-5-5。

表 6-5-5 直流电动机电刷、云母片的检修

检修部位	检修步骤与过程
电刷中性线偏移	把励磁绕组接到 1.5~3V 的直流电源上,毫伏表连接到相邻的两组电刷上(保证电刷与换向器接触良好)。 当断开和闭合开关时(交替接通、断开励磁绕组电源),毫伏表的指针会左右摆动,这时将电刷架顺着电动机转向(或逆向)缓慢移动,直到毫伏表指针几乎不动为止,此时电刷架的位置就是电刷中性线所在位置
电刷研磨	对新更换的电刷进行研磨,以保证电刷与换向器的接触面积达到 80% 以上。 研磨电刷的接触面时,一般使用 0 号纱布,纱布的宽度等于换向器的长度,纱布应能将整个换向器包住,再用橡皮胶布或胶带将纱布固定在换向器上,将待研磨的电刷放入刷握内,然后按电动机旋转的方向转动电枢,即可进行研磨
云母片	直流电动机使用一段时间后,由于换向片的磨损比位于换向器上的云母片快很多,会造成云母片凸起。可用拉槽工具对凸出的云母片进行刮削,一般刮削刀比换向片约低 1mm 即可

本章仅以他励(并励)直流电动机为例,介绍了直流电动机运行控制的结构、工作原理、机械特性、运行控制和常见故障检修等基本知识,有兴趣的读者可参阅相关专业书籍进一步学习。

思考与练习

6-5-1 直流电动机故障检修中,为什么都使用很低的电源电压?

6-5-2 直流电动机故障检修中,校验灯法有什么优点?

细语润心田：物尽所用，人尽其才

下图是一些影响人类社会生活品质的用电设备。这些用电设备都是由各种类型的电动机驱动运行，其中最主要的电动机类型如下。

三相电动机：三相异步电动机用途涉及工农商业生产的各个方面，其转换的电能占所有电动机转换电能的 70% 以上。

单相电动机：单相电动机容量一般在几瓦到几百瓦，在功能简单的小功率电器产品中得到了广泛的应用。

直流电动机：直流电动机广泛应用于对启动和调速要求较高的机电设备上，还以其方便移动的特点广泛应用与汽车、轮船、飞机上。

伺服电动机：伺服电动机的作用是把控制电压或相位信号变换成机械位移，可用于需要精确控制的机械加工或位移场合。

步进电动机：步进电动机可通过控制脉冲的个数实现准确定位；同时还可通过控制脉冲的频率来控制电动机的转速和加速度，实现精确调速。

电动机是世界经济发展的引擎。各种不同类型的电动机结构不同，原理各异，但都有各自独特的优势和应用场合。

同理，在集体和社会生活中，每个人都有各自的优点与独特之处。一个人要立足社会，就要在社会中找准自己的位置：

(1) 要结合自身特点，学有专长；

(2) 要遵纪守法，做合格公民；

(3) 要爱国爱家爱集体，做对家庭有用、对集体有功、对社会有益的人。

本 章 小 结

1. 直流电动机的工作原理

知识点	知识点说明
转动原理	通电的电枢绕组处于磁场中，会受到电磁力的作用；电磁力带动转子旋转，通过转子(电枢)把电能转换为机械能
能量转换	直流电动机的能量转换过程：直流电流通过电刷、换向器进入电枢绕组；电枢绕组中的电流在磁场的作用下产生电磁转矩；该电磁转矩带动电枢绕组旋转；通过电枢绕组的旋转，实现电能与机械能的转换

续表

知识点	知识点说明
反转方法	直流电动机实现正/反转有电枢绕组反接法和励磁绕组反接法两种方式。 　　由于励磁绕组匝数多、电感量大,在进行反接时因电流突变会产生很大的自感电动势,危及设备及人身的安全。同时,励磁绕组在断开瞬间,电枢绕组因失磁会形成很大的电枢电流,极易引起"飞车"事故。因此,一般的直流电动机都采用电枢绕组反接法实现电动机的转向调整

2. 直流电动机的类型(励磁方式)

励磁方式	励 磁 特 点
他励励磁	励磁绕组和电枢绕组各自有独立电源供电,二者互不影响
并励励磁	励磁绕组和电枢绕组并联由同一电源供电,电压变化时,二者互有影响
串励励磁	励磁绕组与电枢绕组串联由同一电源供电,电压变化时,二者互有影响
复励励磁	励磁绕组一部分与电枢绕组串联,另一部分与电枢绕组并联。电压变化时,二者互有影响

3. 直流电动机的机械特性(他励或并励)

知 识 点	知识点说明
固有机械特性	他励(或并励)直流电动机的机械特性表达式为 $$n = \frac{U}{C_e\Phi} - \frac{R_a T}{C_e C_T \Phi^2} = n_0 - \beta T = n_0 - \Delta n$$ 　　其机械特性曲线是一条略微向下倾斜的直线。β 值很小,机械特性很硬
人为机械特性	通过改变固有机械特性表达式中的电枢电压 U、电枢电阻 R_a 和励磁磁通 Φ,可以改变其固有机械特性,实现起动、调速和制动的目的

4. 直流电动机的起动

起 动 方 式	起 动 特 点
降低电源电压	有效降低起动电流,需要专门的直流电源
电枢绕组串电阻	起动过程消耗电能,能有效降低起动电流,设备简单,操作方便

5. 直流电动机的调速

调 速 方 式	调 速 特 点
电枢绕组串电阻 R_a 调速	在负载转矩(T_L)一定的情况下,串联的电阻越大,机械特性越软,负载转矩相同时,电动机的速度就越低
降低电枢电压 U 调速	需要有电压连续可调的直流电源,调速过程可实现平滑调节。负载转矩相同时,随着电枢电压的降低,电动机的速度就会降低。与电枢绕组串电阻调速方案相比,电动机运行的稳定性好

续表

调 速 方 式	调 速 特 点
减小励磁磁通 Φ 调速	励磁电阻连续可调,调速过程可实现平滑调节。在负载转矩(T_L)小于额定转矩时,随着励磁磁通的减弱,电动机的速度会上升;反之,在负载转矩(T_L)大于额定转矩时,随着励磁磁通的减弱,电动机的速度可能会下降

6. 直流电动机的制动

制动方式	制 动 特 点
能耗制动	电枢绕组断电后,电动机转子由于惯性作用,仍按原来方向旋转,由于励磁磁通方向未变,此时电动机作发电机运行,电磁转矩 T 成为制动转矩;作发电机运行的直流电机,把储存在电机转子中的动能转换为电能,消耗到制动电阻 R_b 上,直至转子中的动能消耗殆尽,电机停止运转
反接制动	(1)电源反接制动:电源反接制动是在电动机停车时,给电枢回路施加一个反向电压,通过反向转矩的介入加速停车的过程。反接制动时的制动电流(I_b),大大高于正常的工作电流。为减少对电动机的冲击,需要附加制动电阻(R_b)以限制制动电流。 (2)倒拉反接制动:倒拉反接制动专门用于起重装置类。起重机带着货物提升时,电动机的电磁力矩(T)方向和电动机的转速(n)方向相同;起动机带着货物下放时,由于货物自重(T)的作用,电动机的电磁力矩和电动机的转速方向相反,此时的电动机就处于典型的倒拉制动状态
回馈制动	电动状态运行的直流电动机,在某种情况下(如电动机拖动的机车下坡时)会出现运行转速高于理想空载转速的情况,此时电枢绕组的感应电动势 E_a 大于电源电压 U_N,从能量关系看,电动机已变为发电机运行,电磁转矩也由驱动转矩转为制动转矩,起到了制动的作用

习　题　6

6-1　简述直流电动机的四种励磁方式,并画图说明。

6-2　并励(他励)直流电动机的机械特性曲线有什么特点?

6-3　简述并励(他励)直流电动机电枢绕组串电阻后,机械特性曲线的变化。

6-4　简述并励(他励)直流电动机电枢绕组电压降低后,机械特性曲线的变化。

6-5　简述并励(他励)直流电动机励磁绕组串电阻后,机械特性曲线的变化。

6-6　简述并励(他励)直流电动机电枢绕组降压调速的特点。

6-7　简述并励(他励)直流电动机励磁绕组串电阻调速的特点。

6-8　简述并励(他励)直流电动机电源反接制动的实现过程。

6-9　一台他励直流电动机铭牌数值为 $P_N = 11\text{kW}, U_N = 220\text{V}$,电枢电流 $I_a = 55\text{A}$,电枢电阻为 $0.4\Omega, n_N = 1500\text{r/min}$。试进行以下参数的计算:

(1)直接起动的起动电流 I_{st} 是多少?

(2)若要求 $I_{st} \leqslant 3I_N$,采用降压起动的起动电压 U_{st} 是多少?

(3)若要求 $I_{st} \leqslant 3I_N$,采用电枢回路串电阻起动,则应串入多大的起动电阻 R_{st}?

6-10　一台并励直流电动机,额定数据如下: $P_N = 5\text{kW}, U_N = 110\text{V}, \eta_N = 90\%, n_N =$

1000r/min,励磁回路电阻 $R_f = 22\Omega$,电枢绕组电阻 $R_a = 0.25\Omega$。试求以下参数:

(1) 直接起动时,电枢回路的起动电流 I_{ast} 为多少?

(2) 若要求电枢回路的起动电流 $I_{ast} \leqslant 2I_{aN}$,应在电枢回路中串接的起动电阻 R_{st} 为多少?

6-11 一台并励直流电动机参数为 $P_N = 10kW$, $U_N = 220V$, $I_N = 50A$,电枢绕组的电阻 $R_a = 0.4\Omega$,励磁回路电阻 $R_f = 44\Omega$, $n_N = 1000r/min$。试求以下参数:

(1) 额定运行时,电枢回路电流 I_{aN} 是多少?

(2) 电机的效率是多少? 电枢回路的感应电动势是多少?

6-12 一台他励直流电动机参数为 $P_N = 12kW$, $U_N = 220V$, $I_N = 60A$,电枢绕组的电阻 $R_a = 0.4\Omega$,励磁回路电阻 $R_f = 50\Omega$, $n_N = 1500r/min$。试求以下参数:

(1) 若要求起动电流 $I_{ast} \leqslant 2.5I_{aN}$,应在电枢回路中串接的起动电阻 R_{st} 为多少?

(2) 若要求反接制动电流 $I_b \leqslant 2.5I_{aN}$,应在制动回路中串接的制动电阻 R_b 为多少?

参 考 文 献

[1] 崔陵. 工厂电气控制设备[M]. 北京：高等教育出版社，2015.

[2] 徐锋. 电机与电器控制[M]. 北京：清华大学出版社，2014.

[3] 冯泽虎. 电机与电气控制[M]. 2版. 北京：高等教育出版社，2018.

[4] 李树元. 电机控制技术[M]. 北京：高等教育出版社，2017.

附录

Y系列三相异步电动机型号选择表

附表 1 同步转速 3000r/min

型　号	功率 /kW	额定电流 I_N/A	额定转速 n_N/(r/min)	效率 η/%	功率因数 (cos)	堵转转矩/额定转矩 (T_{st}/T_N)	起动电流/额定电流 (I_{st}/I_N)	最大转矩/额定转矩 (T_{max}/T_N)
Y80M1-2	0.75	1.8	2830	75.0	0.84		6.5	
Y80M2-2	1.1	2.5		77.0	0.86			
Y90S-2	1.5	3.4	2840	78.0	0.85	2.2		
Y90L-2	2.2	4.7		80.5	0.86			
Y100L-2	3	6.4	2870	82.0	0.87			2.3
Y112M-2	4	8.2	2890	85.5				
Y132S1-2	5.5	11	2900		0.88			
Y132S2-2	7.5	15		86.2			7.0	
Y160M1-2	11	22	2930	87.2				
Y160M2-2	15	29		88.2				
Y160L-2	18.5	36		89.0				
Y180M2	22	43	2940			2.0		
Y200L1-2	30	57	2950	90.0				
Y200L2-2	37	70		90.5	0.89			
Y225M-2	45	84		91.5				2.2
Y250M-2	55	103	2970					
Y280S-2	75	140		92.0				
Y280M-2	90	167		92.5				
Y315S-2	110	200	2980					
Y315M-2	132	237		93.0		1.8	6.8	
Y315L1-2	160	286		93.5				
Y315L2-2	200	356						

附表 2　同步转速 1500r/min

型　号	功率 /kW	额定电流 I_N/A	额定转速 n_N/(r/min)	效率 η/%	功率因数 (cos)	堵转转矩/ 额定转矩 (T_{st}/T_N)	起动电流/ 额定电流 (I_{st}/I_N)	最大转矩/ 额定转矩 (T_{max}/T_N)
Y80M1-4	0.55	1.5	1390	73.0	0.76	2.4	6.0	2.3
Y80M2-4	0.75	2.0		74.5				
Y90S-4	1.1	2.8	1400	78.0	0.78	2.3	6.5	
Y90L-4	1.5	3.7		79.0	0.79			
Y100L1-4	2.2	5.0	1430	81.0	0.82			
Y100L2-4	3	6.8		82.5	0.81			
Y112M-4	4	8.8		84.5	0.82			
Y132S-4	5.5	12	1400	85.5	0.84	2.2		
Y132M-4	7.5	15		87.0	0.85			
Y160M-4	11	23	1460	88.0	0.84			
Y160L-4	15	30		88.5	0.85			
Y180M-4	18.5	36	1470	91.0	0.86	2.0	7.0	2.2
Y180L-4	22	43		91.5				
Y200L-4	30	57		92.2	0.87			
Y225S-4	37	70		91.8		1.9		
Y225M-4	45	84		92.3				
Y250M-4	55	103	1480	92.6	0.88	2		
Y280S-4	75	140		92.7		1.9		
Y280M-4	90	164		93.5				
Y315S-4	110	201		93.5	0.89	1.8	6.8	
Y315M-4	132	241		94.0				
Y315L1-4	160	291	1490	94.5				
Y315L2-4	200	354						

附表3 同步转速1000r/min

型 号	功率 /kW	额定电流 I_N/A	额定转速 n_N/(r/min)	效率 η/%	功率因数 (cos)	堵转转矩/ 额定转矩 (T_{st}/T_N)	起动电流/ 额定电流 (I_{st}/I_N)	最大转矩/ 额定转矩 (T_{max}/T_N)
Y80M-6	0.55	1.8		71.5	0.70			
Y90S-6	0.75	2.3	910	72.5	0.70		5.5	
Y90	1.1	3.2		73.5	0.72			
Y100L-6	1.5	4.0		77.5				2.2
Y112M-6	2.2	5.6	940	80.5	0.74		6.0	
Y132S-6	3	7.2		83.0	0.76	2.0		
Y132M1-6	4	9.4		84.0	0.77			
Y132M2-6	5.5	13	960	85.3				
Y160M-6	7.5	17		86.0	0.78			
Y160L-6	11	25		87.0				
Y180L-6	15	31	970	89.5	0.81			
Y200L1-6	18.5	38		89.8	0.83	1.8		
Y200L2-6	22	45		90.2			6.5	
Y225M-6	30	60			0.85	1.7		
Y250M-6	37	72	980	90.8	0.86			2.0
Y280S-6	45	85		92.0		1.8		
Y280M-6	55	104						
Y315S-6	75	141		92.8	0.87			
Y315M-6	90	168	990	93.2		1.6		
Y315L1-6	110	204		93.5				
Y315L2-6	132	245		93.8				

附表 4　同步转速 750r/min

型　号	功率 /kW	额定电流 I_N/A	额定转速 n_N/(r/min)	效率 η/%	功率因数 (cos)	堵转转矩/ 额定转矩 (T_{st}/T_N)	起动电流/ 额定电流 (I_{st}/I_N)	最大转矩/ 额定转矩 (T_{max}/T_N)
Y132S-8	2.2	5.6	710	80.5	0.71		5.5	
Y132M-8	3	7.3		82.0	0.72			
Y160M1-8	4	9.5		84.0	0.73	2.0	6.0	
Y160M2-8	5.5	12.7	715	85.0	0.74			
Y160L-8	7.5	17.0		86.0	0.75		5.5	
Y180L-8	11	24.4	730	87.5	0.77	1.7		
Y200L-8	15	32.9		88.0	0.76	1.8		
Y225S-8	18.5	39.7	735	89.0		1.7	6.0	2.0
Y225M-8	22	46.4		90.0	0.78			
Y250M-8	30	61.6		90.5	0.80	1.8		
Y280S-8	37	76.1		91.0	0.79			
Y280M-8	45	90.8		91.7	0.80			
Y315S-8	55	111	740	92.0			6.5	
Y315M-8	75	150		92.5	0.81	1.6		
Y315L1-8	90	179		93.0	0.82			
Y315L2-8	110	219		93.3			6.3	

附表 5　同步转速 600r/min

型　号	功率 /kW	额定电流 I_N/A	额定转速 n_N/(r/min)	效率 η/%	功率因数 (cos)	堵转转矩/ 额定转矩 (T_{st}/T_N)	起动电流/ 额定电流 (I_{st}/I_N)	最大转矩/ 额定转矩 (T_{max}/T_N)
Y315S-10	45	100	590	91.5	0.75	1.5	6.2	2.0
Y315M-10	55	121		92	0.75			
Y315L1-10	75	162		92.5	0.76